信息技术

主 编　江咏海　陈宏昌
副主编　黄丽华　谢　东
参 编　黄　欣　谭宇冰　马　悦　莫滨宇　黄山松
　　　　张云深　孙　萱　赵一帆　曾满宏

北京理工大学出版社

BEIJING INSTITUTE OF TECHNOLOGY PRESS

内 容 简 介

本教材是指导初学者学习计算机信息技术的入门书籍，以实际应用为出发点，通过逻辑清晰的结构和大量来源于实际工作的精彩实例，全面涵盖了读者在使用计算机进行日常信息技术处理过程中所遇到的问题及解决方案。全书共7个项目模块，包括了解计算机基础知识、处理文档、处理电子表格、制作演示文稿、认识信息检索、理解信息素养与社会责任和初识新一代信息技术等内容。

本教材按照信息技术相关内容进行谋篇布局，语言通俗易懂，操作步骤详细，图文并茂，适合大中专院校师生、公司人员、政府工作人员、管理人员使用，也可作为信息技术爱好者的参考用书。

图书在版编目（CIP）数据

信息技术 / 江咏海，陈宏昌主编. -- 北京：北京理工大学出版社，2024. 9（2025.7重印）.

ISBN 978-7-5763-4048-8

Ⅰ. TP3

中国国家版本馆 CIP 数据核字第 2024ML2190 号

责任编辑：王玲玲　　　文案编辑：王玲玲
责任校对：刘亚男　　　责任印制：施胜娟

出版发行 / 北京理工大学出版社有限责任公司

社　　址 / 北京市丰台区四合庄路 6 号

邮　　编 / 100070

电　　话 / (010) 68914026（教材售后服务热线）
　　　　　　(010) 63726648（课件资源服务热线）

网　　址 / http：//www.bitpress.com.cn

版 印 次 / 2025 年 7 月第 1 版第 2 次印刷

印　　刷 / 三河市天利华印刷装订有限公司

开　　本 / 787 mm×1092 mm　1/16

印　　张 / 18.75

字　　数 / 418 千字

定　　价 / 58.80 元

图书出现印装质量问题，请拨打售后服务热线，负责调换

前言

党的二十大报告提出要实施科教兴国战略，强化现代化建设人才支撑；强调要深化教育领域综合改革，加强教材建设和管理。为了全面贯彻党的教育方针，落实立德树人根本任务，满足国家信息化发展战略对人才培养的要求，围绕高等职业教育各专业对信息技术学科核心素养的培养需求，吸纳信息技术领域的前沿技术，通过理实一体化教学，提升学生应用信息技术解决问题的综合能力，使学生成为德智体美劳全面发展的高素质技术技能型人才，我们在充分进行调研和论证的基础上，精心编写了本教材。

本教材以由浅入深、循序渐进的方式展开讲解，从基础的计算机系统组成到实际办公软件运用，以合理的结构和经典的范例对最基本和实用的功能进行了详细的介绍，具有极高的实用价值。通过对本教材的学习，读者不仅可以掌握信息技术的基本知识和应用技巧，还可以掌握一些基本办公软件的应用，提高日常工作效率。

本教材的特点如下：

➢ 循序渐进，由浅入深

本教材首先介绍各种基本办公软件的应用，然后介绍信息检索与信息素养相关知识，最后简要介绍新一代信息技术相关知识。

➢ 案例丰富，简单易懂

本教材从帮助用户快速熟悉和提升信息技术应用技巧的角度出发，尽量结合实际应用给出详尽的操作步骤与技巧提示，力求将最常见的方法与技巧全面、细致地介绍给读者，使读者非常容易掌握。

➢ 技能与素质教育紧密结合

在讲解信息技术专业知识的同时，紧密结合素质教育主旋律，从专业知识角度触类旁通地引导学生进行相关思想品质的提升。

➢ 项目式教学，实操性强

教材采用项目式教学，把信息技术应用知识分解并融入一个个实践操作的训练项目中，增强了本教材的实用性。

本教材内容全面、讲解充分、图文并茂，融入了作者的实际操作心得，适合大中专院校师生、公司人员、政府工作人员、管理人员使用，也可作为信息技术爱好者的参考用书。

　　本教材由广西农业工程职业技术学院江咏海、陈宏昌担任主编，黄丽华、谢东担任副主编，黄欣、谭宇冰、马悦、莫滨宇、黄山松、张云深、孙萱、赵一帆、曾满宏参与编写。具体编写分工为：项目一由江咏海编写；项目二由陈宏昌、黄丽华、谢东编写；项目三和项目四由黄欣、谭宇冰、马悦编写；项目五由莫滨宇编写；项目六由黄山松、赵一帆编写；项目七由张云深、孙萱、曾满宏编写；江咏海、陈宏昌对教材进行了统稿。广西农业工程职业技术学院李振科、莫嘉凌为本教材的出版提供了必要的帮助，编者在此深表感谢！

编　者

目 录

项目一

了解计算机基础知识

【素养目标】

➢ 通过探究计算机科技的发展历程和广泛应用领域，学生将认识到计算机技术在促进社会主义现代化建设中的关键作用，培养学生的科技创新意识和能力，以适应未来数字化时代的需求。

➢ 在学习计算机系统组成的过程中，学生将深入理解计算机技术的内部原理和结构。通过掌握硬件与软件的协同工作原理，学生将体会到团队合作与系统集成的重要性。

【知识及技能目标】

➢ 了解计算机的定义、特点和类型。

➢ 了解计算机的诞生、发展及应用。

➢ 了解计算机的系统组成。

【项目导读】

学习计算机基础知识，首先要了解计算机概念。本项目将介绍计算机的整个发展过程及应用的领域，计算机的组成及性能指标和一些新技术，为更好地应用计算机打下良好的基础。

任务1 认识计算机的发展及应用

【任务描述】

通过对本任务相关知识的学习和实践，要求学生了解计算机的概念、计算机的诞生和发展、计算机的特点和分类、计算机的应用领域以及计算机发展趋势。

【任务分析】

要了解计算机的发展及应用，首先要知道计算机的概念、计算机是什么时候诞生的以及其发展过程；然后了解计算机的特点和分类；最后了解计算机的应用领域和未来的发展趋势。

【知识准备】

一、计算机的定义

计算机的全称为电子计算机，俗称电脑，是一种能够按照程序运行，自动、高速处理海量数据的现代化智能电子设备。其由硬件和软件组成，没有安装任何软件的计算机称为裸机。常见的型号有台式计算机、笔记本计算机，较先进的有生物计算机、光子计算机、量子计算机等。

二、计算机的诞生和发展

世界上第一台电子计算机于 1946 年 2 月在美国宾夕法尼亚大学学院诞生，取名为 ENIAC。这台计算机体力庞大，由 18 000 多个电子管和 1 500 多个继电器组成，耗电 150 kW，重达 30 t，占地面积 170 m^2，每秒可执行 5 000 次加法运算。ENIAC 的问世奠定了电子计算机的发展基础，开辟了信息时代，把人类社会推上了第三次产业革命的新纪元，宣告了计算机时代的到来。

计算机从诞生到现在，已经走过来 70 多年的发展历程。在此期间，计算机以惊人的速度飞速发展，其系统结构不断发生变化。根据构成计算机的电子器件来划分，至今经历了四代，目前正向第五代过渡。

1. 第一代计算机（1946—1959 年）

1946—1959 年，人们称这段时期为"电子管时代"。第一代计算机的内部元件使用的是电子管。由于一台计算机需要几千个电子管，每个电子管都会散发大量的热量，因此，如何散热是一个令人头痛的问题。电子管的寿命最长只有 3 000 h，计算机运行时，常常发生由于电子管被烧坏而使计算机死机的现象。第一代计算机主要用于科学研究和工程计算。

2. 第二代计算机（1960—1964 年）

1960—1964 年，由于在计算机中采用了比电子管更先进的晶体管，所以将这段时期称为"晶体管时代"。晶体管比电子管小得多，不需要预热时间，能量消耗较少，处理更迅速、更可靠。第二代计算机的程序语言从机器语言发展到汇编语言。接着，高级语言 FOR-TRAN 和 COBOL 相继被开发出来并被广泛使用。这时，磁盘和磁带开始作为辅助存储器。第二代计算机的体积和价格都下降了，使用的人也多了起来，计算机工业迅速发展。第二代计算机主要用于商业、大学教学和政府机关。

3. 第三代计算机（1965—1970 年）

1965—1970 年，集成电路被应用到计算机中，因此，这段时期被称为"中小规模集成电路时代"。集成电路（Integrated Circuit，IC）是在硅晶片上的一个完整的电子电路，这个晶片比手指甲还小，却包含了几千个晶体管器件。第三代计算机的特点是体积更小、价格更低、可靠性更高、计算速度更快。第三代计算机的代表是 IBM 公司花费 50 亿美元开发的 IBM 360 系列。

4. 第四代计算机（20 世纪 70 年代初至今）

从 1971 年至今，这段时期被称为"大规模集成电路时代"。第四代计算机使用的器件依然是集成电路，不过，这种集成电路已经大大改善，它包含了几十万到上百万个晶体管，人们称之为大规模集成电路（Large-Scale Integrated Circuit，LSI）和超大规模集成电路（Very Large Scale Integrated Circuit，VLSI）。采用 VLSI 是第四代计算机的主要特征，运算速度可达每秒几百万次，甚至上亿次基本运算。计算机也开始向巨型机和微型机两个方向发展。

三、计算机的特点和分类

1. 计算机的特点

（1）计算精度高：数据在计算机内部是用二进制数编码的，数据的精度主要由表示这个数据的二进制码的位数决定。字长越长，计算机的计算精度越高。当所计算的数据的精度要求特别高时，可选择字长较长的计算机。

（2）运算速度快：计算机内部由电路组成，可以高速、准确地完成各种算术运算。当今超级计算机系统的运算速度已达到每秒万亿次，微机也可达每秒亿次以上，使大量复杂的科学计算问题得以解决。

（3）存储容量大：计算机内部的存储器具有记忆特性，可以存储大量的信息，这些信息，不仅包括各类数据信息，还包括加工这些数据的程序。

（4）逻辑运算能力强：计算机的运算器除了能够进行算术运算外，还能够对数据信息进行比较、判断等逻辑运算。这种逻辑判断能力是计算机处理逻辑推理问题的前提，也是计算机能实现信息处理高度智能化的重要因素。

（5）性价比高：几乎每家每户都会有电脑，越来越普遍化、大众化。21世纪，电脑必将成为每家每户不可缺少的电器之一。计算机发展很迅速，有台式的，还有笔记本。

（6）自动控制能力：计算机内部操作是根据人们事先编好的程序自动控制进行的。用户根据解题需要，事先设计好运行步骤与程序，计算机十分严格地按照程序规定的步骤进行操作，整个过程不需要人工干预，自动执行，并得到预期的结果。

2. 计算机的分类

（1）按计算机的使用范围分类：通用计算机和专用计算机。

（2）按计算机处理数据的形态分类：数字计算机、模拟计算机和混合计算机。

（3）按计算机的性能分类：巨型计算机（或称为超级计算机）、大型计算机、小型计算机和个人计算机（或称为微型计算机）。

四、计算机的应用领域

1. 科学计算

科学计算是计算机最早的应用领域，是指利用计算机来完成科学研究和工程技术中提出的数值计算问题。在现代科学技术工作中，科学计算的任务是大量的和复杂的。利用计算机的运算速度高、存储容量大和连续运算的能力，可以解决人工无法完成的各种科学计算问题。例如，工程设计、地震预测、气象预报、火箭发射等，都需要由计算机承担庞大而复杂的计算量。

2. 数据处理

20世纪50年代后期，计算机的应用从科学计算进入数据处理，这是一个飞跃。所谓数据处理，是指对数据（信息）记录、整理、加工、统计、检索、传送等一系列活动的总称，数据处理的目的是从大量数据中，抽出有价值的信息，为决策作依据。现在计算机的主要应用领域是数据处理，占80%以上。

3. 过程控制

过程控制是指计算机实时采集数据、分析数据，按最优值迅速地对控制对象进行自动调节或自动控制。采用计算机进行过程控制，不仅可以大大提高控制的自动化水平，而且可以提高控制的时效性和准确性，从而改善劳动条件、提高产量及合格率。因此，计算机过程控制已在机械、冶金、石油、化工、电力等部门得到广泛的应用。

4. 计算机辅助系统

计算机辅助系统包括：CAD（Computer Aided Design，计算机辅助设计），是利用计算机帮助各类人员进行设计，使精度、质量、效率大大提高；CAM（Computer Aided Manufacturing，计算机辅助制造），是通过计算机进行生产设备的管理、控制和操作，与 CAD 配合提高效率、质量、降低成本、劳动强度；CBE（Computer Based Education，计算机辅助教育）包括 CAI（Computer Aided Instruction，计算机辅助教学）和 CMI（Computer Managed Instruction，计算机管理教学）；CAT（Computer Aided Test，计算机辅助测试）。

5. 人工智能

开发一些具有人类某些智能的应用系统，用计算机来模拟人的思维判断、推理等智能活动，使计算机具有自学习适应和逻辑推理的功能，如计算机推理、智能学习系统、专家系统、机器人等，帮助人们学习和完成某些推理工作。

五、计算机的发展趋势

计算机从出现至今，经历了机器语言、程序语言、简单操作系统和 Linux、Windows 等现代操作系统四代。第四代计算机的运算速度已经达到几十亿次每秒。计算机强大的应用功能，产生了巨大的市场需要，未来计算机性能应向着巨型化、微型化、网络化、人工智能化、多媒体化和技术结合的方向发展。

1. 巨型化

巨型化是指为了适应尖端科学技术的需求，发展高速度、大存储容量的超级计算机。随着人们对计算机性能的需求，特别是在某些高尖端的科学领域（如数据挖掘），对计算机的存储空间和运行速度等要求会越来越高。

2. 微型化

微型化是大规模及超大规模集成电路发展的必然。从第一块微处理器芯片问世以来，发展速度与日俱增。计算机芯片的集成度每 18 个月翻一番，而价格则减一半，这就是信息技术发展功能与价格比的摩尔定律。计算机芯片集成度越来越高，所完成的功能越来越强，使计算机微型化的发展和普及率越来越快。

3. 网络化

互联网将世界各地的计算机连接在一起，从此进入了互联网时代。计算机网络化彻底改变了人类世界，人们通过互联网进行沟通、交流（QQ、微博等）、教育资源共享（文献查阅、远程教育等）、信息查阅共享（百度、谷歌）等，特别是无线网络的出现，极大地提高了人们使用网络的便捷性，未来计算机将会进一步向网络化方面发展。

4. 人工智能化

计算机人工智能化是未来发展的必然趋势。现代计算机具有强大的功能和运行速度，但与人脑相比，其智能化和逻辑能力仍有待提高。人类不断在探索如何让计算机能够更好地反映人类思维，使计算机能够具有人类的逻辑思维判断能力，可以通过思考与人类沟通交流。

5. 多媒体化

传统的计算机处理的信息主要是字符和数字。事实上，人们更习惯的是图片、文字、声音、图像等多种形式的多媒体信息。多媒体技术可以集图形、图像、音频、视频、文字为一体，使信息处理的对象和内容更加接近真实世界。

6. 技术结合

现在的计算机 CPU 以晶体管为基本元件，以电能作为基本能源，但是，随着处理器的不断完善和更新换代的速度加快，计算机结构和元件也会发生很大的改变。光电技术、量子技术和生物技术的发展，对新型计算机的发展有极大的作用。

【课后练习】

选择题

1. 计算机的发明者是（　　）。

A. 巴贝奇　　　　　B. 冯·诺依曼　　　C. 阿塔纳索夫　　　D. 莫尔

2. 下列不是计算机的特点的是（　　）。

A. 运算速度快　　　B. 运算精度高　　　C. 体积庞大　　　D. 存储容量大

3. 第一代计算机采用的主要逻辑元件是（　　）。

A. 晶体管　　　　　　　　　　　B. 电子管

C. 中小规模集成电路　　　　　　D. 大规模集成电路

4. 下列不属于计算机处理数据形态的是（　　）。

A. 数字计算机　　B. 模拟计算机　　C. 混合计算机　　D. 大型计算机

5. 下列不是按照计算机的性能分类的是（　　）。

A. 巨型计算机（或称为超级计算机）　　B. 大型计算机

C. 小型计算机　　　　　　　　　　　　D. 混合计算机

任务 2　了解计算机的系统组成

【任务描述】

通过对本任务相关知识的学习和实践，要求学生熟悉计算机的基本结构，掌握计算机的硬件系统和软件系统、计算机的主要性能指标。

【任务分析】

要掌握计算机的系统组成，首先要熟悉计算机的基本构成，包括硬件系统和软件系统；然后掌握计算机的硬件系统由哪几部分组成；接下来掌握计算机的软件系统，包括系统软件和应用软件；最后掌握计算机的主要性能指标，包括 CPU、内存、硬盘、鼠标、键盘、显示器等。

【知识准备】

一、计算机的基本结构

一个完整的计算机系统包括两大部分，即硬件系统和软件系统。所谓硬件，是指构成计算机的物理设备，即由机械和电子器件构成的具有输入、存储、计算、控制和输出功能的实体部件。软件也称为"软设备"，广义上是指系统中的程序以及开发、使用和维护程序所需的所有文档的集合。硬件和软件是相辅相成的。没有任何软件支持的计算机称为裸机。裸机本身几乎不具备任何功能，只有配备一定的软件，才能发挥其功能。计算机系统的构成如图1-1所示。

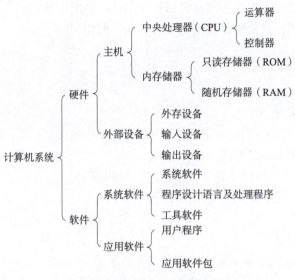

图1-1　计算机系统的构成

二、计算机的硬件系统

计算机的基本硬件系统由运算器、控制器、存储器、输入设备、输出设备五大部件组成。运算器、控制器等部件被集成在一起，统称为中央处理单元（CPU）。

1. 中央处理单元（CPU）

中央处理器（CPU），是一块超大规模的集成电路，是一台计算机的运算核心和控制核心。其主要包括（算术和逻辑）运算器（ALU）和控制器（CU）两大部件。此外，还包括若干个寄存器和高速缓冲存储器及实现它们之间联系的数据、控制及状态的总线。它与内部存储器、输入/输出设备合称为电子计算机三大核心部件。其功能主要是解释计算机指令以及处理计算机软件中的数据。计算机的性能在很大程度上由CPU的性能所决定，而CPU的性能主要体现在其运行程序的速度上。Intel的CPU如图1-2所示。

图1-2　Intel Core i7 CPU

2. 存储器

存储器是计算机的记忆部件。用于存放计算机进行信息处理所必需的原始数据、中间结果、最后结果以及指示计算机工作的程序。

存储器分为内存储器（简称内存）与外存储器（简称外存）两种。内存储器一般由半导体器件构成，计算机可直接从内存中存取信息，但不能直接访问外存，外存的存取要借助内存完成。内存分为ROM（又称为只读存储器）和RAM（又称为随机存储器）两种。RAM存储器如图1-3所示。

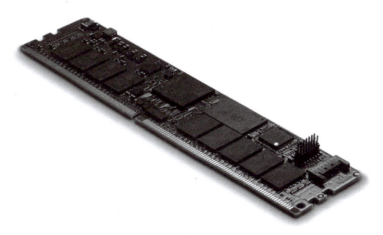

图1-3 RAM存储器

3. 输入设备

输入设备是向计算机输入数据和信息的设备，是计算机与用户或其他设备通信的桥梁，是用户和计算机系统之间进行信息交换的主要装置之一。

计算机的输入设备按功能可分为下列几类：

（1）字符输入设备：键盘。

（2）光学阅读设备：光学标记阅读机、光学字符阅读机。

（3）图形输入设备：鼠标器、操纵杆、光笔。

（4）图像输入设备：摄像机、扫描仪、传真机。

（5）模拟输入设备：语言模数转换识别系统。

4. 输出设备

输出设备是计算机硬件系统的终端设备，用于接收计算机数据的输出显示、打印、声音、控制外围设备操作等。也是把各种计算结果数据或信息以数字、字符、图像、声音等形式表现出来。常见的输出设备有显示器、打印机、绘图仪、影像输出系统、语音输出系统、磁记录设备等。

（1）显示器：又称为监视器，是实现人机对话的主要工具。它既可以显示键盘输入的命令或数据，也可以显示计算机数据处理的结果。

（2）打印机：是将计算机的处理结果打印在纸张上的输出设备。打印机也是计算机常用的输出设备，是指把文字或图形在纸上输出的计算机外围设备。目前，打印机主要通过USB接口与主机连接

（3）绘图仪：能按照人们的要求自动绘制图形的设备。它可将计算机的输出信息以图形的形式输出。主要可绘制各种管理图表和统计图、大地测量图、建筑设计图、电路布线图、各种机械图与计算机辅助设计图等。

三、计算机的软件系统

计算机软件是在计算机硬件设备上运行的各种程序、相关数据的总称。

软件系统由系统软件和应用软件两部分组成。在安装系统软件的基础上，用户就能够使用各种应用软件让计算机完成各项工作。计算机硬件是支持软件工作的基础，计算机软件随

着硬件技术的发展而发展；反过来，软件的不断发展与完善，又促进了硬件新的发展，两者缺一不可。

下面分别介绍系统软件和应用软件。

1. 系统软件

系统软件是管理计算机的软件，它负责管理计算机系统中各种独立的硬件资源和软件资源，通过 CPU 管理、作业管理、文件管理、内存管理、设备管理使各大硬件可以协调工作，最大限度地提高资源利用率。系统软件也使用户和其他软件将计算机当作一个整体而不需要顾及底层的每个硬件是如何工作的。

2. 应用软件

应用软件是为了某种特定的用途而被开发的软件，就是一个特定的程序。用户使用应用软件能够提高工作效率，确保数据的准确率，增强趣味性。

较常见的应用软件包括：文字处理软件，如 WPS、Word 等；信息管理软件；辅助设计软件，如 AutoCAD；实时控制软件；教育与娱乐软件等。

四、计算机的主要性能指标

用户如何选购计算机的 CPU、内存、硬盘、显卡、鼠标、键盘、显示器等部件？对于这些品种繁多的部件，在选购时，需要了解部件的主要参数及性能指标。

1. CPU

CPU 的性能指标直接决定微型计算机的性能指标，CPU 的性能指标主要包括主频、字长、高速缓存、制造工艺等。

（1）主频。主频也叫时钟频率，单位是兆赫（MHz）或千兆赫（GHz），用来表示 CPU 的运算、处理数据的速度。通常，主频越高，CPU 处理数据的速度越快。

（2）字长。字长是指 CPU 一次性处理数据的位数，它体现了计算机处理数据的能力。字长越长，CPU 处理的数据位数就越多，功能就越强，但 CPU 的结构也就越复杂。字长与寄存器的长度及主数据总线的宽度都有关系。早期的 CPU 是 8 位或 16 位，目前是 32 位或 64 位。

（3）缓存。缓存也是 CPU 的主要性能指标之一，缓存的结构和大小对 CPU 性能的影响非常大，缓存越大越好，CPU 内缓存的运行频率极高，一般和处理器同频运作，工作效率远远大于系统内存和硬盘，分为一级缓存、二级缓存、三级缓存。

2. 内存

内存的主要技术指标一般包括内存容量、存取时间、内存主频、奇偶校验、引脚数和速度等。

（1）内存容量。它的基本单位是字节（B），表示存储数据的大小。目前，8 GB、16 GB 内存已成为主流配置。

（2）存取时间。它的单位为纳秒（ns）。这个数值越小，存取速度就越快，但价格也越高。在选配内存时，应尽量挑选与 CPU 的时钟周期相匹配的内存条，这将有利于最大限度地发挥内存条的效率。内存慢而主板快，会影响 CPU 的速度，还有可能导致系统崩溃；内存快而主板慢，结果只能是大材小用，造成资源浪费。

（3）内存主频。它以兆赫（MHz）为单位。内存主频越高，在一定程度上代表内存能达到的速度越快。内存主频决定了内存最高能够处在什么样的频率下正常工作。

3. 硬盘

硬盘的主要技术指标一般包括硬盘容量、转速、缓存等。

（1）硬盘容量。它的功能同前面的内存容量，不同的是，硬盘属于外部存储器，它的容量比内存的容量大。目前，常见的硬盘容量有 600 GB、1 TB、15 TB。

（2）转速。转速是硬盘盘片在 1 min 内所能完成的最大转数。以每分钟多少转来表示，单位表示为 r/min，r/min 是 Revolutions Per Minute 的缩写，即转/分钟。转速越大，内部传输率就越快，访问时间就越短，硬盘的整体性能也就越好。目前，常见的硬盘转速为 7 200 r/min、10 000 r/min、15 000 r/min。

（3）缓存。也称为缓冲存储器，存取速度很快，它是硬盘内部存储和外界接口之间的缓冲器。缓存的大小与速度是直接关系到硬盘的传输速度的重要因素。

4. 显卡

显卡的主要技术指标包括核心频率、显示存储器、显存频率、显存位宽和流处理器单元的数量。

（1）核心频率。是指显示核心的工作频率。其工作频率在一定程度上可以反映出显示核心的性能。在显示核心相同的情况下，核心频率越高，显卡性能越强。

（2）显示存储器（简称显存）。其主要功能就是暂时存储显示芯片处理过或即将提取的渲染数据。它的优劣和容量大小关系着显卡的性能表现。可以这样说，显示芯片决定了显卡所能提供的功能和基本性能，而显卡性能的发挥则在很大程度上取决于显存。

（3）显存频率。是显存在显卡上工作时的频率，显存频率的高低和显存类型有非常大的关系。显存频率与显存时钟周期是相关的，二者成倒数关系。

（4）显存位宽。是显存在一个时钟周期内所能传送的数据位数，即表示显存与显示芯片之间交换数据的速度。位宽越大，显存与显示芯片之间数据的交换就越顺畅。

（5）流处理器单元的数量。流处理器单元的数量的多少也是决定显卡性能高低的一个很重要的指标。它既可以进行顶点运算，也可以进行像素运算，在不同的场景中，显卡可以动态地分配进行顶点运算和像素运算的流处理器数量，达到资源的充分利用。

【课后练习】

选择题

1. 在计算机的硬件设备中，有一种设备在程序设计中既可以当作输出设备，又可以当作输入设备，这种设备是（　　）。

　A. 绘图仪　　　　　B. 扫描仪　　　　　C. 手写笔　　　　　D. 磁盘驱动器

2. 组成一个计算机系统的两大部分是（　　）。

　A. 系统软件和应用软件　　　　　　　　B. 硬件系统和软件系统

　C. 主机和外部设备　　　　　　　　　　D. 主机和输入/输出设备

3. KB（千字节）是度量存储器容量大小的常用单位之一，1 KB 等于（　　）。

　A. 1 000 个字节　　B. 1 024 个字节　　C. 1 000 个二进位　D. 1 024 个字

4. 十进制数 60 转换成无符号二进制整数是（　　）。

　A. 111100　　　　　B. 111010　　　　　C. 111000　　　　　D. 110110

5. 下列软件中，属于应用软件的是（　　　）。

A. Windows 10　　　　B. WPS 2022　　　　C. UNIX　　　　D. Linux

6. 计算机的硬件主要包括中央处理器、存储器、输出设备和（　　　）。

A. 键盘　　　　B. 鼠标　　　　C. 输入设备　　　　D. 显示器

7. 下列数中，依次为二进制和十六进制的是（　　　）。

A. 11，19　　　　B. 12，10　　　　C. 11，1E　　　　D. 12，10

项目总结

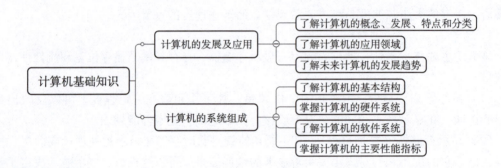

项目实战

实战一　计算机发展趋势

根据你对计算机技术的了解，谈谈你所认为的未来计算机的发展趋势。

实战二　计算机的组成

计算机由哪几部分组成？

项目二

处理文档

【素养目标】

➢ 通过学习 WPS 文档的基础操作，培养学生的信息素养和自主学习能力。

➢ 在设置文档格式的过程中，引导学生认识到规范性和审美性在专业文档制作中的重要性，培养其严谨的工作态度和良好的审美观。

➢ 通过对表格的操作学习，使学生理解数据整理和分析的重要性，提高逻辑思维和数据处理能力。

➢ 通过图文混排的学习，培养学生的创新意识和审美能力，增强文化自信和民族自豪感。

➢ 长文档处理能力的培养有助于学生在面对复杂问题时能够有条不紊地进行分析和解决，提升学生的耐心和细致度。

【知识及技能目标】

➢ 熟悉 WPS 2022 界面。

➢ 熟练插入和使用图片与图形。

➢ 能够对插入的内容进行各种格式的设置。

➢ 能够掌握表格的创建和编辑。

➢ 熟练插入目录，会添加脚注、尾注、修订、批注等。

【项目导读】

WPS 作为人们日常学习和办公中的得力助手，扮演着至关重要的角色。它不仅提供了文字处理、格式排版、图表插入等多样化功能，还能够帮助人们高效地整理和呈现信息。

任务 1　掌握 WPS 文档基础

【任务描述】

通过对本任务相关知识的学习和实践，要求学生掌握 WPS 2022 软件的启动、退出以及工作界面的设置，掌握文档的基础操作和文本的录入与编辑，并完成"电梯使用安全须知"文档的创建。效果如图 2-1 所示。

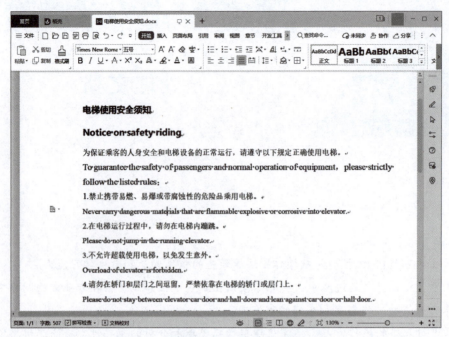

图 2-1 "电梯使用安全须知"文档最终效果

【任务分析】

本任务练习在空白文档中输入中英文混合的文本内容。通过对操作步骤的详细讲解，帮助读者掌握在文档中定位光标输入点、灵活切换中英文输入法和英文大小写状态的操作方法。

【知识准备】

一、WPS 2022 简介

1. 启动 WPS 2022

启动 WPS 2022 有以下几种常用的方法。

➢ 通过桌面快捷方式：双击桌面上的 WPS 2022 快捷图标。

➢ 从"开始"菜单栏：单击桌面左下角的"开始"按钮 ⊞，在"开始"菜单中单击 WPS 2022 应用程序图标。

➢ 从"开始"屏幕启动：在"开始"菜单栏中的 WPS 2022 应用程序图标上单击右键，选择将其固定到"开始"屏幕。然后在"开始"屏幕上单击对应的图标。

➢ 通过任务栏启动：在"开始"菜单中的 WPS 2022 应用程序图标上按下左键拖放到任务栏上，即可在任务栏上添加应用程序图标。然后双击任务栏上的应用程序图标。

➢ 通过文档启动：双击指定应用程序生成的一个文档。例如，双击后缀名为 .docx 的文件，可启动 WPS 2022 的文字功能组件，并打开该文档。

2. 退出 WPS 2022

如果不再使用 WPS 2022，可以退出该应用程序，以减少对系统内存的占用。退出 WPS 2022 有以下几种常用的方法。

➢ 单击应用程序窗口右上角的"关闭"按钮☒。

➢ 右击桌面任务栏上的应用程序图标，在弹出的快捷菜单中选择"关闭窗口"命令。

➢ 单击应用程序的窗口，按 Alt+F4 组合键。

3. WPS 2022 的工作界面

WPS 2022 的工作界面默认为整合模式，文字、表格、演示等各个组件集成在一个界面中显示。在左侧窗格中单击"新建"命令，将在应用程序顶部插入一个"新建"选项卡，如图 2-2 所示，在选项卡顶部显示所有可用的功能组件：文字、表格、演示、PDF、流程图、思维导图和 H5。默认为"文字"界面，并提供丰富的模板，方便用户选择使用。

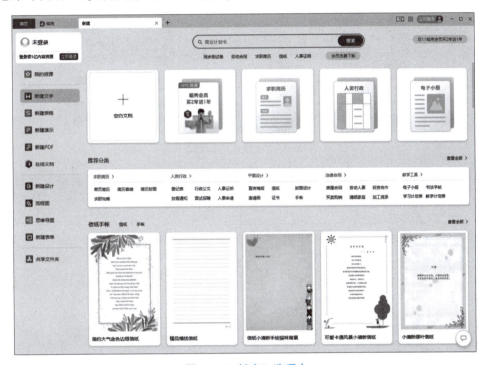

图 2-2　"新建"选项卡

> 提示：WPS 2022 提供的模板大多是面向稻壳会员免费，也有部分完全免费的模板。

在 WPS 2022 中打开多个文档类似于使用网页浏览器，各个文档在同一个程序窗口中以顶部标签进行区分，而不是打开多个文档窗口。单击顶部标签可以在文档之间进行切换。

此外，WPS 2022 提供了完整的 PDF 文档支持，用户可更快、更轻便地阅读文档、转换文档格式和编辑批注。

4. 配置工作环境

WPS 2022 提供了多套风格不同的界面，用户可以根据喜好更换应用程序的皮肤和界面模式。

1）更换皮肤

（1）单击首页右上角的"设置"按钮⚙，在打开的下拉列表中选择"皮肤中心"。

（2）打开如图 2-3 所示的"皮肤中心"对话框，选择需要的皮肤。

（3）切换到"图标"选项卡，可以选择图标的样式外观。

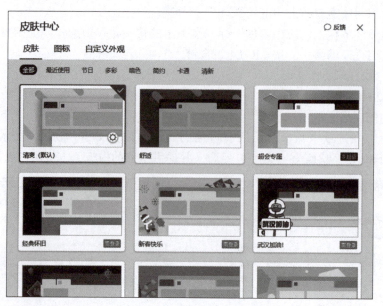

图2-3 "皮肤中心"对话框

（4）如果希望定制个性化的界面外观，可以切换到图2-4所示的"自定义外观"选项卡，设置窗口的背景颜色和背景图片，以及界面的字体字号。

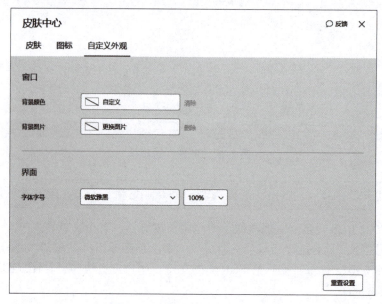

图2-4 "自定义外观"选项卡

（5）设置完成后，单击"皮肤中心"对话框右上角的"关闭"按钮。

2）切换窗口管理模式

WPS 2022默认使用整合界面模式，在推出优化界面的同时，也为老用户保留了WPS早期版本的多组件分离模式，用户可便捷地在新界面与经典界面之间进行切换。

（1）单击首页右上角的"全局设置"按钮 ⚙，在打开的下拉列表中选择"配置和修复工具"命令，打开如图 2-5 所示的"WPS Office 综合修复/配置工具"对话框。

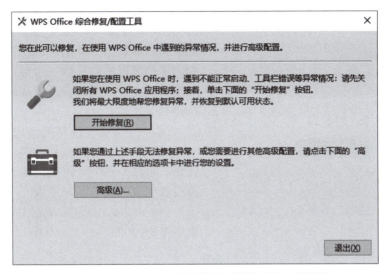

图 2-5　"WPS Office 综合修复/配置工具"对话框

（2）单击"高级"按钮进入"WPS Office 配置工具"对话框，切换到如图 2-6 所示的"其他选项"选项卡，在"运行模式"区域单击"切换到旧版的多组件模式"。

图 2-6　"其他选项"选项卡

（3）打开如图 2-7 所示的"切换窗口管理模式"对话框，可以查看"整合模式"与"多组件模式"的特点与区别。

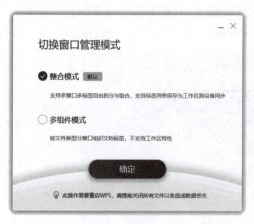

图 2-7 "切换窗口管理模式"对话框

"整合模式"在一个窗口中以文档标签区分不同组件的文档，支持多窗口多标签自由拆分与组合；"多组件模式"按文件类型分窗口组织文档标签，各个组件使用独立进程，但不同的工作簿仍然会在同一个界面中打开，无法设置为独立开启窗口，只能从顶部标签拖出文档进行分离。

（4）保存所有打开的 WPS 文档后，选中"多组件模式"单选按钮，然后单击"确定"按钮，将打开一个对话框，提示用户重启 WPS 使设置生效，如图 2-8 所示。

（5）单击"确定"按钮关闭对话框，然后重启 WPS 2022。

3）定制快速访问工具栏

快速访问工具栏位于程序主界面"文件"菜单和"开始"菜单中间，如图 2-9 所示，其中放置了几个常用的操作命令按钮。用户可以根据需要自定义快速访问工具栏，添加需要的命令按钮，删除不常用的按钮。

图 2-8 提示对话框

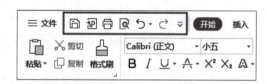

图 2-9 快速访问工具栏

下面以 WPS 文字组件为例，介绍在 WPS 2022 中定制快速访问工具栏的操作方法。

（1）打开应用程序窗口，单击快速访问工具栏右侧的"自定义快速访问工具栏"按钮，打开下拉列表。

（2）在下拉列表中勾选需要添加到快速访问工具栏中的命令选项，即可将选择的命令按钮添加到快速访问工具栏中；取消选中某个命令选项，可将对应的命令按钮从快速访问工具栏中删除。

（3）右击要删除的命令按钮，在弹出的快捷菜单中选择"从快速访问工具栏删除"命令，也可以删除快捷按钮。

用户还可以根据使用习惯，调整快速访问工具栏在界面中的位置。

（4）单击"自定义快速访问工具栏"按钮，在打开的下拉列表中选择"放置在功能区之下"命令，即可将快速访问工具栏移到功能区下方。选择"作为浮动工具栏显示"命令，快速访问工具栏即可从功能区独立出来，可放置在界面的任何位置。

（5）如果要恢复默认的显示位置，在"自定义快速访问工具栏"下拉列表中选择"放置在顶端"命令即可。

4）自定义功能区

功能区位于菜单下方、文档编辑窗口上方，包含了 WPS 应用程序几乎所有的操作命令。

用户可暂时隐藏功能区，以扩大文档编辑窗口；也可以自定义功能区，增加或减少菜单项和功能组，如图2-10所示。

图2-10　功能区

单击菜单栏右侧的"隐藏功能区"按钮∧，即可隐藏功能区，仅显示菜单栏，如图2-11所示。

图2-11　隐藏功能区的效果

此时，"隐藏功能区"按钮∧变为"显示功能区"按钮∨，单击该按钮即可恢复功能区的显示。

如果要在选项卡中添加命令按钮，可以执行以下操作。

（1）单击"文件"菜单命令，在打开的下拉列表中单击"选项"命令，打开"选项"对话框。单击左侧窗格中的"自定义功能区"选项，切换到图2-12所示的"自定义功能区"选项设置面板。

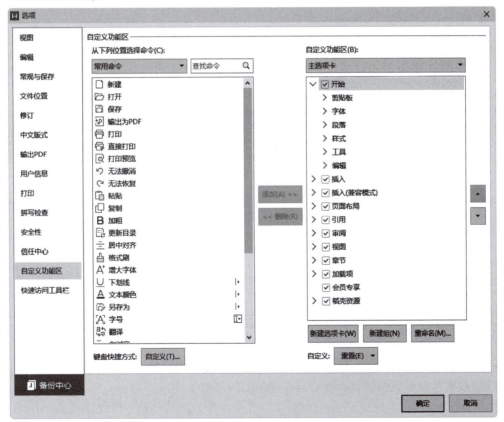

图2-12　"自定义功能区"选项设置面板

（2）在"自定义功能区"下拉列表框下方的选项卡列表框中，单击选项卡左侧的"展开"按钮 › 展开选项卡，然后单击需要添加或删除命令按钮的功能组。

如果选中选项卡名称左侧的复选框，则对应的选项卡将显示在功能区，否则不显示。

如果要删除某个命令，只需要展开对应的功能组以后，选中该命令按钮，然后单击"删除"按钮。选中功能组以后单击"删除"按钮，可以删除功能组中的所有命令按钮。

（3）在"从下列位置选择命令"列表框中选中要添加的命令，单击"添加"按钮，将指定的命令按钮添加到上一步指定的选项卡功能组。

（4）完成设置后，单击"确定"按钮关闭对话框。

二、设置插入点

单击"首页"上的"新建"按钮 ⊕ ，打开"新建"选项卡，默认打开"文字"界面，单击"新建空白文字"，新建文字文稿，如图 2-13 所示。

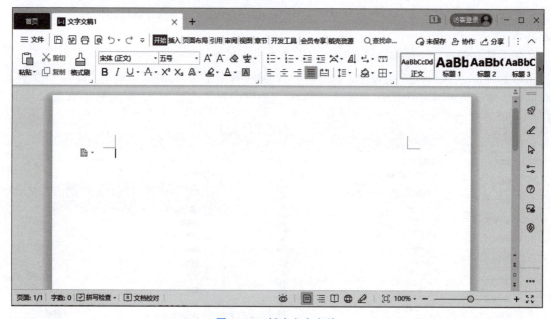

图 2-13　新建文字文稿

新建文字文稿后，在文档编辑区域会显示一个称为"插入点"的不停闪烁的光标"｜"，插入点即为输入文本的位置。

WPS 2022 默认启用"即点即输"功能，也就是说，在文档编辑窗口中的任意位置单击鼠标，即可在指定位置开始输入文本。

> 提示：如果要在文档空白处设置插入点，应双击鼠标。

如果习惯使用键盘操作，利用功能键和方向键也可以很方便地设置插入点。
（1）按键盘上的方向键，光标将向相应的方向移动。
（2）按 Ctrl+← 组合键或 Ctrl+→ 组合键，光标向左或向右移动一个汉字或英文单词。
（3）按 Ctrl+↑ 组合键或 Ctrl+↓ 组合键，光标移至本段的开始或下一段的开始。

（4）按 Home 键，光标移至本行行首；按 Ctrl+Home 组合键，光标移至整篇文档的开头位置。

（5）按 End 键，光标移到本行行尾；按 Ctrl+End 组合键，光标移至整篇文档的结束位置。

（6）按 PageUp 键，光标上移一页；按 PageDown 键，光标下移一页。

三、设置输入模式

WPS 2022 提供了两种文本输入模式：插入和改写。灵活地使用这两种输入模式，可以提高文本录入效率。

右击状态栏，在弹出的快捷菜单中选择"改写"或"插入"，可在两种模式之间进行切换。

1. 插入模式

WPS 2022 默认开启"插入"模式，输入文字时，输入位置后面的文本内容自动后移，常用于在文档中插入新的内容。

2. 改写模式

WPS 2022 默认关闭"改写"模式，并且在状态栏上不显示输入模式图标。在状态栏上右击，在弹出的快捷菜单中选择"改写"，如图 2-14 所示，此时状态栏上显示输入模式图标。

单击状态栏上的输入模式图标 改写，即可开启"改写"模式，此时图标变为 改写，并自动选中插入点右侧的第一个字符。输入文本，输入的文字将逐个替代其后的文字。"改写"模式通常用于删除或替换文档中的某些文本。再次单击状态栏上的输入模式图标 改写，即可关闭"改写"模式，此时图标变为 改写。在状态栏上右击，在弹出的快捷菜单中单击"改写"，即可在状态栏上取消显示输入模式图标。

图 2-14　快捷菜单

四、输入文字与标点

文字输入主要包括中文输入和英文输入。设置插入点之后，使用键盘即可在文档中输入文本。

如果输入的文本满一行，WPS 2022 将自动换行；如果不满一行，就要开始新的段落，可以按 Enter 键换行，此时在上一段的段末会出现段落标记↵。

如果要输入的文本中既有中文，又有英文，使用键盘或鼠标可以在中英文输入法之间灵活切换，并能随时更改英文的大小写状态。切换输入法常用的键盘快捷键如下：

➢ 切换中文输入法：Ctrl+Shift。

➢ 切换中英文输入法：Ctrl+Space（空格键）。

➢ 切换英文大小写：Caps Lock，或者在英文输入法小写状态下按住 Shift 键，可临时切换到大写（大写下可临时切换到小写）。

➢ 切换全角、半角：Shift+Space。

标点所在的按键通常显示有两个符号：上面的符号是上档字符，下面的是下档字符。下档符号直接按键输入，如逗号（,）、句号（。）和分号（;）；输入上档符号时，则应按 Shift+符号键实现，例如，按住 Shift+冒号符号键，可以输入一个冒号。

五、插入特殊符号

在录入文本的过程中，经常会用到符号。有些特殊符号可以使用键盘直接输入，键盘无法输入的，可以使用"符号"对话框插入。

（1）单击"插入"选项卡中的"符号"按钮 Ω，在打开的符号列表中可以看到一些常用的符号，如图 2-15 所示。单击需要的符号，即可将其插入文档中。

（2）如果符号下拉列表中没有需要的符号，单击"其他符号（M）"命令，打开如图 2-16 所示的"符号"对话框。

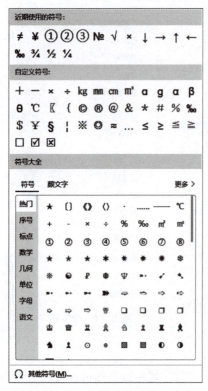

图 2-15　选择符号

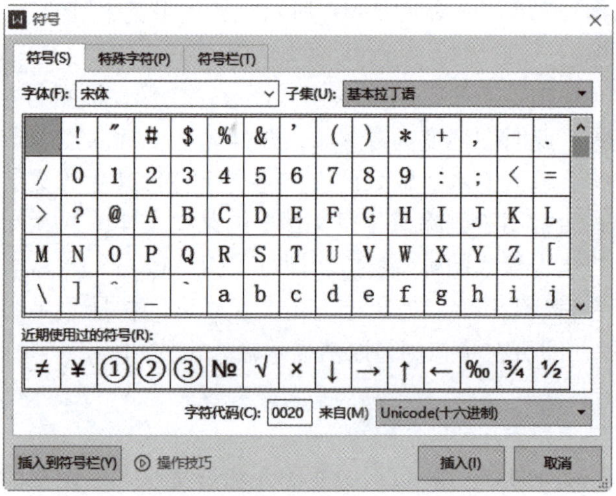

图 2-16　"符号"对话框

（3）在"符号（S）"选项卡的"字体（F）"下拉列表框中选择需要的一种符号的字体类型。

（4）在"子集（U）"下拉列表框中选择字符代码子集选项。

（5）在符号列表框中单击选择需要的符号，单击"插入"按钮，插入符号，然后单击"关闭"按钮，关闭对话框。

六、插入公式

WPS 2022 内置了公式编辑器，方便用户直接在 WPS 文档中输入、编辑数学公式。

（1）在文档中要插入公式的位置设置插入点，单击"插入"选项卡"公式"按钮 $\frac{\sqrt{x}}{公式}$，在如图 2-17 所示的下拉列表中选择需要的公式，直接插入文档中，例如，选择二次公式，结果如图 2-18 所示。

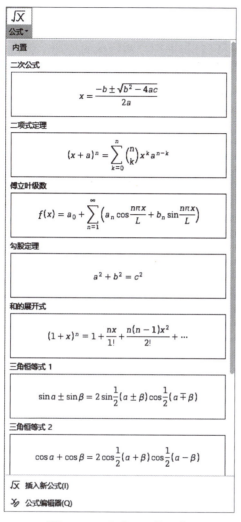

图 2-17 "公式"下拉列表　　　　图 2-18 插入公式结果

（2）在如图 2-17 所示的下拉列表中单击"插入新公式"命令，打开公式编辑界面，如图 2-19 所示。

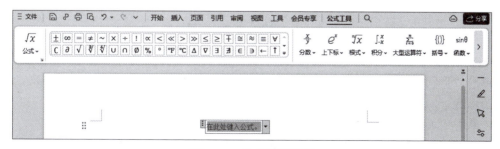

图 2-19 公式编辑界面

（3）在"在此处键入公式"处利用"公式工具"中的大量工具输入需要的公式，如图 2-20 所示。

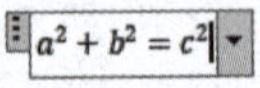

$$a^2 + b^2 = c^2$$

图 2-20　输入公式

七、插入文本框

文本框用来建立特殊的文本，并且可以对其进行一些特殊的处理，例如设置边框、颜色、版式格式。

在 WPS 中，可以根据实际需要手动绘制横排或者竖排文本框，该文本框多用于插入图片和文本等。操作步骤如下：

（1）单击"插入"选项卡"文本框"下拉按钮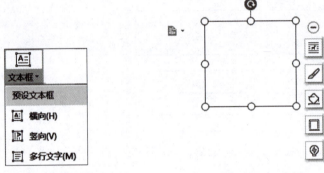，打开如图 2-21 所示的下拉列表，选择任意选项。

（2）当鼠标指针变为一个十字形状时，把它移到要绘制文本框起点处，按住左键并拖动到目标位置，释放鼠标，即可绘制出以拖动的起始位置和终止位置为对角顶点的空白文本框，如图 2-22 所示。

图 2-21　"文本框"下拉列表　　　　图 2-22　绘制文本框

（3）绘制空白文本框后，就可以在其中输入文本和插入图片了。

绘制文本框后，WPS 2022 自动切换到"绘图工具"选项卡，利用其中的工具按钮可以很方便地设置文本框格式。

（4）选中形状，在"绘图工具"选项卡的"设置形状格式"功能组中修改形状的效果，如图 2-23 所示。

图 2-23　"设置形状格式"功能组

WPS 2022 内置了一些形状样式，可以一键设置文本框的填充和轮廓样式，以及形状效果。单击"形状样式"下拉列表框上的下拉按钮▾，在形状样式列表中单击一种样式，即可应用于形状。

➢ 单击"填充"下拉按钮，在打开的下拉列表中设置形状的填充效果。
➢ 单击"轮廓"下拉按钮，在打开的下拉列表中设置形状的轮廓样式。
➢ 单击"形状效果"下拉按钮，在打开的下拉列表中设置形状的外观效果。

【任务实施】

电梯使用安全须知

（1）启动 WPS，新建一个空白的文字文档。单击快速工具栏上的"保存"按钮，以文件名"电梯使用安全须知"保存文档。

（2）切换到中文输入法，在光标闪烁的位置输入标题文本"关于电梯使用安全须知"，如图 2-24 所示。

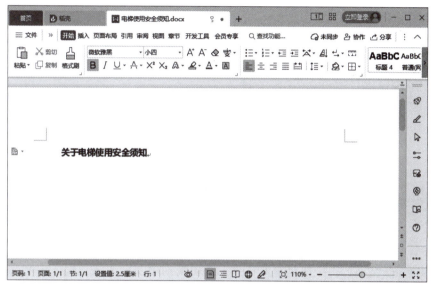

图 2-24　输入标题文本

（3）按 Enter 键换行，然后按中英文输入法切换快捷键 Ctrl+Space，切换到英文状态，并按下英文大小写切换键 Caps Lock，输入英文大写字母 N，如图 2-25 所示。

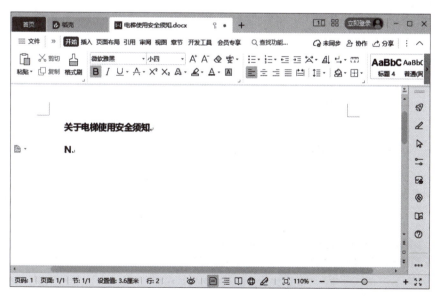

图 2-25　输入英文大写字母

（4）再次按下英文大小写切换键 Caps Lock，切换到英文小写状态，输入单词的剩余字母。然后按空格键，输入其他单词，如图 2-26 所示。

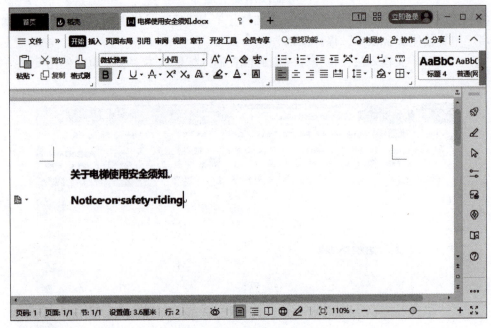

图 2-26　输入英文小写字母

（5）按 Enter 键换行，按快捷键 Ctrl+Space 切换到中文输入法，输入中文文本和标点，如图 2-27 所示。

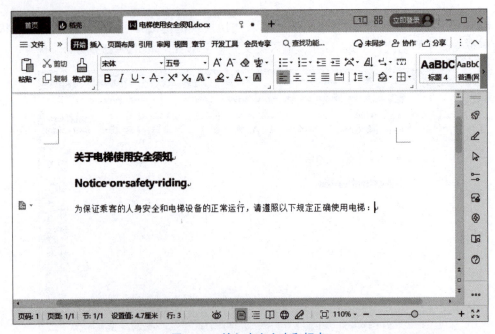

图 2-27　输入中文文本和标点

（6）按 Enter 键换行，再按快捷键 Ctrl+Space 切换到英文输入法，按住 Shift 键输入字母 "T"，然后释放 Shift 键，输入小写英文字母和单词。输入完成后，按住 Shift 键和冒号所在按键，输入冒号，效果如图 2-28 所示。

图 2-28　输入英文文本和标点

（7）按 Enter 键换行，按快捷键 Ctrl+Space 切换到中文输入法，输入 "1."，然后输入中文文本，如图 2-29 所示。

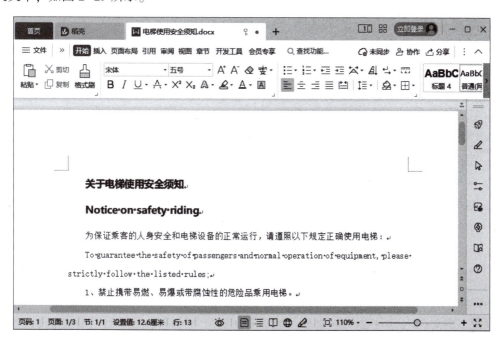

图 2-29　输入数字和中文文本

（8）参照步骤（6）和（7）输入其他文本，然后单击快速工具栏上的"保存"按钮 保存文档，效果如图 2-1 所示。

【任务评价】

评价类型	序号	任务内容	分值	自评	师评
学习态度	1	主动学习	5		
	2	学习时长、进度	20		
操作能力	3	新建文档	5		
	4	输入中文标题	10		
	5	输入英文文本	10		
	6	输入数字和中文文本	30		
课程素养	7	完成课程素养学习	20		
总分			100		

【课后练习】

一、选择题

1. 第一次保存文档时，系统打开的对话框是（   ）。

A. 保存　　　　　　B. 另存为　　　　　C. 新建　　　　　　　D. 关闭

2. 在"文件"菜单选项卡中选择"打开"命令，则（   ）。

A. 只能打开后缀名为 .wps 的文档　　　B. 只能一次打开一个文件

C. 可以同时打开多个文件　　　　　　　D. 打开的是 .doc 文档

3. 在 WPS 2022 中，默认保存后的文档格式扩展名是（   ）。

A. *.doc　　　　　B. *.docx　　　　　C. *.html　　　　　D. *.txt

4. 在 WPS 2022 文字窗口的状态栏中不能显示的信息是（   ）。

A. 当前选中的字数　　　　　　　　B. 改写状态

C. 当前页面中的行数和列数　　　　D. 当前编辑的文件名

5. 在 WPS 2022 中输入文本时，当前输入的文字显示在（   ）。

A. 鼠标光标处　　　B. 插入点　　　　　C. 文件尾部　　　　D. 当前行尾部

6. 把文本从一个地方复制到另一个地方的顺序是：①单击"复制"按钮；②选定文本；③将光标置于目标位置；④单击"粘贴"按钮。正确的操作步骤是（   ）。

A. ①②③④　　　　B. ①③②④　　　　C. ②①③④　　　　D. ②③①④

二、操作题

新建一个 WPS 文字文稿，命名为"静夜思 .docx"，然后在其中输入诗词内容和标点，并且标点符号在中文全角状态下输入。

任务 2　设置文档格式

【任务描述】

通过对本任务相关知识的学习和实践，要求学生掌握文档基本操作、文本的基本编辑方法、字符和段落的格式、页面设置以及打印，并完成"求职信"文档的创建和排版。效果如图 2-30 所示。

求 职 信

尊敬的领导：

　您好！

　我叫××，22岁，性格活泼，开朗自信，是一个不轻易服输的人。带着十分的真诚，怀着执着希望来参加贵单位的招聘，希望我的到来能给您带来惊喜，给我带来希望。

　"学高为师，身正为范"，我深知作为一名教师要具有高度的责任心。五年的大学深造使我树立了正确的人生观，价值观，形成了热情，上进，不屈不挠的性格和诚实，守信，有责任心，有爱心的人生信条，扎实的人生信条，扎实的基础知识给我的"轻叩柴扉"留下了一个自信而又响亮的声音。

　诚实做人，忠实做事是我的人生准则，"天道酬勤"是我的信念，"自强不息"是我的追求。

　复合型知识结构使我能胜任社会上的多种工作。我不求流光溢彩，但求在合适的位置上发挥的淋漓尽致，我不期望有丰富的物质待遇，只希望用我的智慧，热忱和努力来实现我的社会价值和人生价值。在莘莘学子中，我并非最好，但我拥有不懈奋斗的意念，愈战愈强的精神和忠实肯干的作风，这才是最重要的。

　追求永无止境，奋斗永无穷期。我要在新的起点、新的层次、以新的姿态、展现新的风貌，书写新的记录，创造新的成绩，我的自信，来自我的能力，您的鼓励；我的希望寄托于您的慧眼。如果您把信任和希望给我，那么我的自信、我的能力，我的激情，我的执着将是您最满意的答案。

　您一刻的斟酌，我一生的选择！诚祝贵单位各项事业蒸蒸日上！

　此致

敬礼！

求职者：×××

××××年×月×日

图 2-30　求职信效果

【任务分析】

要使用 WPS 创建"求职信"文档，首先应该创建一个文档；然后进行文本输入，为了文档的显示效果，可以对文档进行排版处理，包括进行字符格式、段落格式等格式设置；最后进行页面设置并将其打印。

【知识准备】

一、字符格式化

字符的常用格式包括字体、字号、字形、颜色、效果、间距、边框和底纹等。通过设置字符格式，可以美化文档、突出重点。

1. 设置字体、字号、字形

字体即字符的形状，分为中文字体和西文字体（通常英文和数字使用）。字号是指字体的大小，计量单位常用的有"号"和"磅"两种。字形是附加于文本的属性，包括常规、加粗、倾斜等。

（1）选中要设置字体的文本，在"开始"选项卡的"字体"下拉列表中可以选择字体，如图 2-31 所示。

（2）在"字号"下拉列表中选择字号，如图 2-32 所示。

图 2-31 "字体"下拉列表

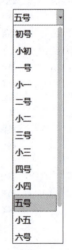

图 2-32 "字号"下拉列表

WPS 中的字号分为两种：一种以"号"为计量单位，使用汉字标示，例如"五号"，数字越小，字符越大；另一种以"磅"为计量单位，使用阿拉伯数字标示，例如"5.5"，磅值越大，字符越大。

> **提示：**如果要输入字号大于"初号"或 72 磅的字符，可以直接在"字号"列表框中输入一个较大的数字（例如 120），然后按 Enter 键。

（3）如果要将字符的笔画线条加粗，单击"开始"选项卡中的"加粗"按钮**B**。

此时，"加粗"按钮显示为按下状态，再次单击恢复，同时选定的文本也恢复原来的字形。

（4）如果希望将字符倾斜一定的角度，在"开始"选项卡中单击"倾斜"按钮 I。

此时，"倾斜"按钮显示为按下状态，再次单击恢复，同时选定的文本也恢复原来的字形。

在编辑文档的过程中，如果选中了部分文本，选中文本的右上角将显示一个浮动工具栏，如图 2-33 所示，使用该工具栏也可以很方便地设置文本的字体、字号和字形。

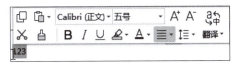

图 2-33　浮动工具栏

2. 设置颜色和效果

在 WPS 中，不仅可以很方便地为文本设置显示颜色，还可以为文本添加阴影、映像、发光、柔化边缘等特殊效果。为了凸显某部分文本，还可以给文本添加颜色底纹。

（1）选定要设置颜色效果的文本。

（2）单击"开始"选项卡中的"字体颜色"下拉按钮 $\underline{A}$ ▾，打开如图 2-34 所示的下拉列表，单击色块，即可以指定的颜色显示文本。

如果没有需要的颜色，可以单击"其他字体颜色"命令，打开"颜色"对话框选取或自定义颜色。或者单击"取色器"命令，在屏幕中选取需要的颜色。

（3）单击"开始"选项卡中的"文字效果"下拉按钮 A ▾，在打开的下拉列表中选择需要的文字特效，如图 2-35 所示。

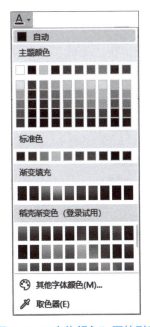

图 2-34　"字体颜色"下拉列表

图 2-35　"文字效果"下拉列表

将鼠标指针移到某种特效上，将打开对应的预设效果级联菜单，单击即可应用指定的效果。

如果希望自定义效果样式，单击"更多设置"命令，在文档编辑窗口右侧将展开如图 2-36 所示的"属性"面板。在这里，用户可以按照需要自定义文本效果。切换到"填充与轮廓"选项卡，还可以设置文本的填充颜色和轮廓颜色。

（4）如果希望将选中的文本以某种颜色标示，像使用了荧光笔一样，单击"开始"选项卡中的"突出显示"下拉按钮，在打开的颜色列表中选择一种颜色，如图 2-37 所示。

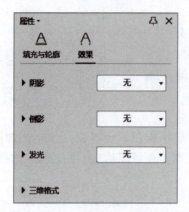

图 2-36 "属性"面板的"效果"选项卡

图 2-37 "突出显示"颜色列表

3. 设置字符宽度、间距与位置

默认情况下，WPS 文档的字符宽度比例是 100%，同一行文本依据同一条基线进行分布。通过修改字符宽度、字符之间的距离与字符显示的位置，可以创建特殊的文本效果。

（1）选定要设置格式的文本。单击"开始"选项卡"字体"功能组"功能扩展"按钮，打开"字体"对话框。

（2）切换到如图 2-38 所示的"字符间距"选项卡，在"缩放"下拉列表框中选择字符宽度的缩放比例。

图 2-38 "字符间距"选项卡

如果下拉列表框中没有需要的宽度比例，可以直接输入所需的比例。在"预览"区域可以预览设置效果。

（3）在"间距"下拉列表框中选择需要的间距类型。

字符间距是指文档中相邻字符之间的水平距离。WPS 2022 提供了"标准""加宽"和"紧缩"3 种预置的字符间距选项，默认为"标准"。如果选择其他两个选项，还可以在"磅值"数值框中指定具体值。

（4）在"位置"下拉列表框中选择文本的显示位置。

"位置"选项用于设置相邻字符之间的垂直距离。WPS 2022 提供了"标准""上升"和"下降"3 种预置选项。"上升"是指相对于原来的基线上升指定的磅值；"下降"是指相对于原来的基线下降指定的磅值。

（5）设置完成后，单击"确定"按钮关闭对话框，即可看到设置的字符效果。

二、段落格式化

常用的段落格式包括段落的对齐方式、缩进与间距、边框和底纹等。合理的段落格式不仅可以增强文档的美观性，还可以使文档结构清晰，层次分明。利用如图 2-39 所示的"段落"功能组中的命令按钮可以很便捷地设置段落格式。

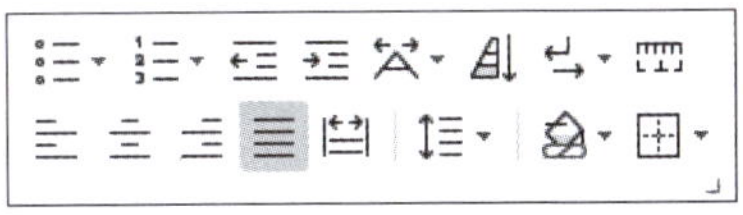

图 2-39　"段落"功能组

1. 段落对齐方式

段落的对齐方式指段落文本在水平方向上的排列方式。

（1）选中要设置对齐方式的段落。

> **提示**：设置一个段落的格式时，可以选择整个段落，也可以仅将光标定位到段落中。如果要同时设置多个段落的格式，则应选中这些段落，然后进行设置。

（2）在"开始"选项卡的"段落"功能组单击需要的对齐方式，如图 2-40 所示。

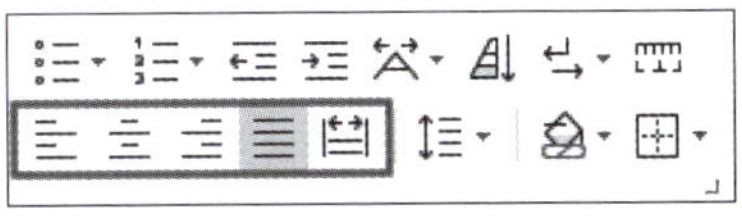

➤ 左对齐▤：段落的每一行文本都以文档编辑区的左边界为基准对齐。

➤ 居中对齐▤：段落的每一行都以文档编辑区水平居中的位置为基准对齐。

图 2-40　对齐方式

➤ 右对齐▤：段落的每一行都以文档编辑区的右边界为基准对齐。

➤ 两端对齐▤：段落的左、右两端分别与文档编辑区的左、右边界对齐，字与字之间的距离根据每一行字符的多少自动分配，最后一行左对齐。

➤ 分散对齐▣：这种对齐方式与"两端对齐"相似，不同的是，段落的最后一行文字之间的距离均匀拉开，占满一行。

2. 设置段落缩进

段落缩进是指段落文本与页边距之间的距离。设置段落缩进可以使段落结构更清晰。

（1）选定要缩进的段落，单击"开始"选项卡"段落"功能组"功能扩展"按钮▫，打开"段落"对话框，如图 2-41 所示。

（2）在"缩进"选项区域设置缩进方式和缩进值。

➤ 文本之前：用于设置段落左边界距离文档编辑区左边界的距离。正值代表向右缩进，负值代表向左缩进。

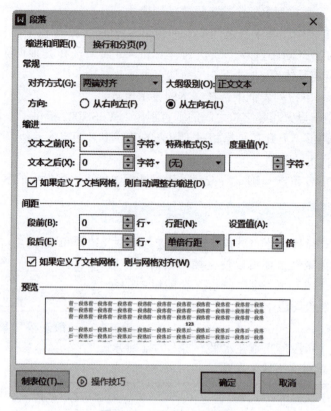

图 2-41 "段落"对话框

➤ 文本之后：用于设置段落右边界距离文档编辑区右边界的距离。正值代表向左缩进，负值代表向右缩进。

➤ 特殊格式：可以选择"首行缩进"和"悬挂缩进"两种方式。首行缩进用于控制段落第一行第一个字符的起始位置；悬挂缩进用于控制段落第一行以外的其他行的起始位置。

（3）设置完成后，单击"确定"按钮关闭对话框，即可看到缩进效果。

在"开始"选项卡的"段落"功能组中，单击"减少缩进量"按钮≣或者"增加缩进量"按钮≣，可快速调整段落缩进量。

3. 设置段落间距

段落间距包括段间距和行间距。段间距是指相邻两个段落前、后的空白距离；行间距是指段落中行与行之间的垂直距离。

（1）选定要设置段间距的段落，单击"开始"选项卡"段落"功能组"功能扩展"按钮，打开"段落"对话框。

（2）在"间距"选项区域分别设置段前、段后和行距。

➤ 段前：段落首行之前的空白高度。

➤ 段后：段落末行之后的空白高度。

➤ 行距：行之间的距离，包括单倍行距、1.5 倍行距、2 倍行距、最小值、固定值和多倍行距。

● 单倍行距：可以容纳本行中最大的字体的行间距，通常不同字号的文本行距也不同。如果同一行中有大小不同的字体或者上、下标，WPS 自动增减行距。

- 1.5 倍行距：行距设置为单倍行距的 1.5 倍。
- 2 倍行距：行距设置为单倍行距的 2 倍。
- 最小值：行距为能容纳此行中最大字体或者图形的最小行距。如果在"设置值"中输入一个值，那么行距不会小于此值。
- 固定值：行距等于在"设置值"文本框中设置的值。
- 多倍行距：行距设置为单位行距的倍数。

（3）设置完成后，单击"确定"按钮关闭对话框。

4. 设置边框与底纹

为段落文本添加边框和底纹，不仅可以美化文档，还可以强调或分离文档中的部分内容，增强可读性。

（1）选中需要设置边框和底纹的段落。

（2）单击"开始"选项卡"边框"下拉按钮田▾，打开如图 2-42 所示的下拉列表，选择不同的命令设置不同边框线。

（3）也可以选择"边框和底纹"命令，打开如图 2-43 所示的"边框和底纹"对话框"边框"选项卡，设置边框的样式、线型、颜色和宽度。

图 2-42 "边框"下拉列表

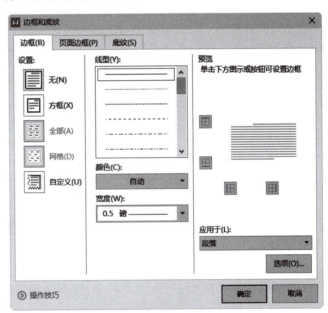

图 2-43 "边框和底纹"对话框

➢ 设置：选择内置的边框样式。选中"无"可以取消显示边框；选中"自定义"可以自定义边框样式。

➢ 线型：选择边框线的样式。

➢ 颜色：设置边框线的颜色。

➢ 宽度：设置边框线的粗细。

（4）如果在"设置"选项区域选择的是"自定义"，还可以在"预览"区域单击段落示意图四周的边框线按钮▦（上）、▦（下）、▦（左）、▦（右）添加或取消对应位置的边框线。

提示：如果选中了多个段落，段落示意图四周还会显示一个边框线按钮⊞，单击该按钮可在两个段落之间添加一条边框线，对段落进行分隔。

（5）在"应用于"下拉列表框中选择边框的应用范围。如果选择"段落"，则在段落四周显示边框线；如果选择"文字"，则在文字四周显示边框线，如图 2-44 所示。

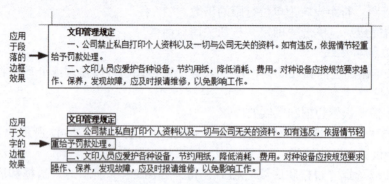

图 2-44　边框效果示例

注意：段落边框可以仅显示上、下、左、右任一条边框，而应用于文字的边框是固定的，不能添加或删除任何一条边框。

（6）单击"选项"按钮，打开如图 2-45 所示的"边框和底纹选项"对话框，设置边框和底纹与正文内容四周的距离。设置完成后，单击"确定"按钮返回到"边框和底纹"对话框。

（7）在"边框和底纹"对话框中切换到如图 2-46 所示的"底纹"选项卡，设置底纹的填充颜色、图案样式和图案的前景色。

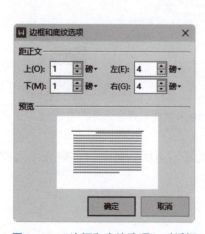

图 2-45　"边框和底纹选项"对话框

图 2-46　"底纹"选项卡

（8）在"应用于"下拉列表框中选择底纹要应用的范围。应用于段落的底纹是衬于整个段落区域下方的一整块矩形背景，而应用于文字的底纹只在段落文本下方显示，没有字符的区域不显示底纹，如图 2-47 所示。

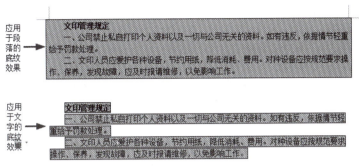

图 2-47 底纹效果示例

> **提示**：如果要设置仅应用于文字的灰色底纹，更简单的方法是选中文本后，在"开始"选项卡的"字体"功能组中单击"字符底纹"按钮 A。

（9）设置完成后，单击"确定"按钮关闭对话框，即可看到设置的边框和底纹效果。

5. 使用项目符号

借助 WPS 的自动编号功能，只需在输入第一项时添加项目符号，输入其他列表项时自动添加项目符号。

（1）在文档中选中列表的第一项，或将光标放置在第一项的文本中。如果已创建了多个列表项，则选中所有列表项。

（2）单击"开始"选项卡"项目符号"下拉按钮 ，打开如图 2-48 所示的"项目符号"下拉列表。

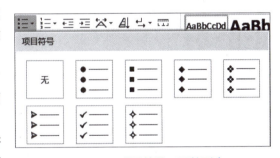

图 2-48 "项目符号"下拉列表

（3）在下拉列表中单击需要的项目符号样式，即可在选定段落左侧添加指定的项目符号。

（4）按 Enter 键结束段落并换行，WPS 自动在下一段落开始处添加项目符号。

（5）在项目符号右侧输入列表的其他列表项，然后按 Enter 键输入下一项。

（6）所有列表项输入完成后，按 Enter 键另起一行，然后按 Backspace 键删除自动添加的最后一个项目符号，即可结束列表项的创建。

如果项目符号下拉列表中没有需要的符号样式，用户还可以自定义一种符号作为项目符号。

（1）在"项目符号"下拉列表中选择"自定义项目符号"命令，打开如图 2-49 所示的"项目符号和编号"对话框。

（2）在符号列表中选择一种符号样式（不能选择"无"），单击"自定义"按钮，打开如图 2-50 所示的"自定义项目符号列表"对话框。

（3）单击"字符"按钮，打开如图 2-51 所示的"符号"对话框。设置符号字体后，在符号列表框中选择需要的符号，单击"插入"按钮，返回"自定义项目符号列表"对话框。

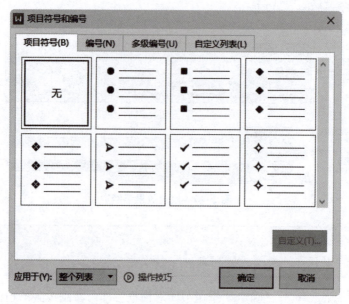

图 2-49 "项目符号和编号"对话框

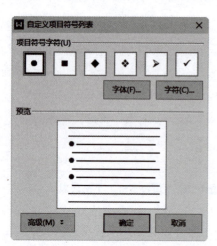

图 2-50 "自定义项目符号列表"对话框

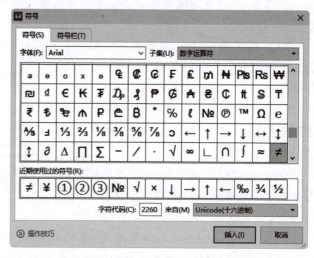

图 2-51 "符号"对话框

    此时，在"自定义项目符号列表"对话框的符号列表中可以看到添加的符号，在"预览"区域可以看到项目符号的效果。

    （1）单击"高级"按钮，展开对话框，根据需要设置项目符号和符号之后的文本的缩进位置。

    （2）如果要修改项目符号和列表项的字体、颜色等格式，单击"字体"按钮打开"字体"对话框，在"复杂文种"选项区域设置项目符号的字形和字号；在"所有文字"选项区域设置项目符的颜色。设置完成后，单击"确定"按钮，返回"自定义项目符号列表"对话框。

    （3）在"自定义项目符号列表"对话框中单击"确定"按钮，返回"项目符号和编号"对话框。在"应用于"下拉列表框中选择自定义的项目符号要应用的范围。

➢ 整个列表：将当前插入点所在的整个列表的项目符号都更改为自定义的符号。

➢ 插入点之后：将当前插入点之后的列表项的项目符号更改为自定义的符号。

➢ 所选文字：将所选文字所在的列表项的项目符号更改为自定义的符号。

（4）设置完成后，单击"确定"按钮关闭对话框，即可在文档中查看自定义的项目列表效果。

三、页面设置

1. 设置页面规格

页面的方向分为横向和纵向，WPS 默认的页面方向为纵向，用户可以根据需要进行调整。

（1）打开要设置页面属性的文档，单击"页面布局"选项卡中的"纸张方向"下拉按钮，打开如图 2-52 所示的下拉列表。

（2）在下拉列表中单击需要的纸张方向。

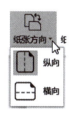

图 2-52 "纸张方向"下拉列表

设置的页面方向默认应用于当前节，如果没有添加分节符，则应用于整篇文档。如果要指定设置的纸张方向应用的范围，可以单击"页面布局"选项卡中的"页面设置"按钮，打开"页面设置"对话框。

在"方向"区域选择需要的纸张方向，然后在"应用于"下拉列表框中选中要应用的范围，如图 2-53 所示。设置完成后，单击"确定"按钮关闭对话框。

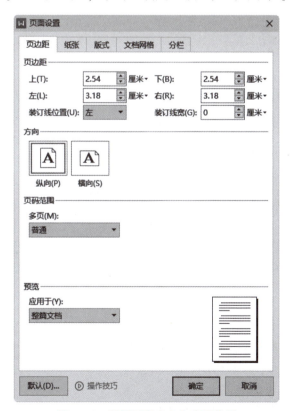

图 2-53　设置纸张方向和应用范围

接下来设置页面规格，也就是纸张尺寸。通常情况下，用户应该根据文档的类型要求或打印机的型号设置纸张的大小。

（1）打开要设置纸张大小的文档。

（2）单击"页面布局"选项卡中的"纸张大小"下拉按钮，在打开的下拉列表中可以看到 WPS 2022 预置了 13 种常用的纸张规格，如图 2-54 所示。

（3）单击需要的纸张规格，即可将页面修改为指定的大小。

如果预置的纸张规格中没有需要的页面尺寸，单击"其他页面大小"命令，打开"页面设置"对话框，如图 2-55 所示。在"纸张大小"下拉列表中选择"自定义大小"，然后在下方的"宽度"和"高度"数值框中输入尺寸。在"应用于"下拉列表中还可以指定纸张大小应用的范围。设置完成后，单击"确定"按钮关闭对话框。

图 2-54 "纸张大小"下拉列表　　图 2-55 "页面设置"对话框

2. 调整页边距

页边距是页面的正文区域与纸张边缘之间的空白距离，包括上、下、左、右四个方向的边距，以及装订线的距离。页边距的设置在正式的文档排版中十分重要，太窄会影响文档装订，太宽则不仅浪费纸张，而且影响版面美观。

（1）打开要设置页边距的文档。

（2）单击"页面布局"选项卡中的"页边距"下拉按钮，在打开的下拉列表中可以看到，WPS 2022 内置了 4 种常用的页边距尺寸，如图 2-56 所示。

（3）单击需要的页边距设置，即可将指定的边距设置应用于当前文档或当前节。

如果内置的页边距样式中没有合适的边距尺寸，可以单击"自定义页边距"命令打开"页面设置"对话框，在"页边距"选项卡中自定义上、下、左、右边距。如果文档要装订，还应设置装订线位置和装订线宽，在"应用于"下拉列表框中还可以指定边距的应用范围。

设置装订线宽可以避免装订文档时文档边缘的内容被遮挡。设置完成后，单击"确定"按钮关闭对话框。此时，在页边距下拉列表中可以看到自定义的边距设置，可将该自定义边距应用于其他文档。

3. 设置文档网格

在 WPS 中，可以用水平方向的"行网格"和垂直方向的"字符网格"将文档分隔为多行多列的网格，以便于排版文字。设置文档网格后，可以将文字按指定的方向排列，限定每页显示的行数，以及每行容纳的字符数。

（1）打开文档，单击"页面布局"选项卡中的"页面设置"组的"扩展"按钮 ┘，打开"页面设置"对话框，并切换到如图 2-57 所示的"文档网络"选项卡。

图 2-56 内置页边距下拉列表

图 2-57 "文档网格"选项卡

（2）在"文字排列"区域选择文字排列的方向。

（3）在"网格"区域指定文档网格的类型。

（4）单击"绘图网格"按钮，在如图 2-58 所示的"绘图网格"对话框中设置文档内容的对齐方式、网格的间距，以及是否显示网格线。设置完成后，单击"确定"按钮关闭对话框。

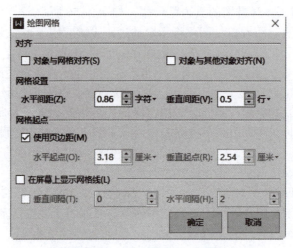

图2-58 "绘图网格"对话框

在"网格起点"区域选中"使用页边距"复选框，表明网格线从正文文档区开始显示，否则，从设定的"水平起点"和"垂直起点"处开始显示。

选中"在屏幕上显示网格线"复选框，可以在文档中显示网格线。默认同时显示水平和垂直网格线，如果希望只显示水平网格线，取消选中"垂直间距"左侧的复选框。要调整相邻水平网格线的高度，就设置"水平间隔"；要调整相邻垂直网格线的宽度，就设置"垂直间隔"。

> 提示：如果"垂直间隔"设置为1，则一个网格中只能输入一个字。如果希望在一个网格中输入两个、三个或多个字，可以把"垂直间隔"的值设置为2、3、…，依此类推。

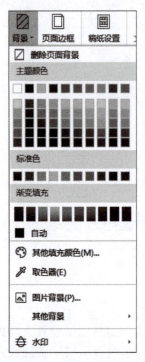

图2-59 "背景"下拉列表

(5) 在"应用于"下拉列表框中指定文档网格应用的范围。

(6) 单击"确定"按钮关闭对话框，完成操作。

4. 设置页面背景

WPS默认的页面背景颜色为白色，通过设置背景，可以使文档外观更加赏心悦目。

(1) 单击"页面布局"选项卡中的"背景"按钮，打开如图2-59所示的下拉列表。

(2) 在"主题颜色"和"标准色"区域单击任何一个色块，即可将选择的颜色作为背景颜色填充页面。

如果对系统提供的颜色不满意，可以单击"其他填充颜色"命令，在打开的如图2-60所示的"颜色"对话框中选择颜色，或切换到"自定义"选项卡中自定义颜色。

如果要提取当前窗口中的某种颜色为背景色，单击"取色器"命令，鼠标指针显示为滴管状。将指针移到要拾取的颜色区域，指针上方显示拾取的颜色，以及对应的RGB值，如图2-61所示。在要拾取的颜色上单击，即可使用指定颜色填充页面。

(3) 如果希望将一幅图片作为背景填充页面，单击"图片背景"命令，在打开的"填充效果"对话框中选择背景图片。

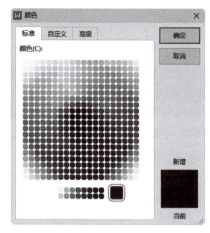

图 2-60　"颜色"对话框

图 2-61　使用取色器拾取颜色

5. 添加水印

添加水印是指将文本或图片以虚影的方式设置为页面背景，以标识文档的特殊性，例如密级、版权所有等。

（1）打开要添加水印的文字文稿。

（2）单击"页面布局"选项卡中的"背景"按钮，在打开的下拉列表中选择"水印"命令。或单击"插入"选项卡中的"水印"按钮，打开如图 2-62 所示的下拉列表。

从图 2-62 中可以看到，WPS 内置了一些常用的水印样式，单击即可直接应用。此外，还支持用户自定义水印样式、删除文档中已有的水印。

（3）在"水印"下拉列表中单击"自定义水印"区域的"点击添加"按钮，或单击"插入水印"命令，打开如图 2-63 所示的"水印"对话框。

图 2-62　"水印"下拉列表

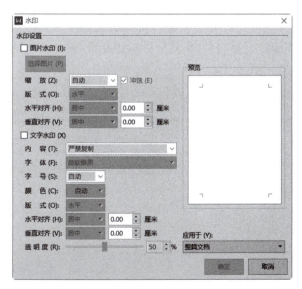

图 2-63　"水印"对话框

（4）在对话框中选择水印的类型，并详细定义水印的格式。

（5）设置完成后，单击"确定"按钮关闭对话框，即可在文档中看到添加的水印效果。

6. 使用主题快速调整页面效果

在 WPS 2022 中，不仅可以设置文档的背景颜色、边框和水印，还可以使用主题快速改变整个文档的外观。主题包括颜色方案、字体组合和页面效果。

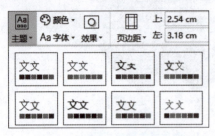

图 2-64　预置的主题列表

（1）打开文档，单击"页面布局"选项卡中的"主题"按钮，在打开的下拉列表中可以看到 WPS 2022 预置的主题列表，如图 2-64 所示。

（2）单击需要的主题样式，可以看到文档中的文字自动套用主题中的字体格式，图形图表则套用主题中的颜色方案。

如果希望使用更为丰富的主题样式，可以分别设置主题颜色和主题字体。

（3）单击"页面布局"选项卡中的"颜色"按钮，在打开的主题颜色列表中可以选择一种配色方案。

（4）单击"字体"下拉按钮，在打开的主题字体列表中可以选择一种字体方案。

（5）单击"效果"下拉按钮，可以在预置的效果列表中选择一种主题效果。

四、设计页眉和页脚

页眉、页脚分别位于每一页的顶部和底部，通常用于显示文档的附加信息，如公司徽标、文档名称、版权信息等。插入的页眉页脚内容会自动显示在每一页相应的位置，不需要每页都插入。

1. 插入页眉和页脚

（1）打开要编辑页眉和页脚的文档。将鼠标指针移到页面顶端，WPS 显示提示信息"双击编辑页眉"；如果将指针移到页面底端，将显示"双击编辑页脚"。

（2）双击页眉或页脚位置，或单击"插入"选项卡中的"页眉页脚"按钮，即可进入页眉页脚编辑状态，并自动切换到"页眉页脚"选项卡，页眉编辑状态如图 2-65 所示。

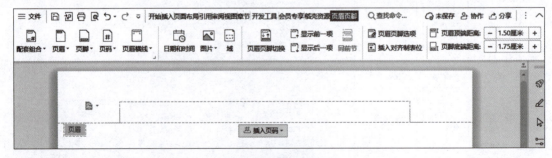

图 2-65　页眉编辑状态

（3）在"页眉页脚"选项卡中，单击"页眉顶端距离"微调框中的 — 或 + 按钮，或直接输入数值来调整页眉区域的高度；单击"页脚底端距离"微调框中的 − 或 + 按钮，或直接输入数值来调整页脚区域的高度。

（4）在页眉页脚中输入并编辑内容。可以输入纯文字，也可以在"页眉页脚"选项卡中通过单击相应的按钮，插入横线、日期和时间、图片、域以及对齐制表位。

单击"页眉横线"按钮 ，在如图 2-66 所示的下拉列表中可以选择横线的线型和颜色。单击"删除横线"命令，可取消显示横线。

单击"日期和时间"按钮，打开如图 2-67 所示的"日期和时间"对话框，可以设置日期、时间的语言和格式。选中"自动更新"复选框，则插入的日期和时间会实时更新。

图 2-66 "页眉横线"下拉列表　　　　**图 2-67 "日期和时间"对话框**

提示：选择的语言不同，日期和时间的可用格式也会有所不同。

单击"图片"按钮 ，在如图 2-68 所示的下拉列表中选择图片来源，可以是本地计算机上的图片，也可以通过扫描仪或手机获取图片，稻壳会员还可免费使用图片库中的图片。

单击"域"按钮 ，在打开的如图 2-69 所示的"域"对话框中，可以选择常用的域，也可以手动编辑域代码，定制个性化的页眉页脚内容。

单击"插入对齐制表位"按钮 ，在打开的如图 2-70 所示的对话框中可以设置制表位的对齐方式和前导符。

插入的页眉内容可以像文档正文中的内容一样进行编辑修改和格式设置。

图 2-68 "图片"下拉列表

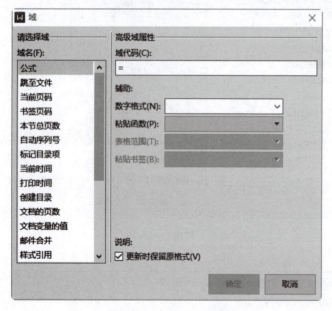

图 2-69 "域"对话框

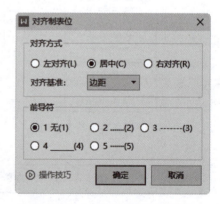

图 2-70 "对齐制表位"对话框

（5）完成页眉内容的编辑后，单击"页眉和页脚"选项卡中的"页眉页脚切换"按钮
，文档自动转至当前页的页脚。

（6）按照第（4）步编辑页眉的方法编辑页脚内容。

（7）如果对文档内容进行了分节或设置了首页的页眉页脚不同，编辑完当前页面的页眉页脚后，单击"显示前一项"按钮，可进入上一节的页眉或页脚；单击"显示后一项"按钮，可以进入下一节的页眉或页脚。

（8）完成所有编辑后，单击"页眉和页脚"单选项卡中的"关闭"按钮☒，即可退出页眉页脚的编辑状态。

2. 创建首页/奇偶页不同的页眉页脚

为文档设置页眉页脚后，默认情况下，所有页面在相同的位置显示相同的页眉页脚。在编排长文档时，通常要求首页设置与其他页面不同的页眉、页脚样式，此时就需要设置页眉页脚选项了。

（1）在文档页眉或页脚处双击鼠标左键进入编辑状态。

（2）单击"页眉和页脚"选项卡中的"页眉页脚选项"按钮，打开"页眉/页脚设置"对话框，选中"首页不同"复选框，如图 2-71 所示。如果要在首页页眉中显示横线，选中"显示首页页眉横线"复选框。

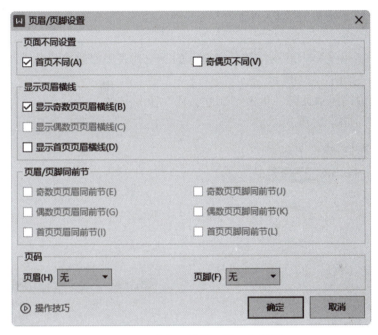

图 2-71　选中"首页不同"复选框

（3）设置完成后，单击"确定"按钮关闭对话框。此时，在首页的页眉和页脚区域会标注"首页页眉"和"首页页脚"。

（4）在"页眉页脚"选项卡中，分别调整页眉区域和页脚区域的高度。然后在首页页眉中编辑页眉的内容。

（5）单击"页眉页脚切换"按钮，自动转至首页的页脚，编辑页脚内容。

（6）编辑完首页的页眉页脚后，单击"显示后一项"按钮，可以进入下一页或下一节的页眉或页脚。

（7）完成所有编辑后，单击"页眉页脚"选项卡中的"关闭"按钮☒，退出页眉页脚的编辑状态。

采用相同的方法，创建奇偶页不同的页眉页脚。

3. 插入页码

为文档插入页码一方面可以统计文档的页数，另一方面便于读者快速定位和检索。页码通常添加在页眉或页脚中。

（1）打开要插入页码的文档。单击"插入"选项卡中的"页码"下拉按钮，在打开的下拉列表中单击需要页码显示的位置，即可进入页眉页脚编辑状态，在整篇文档所有页面的指定位置插入页码，如图2-72所示。

（2）单击"重新编号"下拉按钮，设置页码的起始编号，如图2-73所示。如果在文档中插入了分节符，可以设置当前节的页码编号是否续前节排列。

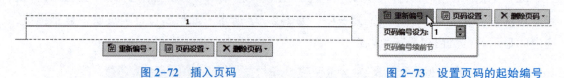

图 2-72　插入页码　　　　　　　　　　　　　图 2-73　设置页码的起始编号

（3）单击"页码设置"下拉按钮，在打开的下拉列表中修改页码的编号样式、显示位置以及应用范围，如图2-74所示。

（4）如果要取消显示页码，单击"删除页码"下拉按钮，在打开的下拉列表中选择要删除的页码范围，如图2-75所示。

图 2-74　设置页码格式

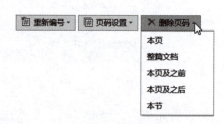

图 2-75　删除页码

（5）设置完成后，单击"页眉页脚"选项卡中的"关闭"按钮 ⊠，退出页眉页脚的编辑状态。

如果要修改页码，双击页眉页脚区域，按照步骤（3）～（5）进行重新设置，或单击"插入"选项卡"页码"下拉按钮，在打开的下拉列表中选择"页码"命令，打开如图2-76所示的"页码"对话框进行修改。

在这里，可以修改页码的编号样式、显示位置、是否包含章节号、编号方式以及应用范围。

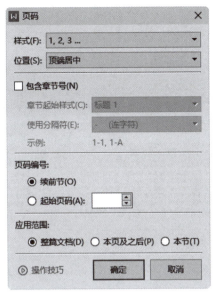

图 2-76　"页码"对话框

五、应用样式

在编排长文档时，为保证文档的风格统一，通常要求对许多的文字和段落设置相同的格式。如果逐一设置或者通过格式刷复制格式，不仅费时、费力、易出错，而且一旦要进行格式更改，就要全部重新设置，这无疑是一项很庞杂的工作。通过定义样式可以简化文档编排流程，减少重复性的操作，只需要修改样式，应用样式的文本或段落会自动更新，从而高效地制作高质量的文档。

1. 套用样式

简单地说，样式是应用于文档页面对象的一组格式集合。通过套用样式，可以对选中的页面对象一键应用多种格式。

WPS 2022 内置了几种标题样式和正文样式，在"开始"选项卡"样式和格式"功能组的"样式"下拉列表框中就可看到，如图 2-77 所示，单击即可应用到选中的文本或段落。

图 2-77　"样式和格式"功能组

如果要清除应用于文本或段落的样式，选中文本或段落后，在"样式和格式"任务窗格中单击"清除格式"按钮。

2. 自定义样式

如果觉得内置的样式没有新意，希望创建个性化的格式，可以自定义新样式。

（1）单击"样式和格式"功能组中的"扩展"按钮，在打开的下拉列表中单击"新建样式"命令，打开如图 2-78 所示的"新建样式"对话框。

（2）根据需要在"属性"区域设置新样式的类型；在"格式"区域设置字体格式和段落格式。

（3）完成设置后，单击"确定"按钮关闭对话框，即可在"样式"下拉列表框中看到创建的样式。

图 2-78 "新建样式"对话框

【任务实施】

求职信

（1）启动 WPS 2022，单击"首页"上的"新建"按钮⊕，打开"新建"选项卡，默认打开"文字"界面，单击"新建空白文字"，新建一个空白的文字文档。

（2）单击快速工具栏上的"保存"按钮🖫，打开"另存文件"对话框，指定保存位置，输入文件名为"求职信"，如图 2-79 所示，单击"保存"按钮，保存文档。

图 2-79 "另存文件"对话框

（3）切换到中文输入法，在光标闪烁的位置输入标题文本"求职信"，如图 2-80 所示。

图 2-80　输入标题

（4）选中文档的标题，在"开始"选项卡中设置字体为"黑体"，字号为"小初"，字体颜色为黑色，文本对齐方式为"居中"，单击"加粗"按钮**B**，效果如图 2-81 所示。

求职信

图 2-81　标题文本效果

（5）继续选中文档的标题，单击"开始"选项卡"字体"功能组右下角的按钮 J，打开"字体"对话框。在"字符间距"选项卡中，设置间距为"加宽"，值为"0.1"厘米，如图 2-82 所示。单击"确定"按钮关闭对话框，效果如图 2-83 所示。

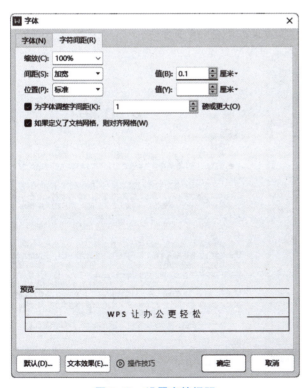

图 2-82　设置字符间距

求职信

图 2-83　格式化标题文本的效果

（6）按 Enter 键换行，系统默认采用标题文本格式，可以先设置好正文格式再输入文字，也可以先输入文字后再设置格式。在“开始”选项卡中设置字体为“宋体”，字号为“小四”，字体颜色为黑色，文本对齐方式为“左对齐”，然后输入文字和符号，如图 2-84 所示。

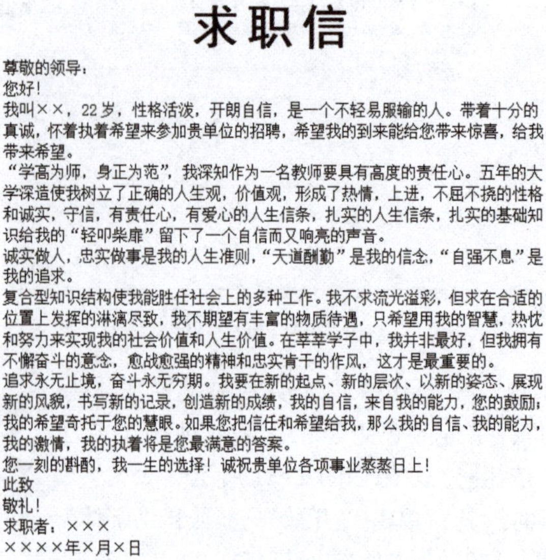
求职信

尊敬的领导：
您好！
我叫××，22岁，性格活泼，开朗自信，是一个不轻易服输的人。带着十分的真诚，怀着执着希望来参加贵单位的招聘，希望我的到来能给您带来惊喜，给我带来希望。
“学高为师，身正为范”，我深知作为一名教师要具有高度的责任心。五年的大学深造使我树立了正确的人生观，价值观，形成了热情，上进，不屈不挠的性格和诚实，守信，有责任心，有爱心的人生信条，扎实的人生信条，扎实的基础知识给我的“轻叩柴扉”留下了一个自信而又响亮的声音。
诚实做人，忠实做事是我的人生准则，“天道酬勤”是我的信念，“自强不息”是我的追求。
复合型知识结构使我能胜任社会上的多种工作。我不求流光溢彩，但求在合适的位置上发挥的淋漓尽致，我不期望有丰富的物质待遇，只希望用我的智慧，热忱和努力来实现我的社会价值和人生价值。在莘莘学子中，我并非最好，但我拥有不懈奋斗的意念，愈战愈强的精神和忠实肯干的作风，这才是最重要的。
追求永无止境，奋斗永无穷期。我要在新的起点、新的层次、以新的姿态、展现新的风貌，书写新的记录，创造新的成绩，我的自信，来自我的能力，您的鼓励；我的希望寄托于您的慧眼。如果您把信任和希望给我，那么我的自信、我的能力，我的激情，我的执着将是您最满意的答案。
您一刻的斟酌，我一生的选择！诚祝贵单位各项事业蒸蒸日上！
此致
敬礼！
求职者：×××
××××年×月×日

图 2-84　输入文字和符号

（7）选中“您好……此致”之间的正文文本，单击“段落”功能组右下角的按钮 ↘，打开“段落”对话框。设置缩进格式为“首行缩进”，度量值为“2 字符”，如图 2-85 所示。单击“确定”按钮关闭对话框，段落效果如图 2-86 所示。

图 2-85　设置缩进和间距

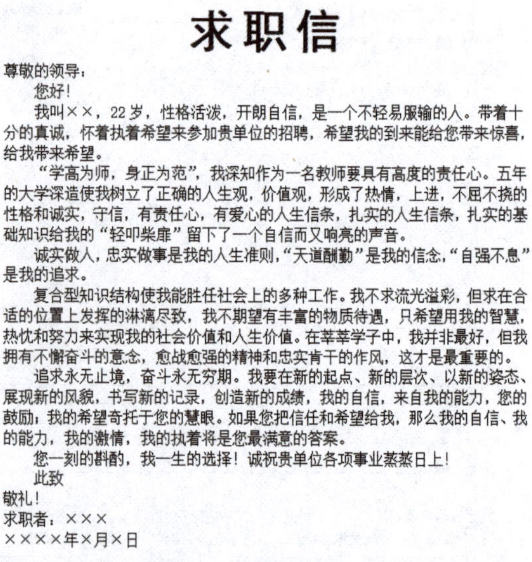
求职信

尊敬的领导：
　　您好！
　　我叫××，22岁，性格活泼，开朗自信，是一个不轻易服输的人。带着十分的真诚，怀着执着希望来参加贵单位的招聘，希望我的到来能给您带来惊喜，给我带来希望。
　　“学高为师，身正为范”，我深知作为一名教师要具有高度的责任心。五年的大学深造使我树立了正确的人生观，价值观，形成了热情，上进，不屈不挠的性格和诚实，守信，有责任心，有爱心的人生信条，扎实的人生信条，扎实的基础知识给我的“轻叩柴扉”留下了一个自信而又响亮的声音。
　　诚实做人，忠实做事是我的人生准则，“天道酬勤”是我的信念，“自强不息”是我的追求。
　　复合型知识结构使我能胜任社会上的多种工作。我不求流光溢彩，但求在合适的位置上发挥的淋漓尽致，我不期望有丰富的物质待遇，只希望用我的智慧，热忱和努力来实现我的社会价值和人生价值。在莘莘学子中，我并非最好，但我拥有不懈奋斗的意念，愈战愈强的精神和忠实肯干的作风，这才是最重要的。
　　追求永无止境，奋斗永无穷期。我要在新的起点、新的层次、以新的姿态、展现新的风貌，书写新的记录，创造新的成绩，我的自信，来自我的能力，您的鼓励；我的希望寄托于您的慧眼。如果您把信任和希望给我，那么我的自信、我的能力，我的激情，我的执着将是您最满意的答案。
　　您一刻的斟酌，我一生的选择！诚祝贵单位各项事业蒸蒸日上！
　　此致
敬礼！
求职者：×××
××××年×月×日

图2-86　段落效果（1）

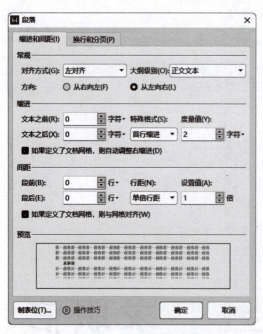

（8）选中全部正文文本，单击"段落"功能组右下角的按钮 ⌐，打开"段落"对话框。设置行距为"1.5倍行距"，单击"确定"按钮关闭对话框，段落效果如图2-87所示。

尊敬的领导：

您好！

我叫××，22岁，性格活泼，开朗自信，是一个不轻易服输的人。带着十分的真诚，怀着执著希望来参加贵单位的招聘，希望我的到来能给您带来惊喜，给我带来希望。

"学高为师，身正为范"，我深知作为一名教师要具有高度的责任心。五年的大学深造使我树立了正确的人生观，价值观，形成了热情，上进，不屈不挠的性格和诚实，守信，有责任心，有爱心的人生信条，扎实的人生信条，扎实的基础知识给我的"轻叩柴扉"留下了一个自信而又响亮的声音。

诚实做人，忠实做事是我的人生准则，"天道酬勤"是我的信念，"自强不息"是我的追求。

复合型知识结构使我能胜任社会上的多种工作。我不求流光溢彩，但求在合适的位置上发挥的淋漓尽致，我不期望有丰富的物质待遇，只希望用我的智慧，热忱和努力来实现我的社会价值和人生价值。在莘莘学子中，我并非最好，但我拥有不懈奋斗的意念，愈战愈强的精神和忠实肯干的作风，这才是最重要的。

追求永无止境，奋斗永无穷期。我要在新的起点、新的层次、以新的姿态、展现新的风貌，书写新的记录，创造新的成绩，我的自信，来自我的能力，您的鼓励；我的希望寄托于您的慧眼。如果您把信任和希望给我，那么我的自信、我的能力，我的激情，我的执着将是您最满意的答案。

您一刻的斟酌，我一生的选择！诚祝贵单位各项事业蒸蒸日上！

此致

敬礼！

求职者：×××

××××年×月×日

图2-87　段落效果（2）

（9）选取正文第一个段落，单击"段落"功能组右下角的按钮 ⌐，打开"段落"对话框，设置段前间距为"1.5"行，效果如图2-88所示。（也可以选取标题，设置段后间距。）

求职信

尊敬的领导：

图2-88　设置段前间距

（10）选取最后两个段落，单击"开始"选项卡中的"右对齐"按钮 ≡，将段落设置为右对齐，效果如图2-89所示。

此致

敬礼！

求职者：×××

××××年×月×日

图2-89　设置段落对齐方式

（11）选取第五段落，单击"开始"选项卡"字体"功能组右下角的按钮 ⌐，打开

"字体"对话框。在"字体"选项卡中设置下划线类型为"波浪线",下划线颜色为"绿色",如图 2-90 所示。单击"确定"按钮关闭对话框,效果如图 2-91 所示。

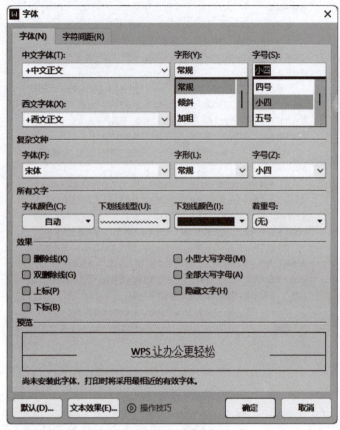

图 2-90　设置字体

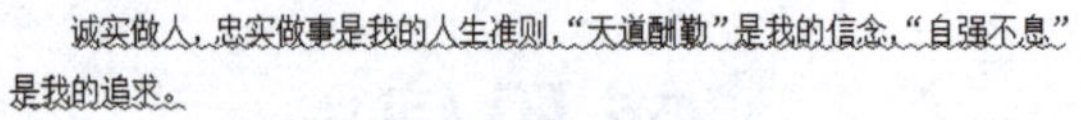

诚实做人,忠实做事是我的人生准则,"天道酬勤"是我的信念,"自强不息"
是我的追求。

图 2-91　格式化第一段的效果

（12）单击"页面布局"选项卡中的"扩展"按钮，打开"页面设置"对话框。在"页边距"选项卡中，设置页面方向为"横向"，上、下页边距为 3 厘米，左、右页边距为3.2 厘米，如图 2-92 所示。设置完成后，单击"确定"按钮关闭对话框。

（13）单击"文件"→"打印"→"打印预览"命令，打开如图 2-93 所示的"打印预览"选项卡，检查文档的页面是否有误，单击"打印预览"选项卡中的"关闭"按钮，关闭打印预览，返回文档编辑页面。

（14）单击"文件"→"打印"→"打印"命令，打开"打印"对话框。在"名称"下拉列表中选择电脑中安装的打印机，选择"当前页"单选项。单击"确定"按钮，将文档打印。

（15）单击快速工具栏上的"保存"按钮，保存文档。

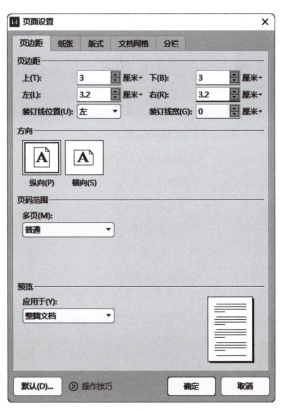

图 2-92　"页面设置"对话框

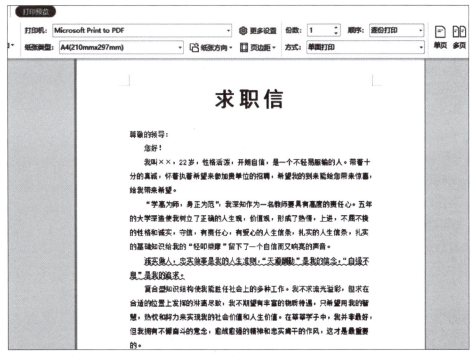

图 2-93　打印预览

【任务评价】

评价类型	序号	任务内容	分值	自评	师评
学习态度	1	主动学习	5		
	2	学习时长、进度	20		
操作能力	3	新建和保存	5		
	4	文档基本操作和编辑	10		
	5	设置字符格式	10		
	6	设置段落格式	10		
	7	页面设置	10		
	8	打印	10		
课程素养	9	完成课程素养学习	20		
总分			100		

【课后练习】

一、选择题

1. 在 WPS 2022 文字文档中,将一部分文本的字号修改为"三号",字体修改为"隶书",然后紧连这部分内容输入新的文字,则新输入的文字字号和字体分别为（　　　）。

A. 四号 楷体　　　　B. 五号 隶书　　　　C. 三号 隶书　　　　D. 无法确定

2. 在 WPS 文字中,就中文字号而言,字号越大,表示字体越（　　　）。

A. 大　　　　　　　B. 小　　　　　　　C. 不变　　　　　　　D. 都不是

3. 选中文本后,若要将文本的轮廓线加粗,则应（　　　）。

A. 单击 B 按钮　　　　　　　　B. 单击 A· 按钮

C. 单击 A· 按钮　　　　　　　　D. 单击 A 按钮

4. 关于编辑页眉页脚,下列叙述中,不正确的选项是（　　　）。

A. 文档内容和页眉页脚可在同一窗口编辑

B. 文档内容和页眉页脚一起打印

C. 编辑页眉页脚时,不能编辑文档内容

D. 页眉页脚中也可以进行格式设置

5. 对于一段两端对齐的文字,只选定其中的几个字符,单击"居中对齐"按钮,则（　　　）。

A. 整个段落均变成居中格式　　　　　　B. 只有被选定的文字变成居中格式

C. 整个文档变成居中格式　　　　　　　D. 格式不变

6. 如果要将段落第一行进行缩进,应执行的命令是（　　　）。

A. 首行缩进　　　　B. 悬挂缩进　　　　C. 左缩进　　　　　D. 右缩进

二、填空题

1. "页面设置"对话框有_____、_____、_____、_____和_____ 5个选项卡。

2. 在 WPS 文字的"_____"菜单选项卡中可以设置页面的水印、页面边框、页面颜色和背景图案等。

3. 如果要创建和编辑页眉页脚，可以单击 WPS 文字的"_____"菜单选项卡中的"页眉和页脚"按钮，也可以双击页面视图的页眉页脚区域进入页眉页脚的编辑状态。

三、操作题

新建一个空白的 WPS 文字文稿，输入或复制多段文字后，按以下要求进行编排：

（1）将标题字体设置为"宋体"，字形设置为"常规"，字号设置为"一号"，居中显示，段前、段后各 0.5 行。

（2）将正文左缩进设置为"1.5 字符"，行距设置为"25 磅"。

（3）将除去标题以外的所有正文加上方框边框，并填充灰色，−25%底纹。

任务3　表格操作

【任务描述】

本任务将实现在 WPS 2022 文档中创建、修改表格。通过对本任务相关知识的学习和实践，要求学生掌握表格的创建和表格结构的修改，并完成 500 强农民合作社产业化发展情况表的创建。表格效果如图 2-94 所示。

500强农民合作社产业化发展情况

单位：万元、%

指标	地区分布			年份		
	东部地区	中部地区	西部地区	2019	2020	2021
投资农产品加工等企业出资额	259.3	221.9	167.6	159.9	180.4	221.3
农产品加工销售收入	923.5	1559.5	1349.4	894.1	1001.7	1203.3
加工收入占经营收入的比重	28.6	58.0	59.0	38.2	40.9	42.6
订单农业销售额	1992.5	1783.2	1519.3	1467.3	1527.8	1793.2
营收利润率	9.0	13.2	13.7	9.7	10.8	11.1

图 2-94　500 强农民合作社产业化发展情况表

【任务分析】

要使用 WPS 文档创建表格，首先根据需要插入表格；然后修改表格结构，包括插入/删除表格元素、合并单元格、拆分单元格等操作；最后对表格中的数据进行排序。

【知识准备】

表格是处理数据类文件的一种非常实用的文字组织形式，不仅可以很有条理地展示信息，对表格中的数据进行计算、排序，而且能与文本互相转换，快速创建不同风格的版式效果。

一、创建表格

WPS 2022 提供了多种创建表格的方法，读者可以根据自己的使用习惯灵活选择。

（1）将插入点定位在文档中要插入表格的位置，然后单击"插入"选项卡中的"表格"下拉按钮，打开如图 2-95 所示的下拉列表。

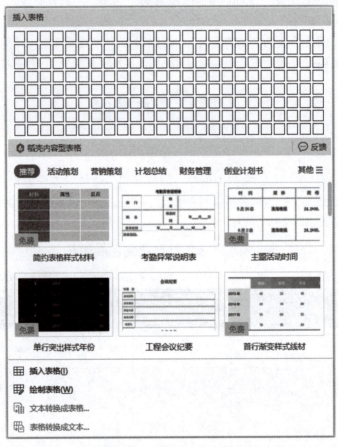

图 2-95 "表格"下拉列表

（2）选择创建表格的方式。

在"表格"下拉列表中可以看到，WPS 在这里提供了 4 种创建表格的方式，下面分别进行简要介绍。

① 如果要快速创建一个无任何样式的表格，在下拉列表中的表格模型上移动鼠标指定表格的行数和列数，选中的单元格区域显示为橙色，表格模型顶部显示当前选中的行、列数，如图 2-96 所示。单击鼠标，即可在文档中插入表格，列宽按照窗口宽度自动调整。

② 如果希望创建指定列宽的表格，在下拉列表中单击"插入表格"命令，在如图 2-97 所示的"插入表格"对话框中分别指定表格的列数和行数，然后在"列宽选择"区域指定表格列宽。如果希望以后创建的表格自动设置为当前指定的尺寸，则选中"为新表格记忆此尺寸"复选框。设置完成后，单击"确定"按钮插入表格。

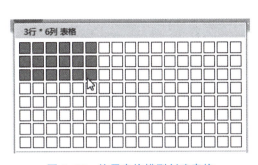

图 2-96　使用表格模型创建表格

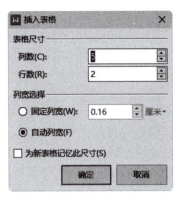

图 2-97　"插入表格"对话框

③ 如果希望快速创建特殊结构的表格，选择"绘制表格"命令，此时鼠标指针显示为铅笔形状，按下左键拖动，文档中将显示表格的预览图，指针右侧显示当前表格的行、列数，如图 2-98 所示。释放鼠标，即可绘制指定行列数的表格。

图 2-98　绘制表格

在表格绘制模式下，在单元格中按下左键拖动，就可以很方便地绘制斜线表头，或将单元格进行拆分。绘制完成后，单击"表格工具"选项卡中的"绘制表格"按钮，即可退出绘制模式。

④ 如果希望创建一个自带样式和内容格式的表格，在"插入内容型表格"区域单击需要的表格模板图标。

（3）创建的无样式表格如图 2-99 所示。

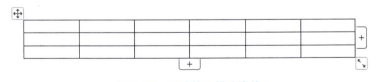

图 2-99　创建的无样式表格

表格中的每个单元格都可以看作一个独立的文档编辑区域，可以在其中插入或编辑页面对象，单元格之间用边框线分隔。

（4）拖动表格右下角的控制点，可以调整表格的宽度和高度。

创建表格时，表格的行高和列宽默认平均分布，在编辑表格内容时，通常要根据实际情况调整表格的行高与列宽。

（5）将鼠标指针移到需要调整行高的行的下边框上，指针变为双向箭头 ⭥ 时，按下左键拖动，此时会显示一条蓝色的虚线标示拖放的目标位置，如图 2-100 所示。拖到合适的位置后释放，整个表格的高度会随着行高的改变而改变。

排序	号服	姓名	组别	决赛成绩	总成绩
1	W111	Jose	少儿组	296	602
2	W112	Lisa	少儿组	298	598

图 2-100　拖动鼠标调整行高

将鼠标指针移到列的左（或右）边框上，光标变成双向箭头 ↔ 时，按下左键拖动到合适位置释放，可调整列宽。

> **提示**：调整列宽时，按住 Ctrl 键拖动鼠标，则边框右侧各列会均匀变化，而整个表格的总体宽度不变；按住 Shift 键拖动鼠标，则边框左侧一列的宽度发生变化，其余列宽保持不变，整个表格的总体宽度随之改变。

如果对表格尺寸的精确度要求较高，在"表格工具"选项卡中单击"表格属性"按钮 田 **表格属性**，在如图 2-101 所示的对话框中可以精确设置表格宽度；切换到"行"和"列"选项卡，可以分别设置行高与列宽。设置完成后，单击"确定"按钮关闭对话框。

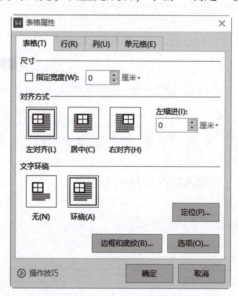

图 2-101　"表格属性"对话框

（6）在表格中输入所需的内容，其方法与在文档中输入内容的方法相似，只需将光标插入点定位到需要输入内容的单元格内，即可输入内容。

二、选取表格区域

选取表格区域是对表格或者表格中的部分区域进行编辑的前提。不同的表格区域，选取操作也不同，熟练掌握选取操作是提升办公效率的基础。

1. 选取整个表格

将光标置于表格中的任意位置，表格的左上角和右下角将出现表格控制点。单击左上角的控制点，或右下角的控制点，即可选取整个表格。

2. 选取单元格

➢选取单个单元格：直接在单元格中单击；或将鼠标指针置于单元格的左边框位置，当指针显示为黑色箭头 时单击。

➢选取矩形区域内的多个连续单元格：在要选取的第一个单元格中按下左键拖动到最后一个单元格释放；或选中一个单元格后，按住 Shift 键单击矩形区域对角顶点处的单元格。

➢选取多个不连续单元格：选中第一个要选择的单元格后，按住 Ctrl 键的同时单击其他单元格。

3. 选取行

➢选取一行：将鼠标指针移到某行的左侧，指针显示为白色箭头 时单击。

➢选取连续的多行：将鼠标指针移到某行的左侧，指针显示为白色箭头 时，按住左键向下或向上拖动。

➢选取不连续的多行：选中第一行后，按住 Ctrl 键在其他行的左侧单击。

4. 选取列

➢选取一列：将鼠标指针移到某列的顶部，指针显示为黑色箭头 时单击。

➢选取连续的多列：将鼠标指针移到某列的顶部，指针显示为黑色箭头 时，按住左键向前或向后拖动。

➢选取不连续的多列：选中第一列后，按住 Ctrl 键在其他列的顶部单击。

三、编辑表格

在编辑表格内容时，时常需要插入或删除一些行、列或者单元格，或者合并、拆分单元格。下面简要介绍这些操作的步骤。

1. 插入、删除表格元素

（1）将光标定位在表格中需要插入行、列或者单元格的位置。

（2）在"表格工具"选项卡中，利用如图 2-102 所示的功能按钮可方便地插入行或列。

如果要在表格底部添加行，可以直接单击表格底边框上的 + 按钮；如果要在表格右侧添加列，直接单击表格右边框上的+按钮。

如果要插入单元格，单击功能组右下角的"扩展"按钮 ，在如图 2-103 所示的"插入单元格"对话框中选择插入单元格的方式。设置完成后，单击"确定"按钮关闭对话框。

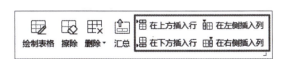

图 2-102　功能按钮

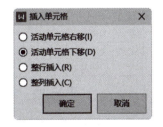

图 2-103　"插入单元格"对话框

如果要删除单元格、行或列，则选中相应的表格元素之后，单击"删除"下拉按钮，在如图 2-104 所示的下拉列表中选择要删除的表格元素。选择"单元格"命令，在如图 2-105 所示的"删除单元格"对话框中可以选择填补空缺单元格的方法。

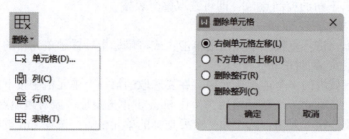

图 2-104　"删除"下拉列表　　　　图 2-105　"删除单元格"对话框

> **提示**：选取单元格后，按 Delete 键只能删除该单元格中的内容，不会从结构上删除单元格。使用"删除单元格"对话框不仅可以删除单元格内容，也会在表格结构上删除单元格。

2. 合并单元格

（1）选中要进行合并的多个连续单元格。

（2）单击"表格工具"选项卡中的"合并单元格"按钮，或者单击右键，在弹出的快捷菜单中选择"合并单元格"命令。合并单元格后，原来单元格的列宽和行高合并为当前单元格的列宽和行高。

（3）单击"表格工具"选项卡中的"擦除"按钮，此时鼠标指针显示为橡皮擦形状。

（4）在要合并的两个单元格之间的边框线上按下左键拖动，选中的边框线变为红色粗线。

（5）释放鼠标，即可擦除边框线，如图 2-106 所示，共用该边框线的两个单元格合并为一个。

3. 拆分单元格

（1）选中要进行拆分的单元格。

（2）单击"表格工具"选项卡中的"拆分单元格"按钮，或者单击右键，在快捷菜单中选择"拆分单元格"命令，打开如图 2-107 所示的"拆分单元格"对话框。

排序	号服	姓名	组别	决赛成绩	总成绩
1	W111	Jose	少儿组	296	602
2	W112	Lisa	少儿组	298	598

图 2-106　擦除边框线

图 2-107　"拆分单元格"对话框

（3）指定将选中的单元格拆分的行数和列数。

如果选择了多个单元格，选中"拆分前合并单元格"复选框，可以先合并选定的单元格，然后进行拆分。

（4）单击"确定"按钮关闭对话框，即可看到拆分效果。

四、排序表格数据

在实际应用中，有时会要对表格中的数据进行排序，例如查看班级成绩排名。利用 WPS 2022 最多可以使用三个关键字对数据进行排序。

（1）将光标置于需要排序的表格中，单击"表格工具"选项卡中的"排序"按钮，打开如图 2-108 所示的"排序"对话框。

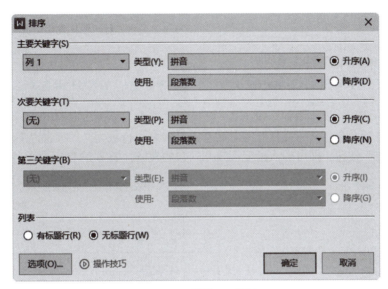

图 2-108　"排序"对话框

（2）在"列表"区域设置关键字的显示方式，以及标题行是否参与排序。

选择"有标题行"单选按钮，在关键字下拉列表框中显示表格各列标题作为关键字；否则，显示为默认的列号，且标题行也参与排序。

> 提示：如果表格设置了"重复标题行"，则不能设置"列表"选项。

（3）设置排序关键字、排序依据和排序方式。

WPS 在排序时按主要关键字、次要关键字和第三关键字的优先顺序进行排序，如果关键字的值相同，则依据下一级关键字进行排序。

排序的依据可选择数字、笔画、日期和拼音。

（4）设置完成后，单击"确定"按钮完成操作。

【任务实施】

500 强农民合作社产业化发展情况

（1）新建一个空白的文字文档，在"页面布局"选项卡中设置左、右页边距为 2 cm，其他采用默认，如图 2-109 所示。

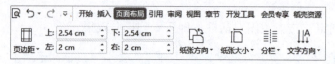

图 2-109　页面设置

（2）输入文档标题文本。选中文本，设置字体为“黑体”，字号为“小二”，段落对齐方式为“居中”，如图 2-110 所示。

（3）将光标定位在文本右侧，按 Enter 键换行。输入“单位：万元、%”，设置字体为“黑体”，字号为“四号”，段落对齐方式为“右对齐”，如图 2-111 所示。

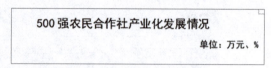

500 强农民合作社产业化发展情况

图 2-110　输入标题文本并格式化

500 强农民合作社产业化发展情况

单位：万元、%

图 2-111　输入单位并格式化

（4）将光标定位在文本右侧，按 Enter 键换行。单击“插入”选项卡“表格”下拉列表中的“插入表格”命令，然后在打开的对话框中设置表格行数为 7、列数为 7，如图 2-112 所示。单击“确定”按钮，即可插入指定行数和列数的表格，如图 2-113 所示。

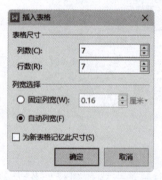

图 2-112　“插入表格”对话框

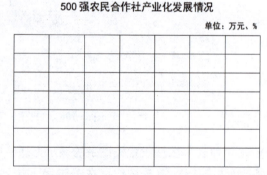

图 2-113　插入表格

（5）选定要进行合并操作的单元格，如图 2-114 所示。单击“表格工具”选项卡中的“合并单元格”按钮，将选中的单元格合并成一个；采用相同的方法合并其他单元格，结果如图 2-115 所示。

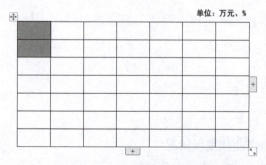

图 2-114　选定要合并的单元格

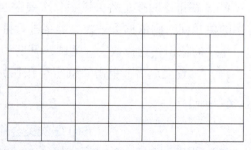

图 2-115　合并后的单元格

（6）单击表格左上角的控制点 ⊕ 选中整个表格，在浮动工具栏中设置字体为宋体，对齐方式为"居中对齐"，字号为"小四"。右击，在打开的快捷菜单中选择"表格属性"选项，打开"表格属性"对话框，切换到"单元格"选项卡，设置垂直对齐方式为"居中"，如图 2-116 所示。单击"确定"按钮，然后在单元格中输入文本，如图 2-117 所示。

图 2-116　"单元格"选项卡

指标	地区分布			年份		
	东部地区	中部地区	西部地区	2019	2020	2021
投资农产品加工等企业出资额	259.3	221.9	167.6	159.9	180.4	221.3
农产品加工销售收入	923.5	1559.5	1349.4	894.1	1001.7	1203.3
加工收入占经营收入的比重	28.6	58.0	59.0	38.2	40.9	42.6
订单农业销售额	1992.5	1783.2	1519.3	1467.3	1527.8	1793.2
营收利润率	9.0	13.2	13.7	9.7	10.8	11.1

图 2-117　在单元格中输入文本

（7）将鼠标置于最后一列的左侧边框线上，当鼠标外观变为双向箭头时，按住左键拖动到适当位置。按照同样的方法，将对整个表格的各单元格进行适当的行分布调整，完成后如图 2-118 所示。

指标	地区分布			年份		
	东部地区	中部地区	西部地区	2019	2020	2021
投资农产品加工等企业出资额	259.3	221.9	167.6	159.9	180.4	221.3
农产品加工销售收入	923.5	1559.5	1349.4	894.1	1001.7	1203.3
加工收入占经营收入的比重	28.6	58.0	59.0	38.2	40.9	42.6
订单农业销售额	1992.5	1783.2	1519.3	1467.3	1527.8	1793.2
营收利润率	9.0	13.2	13.7	9.7	10.8	11.1

图 2-118　调整行分布后的表格

（8）单击表格左上角的控制点 选中整个表格，单击"开始"选项卡"段落"功能组右下角的"扩展"按钮 ，打开"段落"对话框，设置行距为1.5倍行距，单击"确定"按钮，结果如图2-119所示。

指标	地区分布			年份		
	东部地区	中部地区	西部地区	2019	2020	2021
投资农产品加工等企业出资额	259.3	221.9	167.6	159.9	180.4	221.3
农产品加工销售收入	923.5	1559.5	1349.4	894.1	1001.7	1203.3
加工收入占经营收入的比重	28.6	58.0	59.0	38.2	40.9	42.6
订单农业销售额	1992.5	1783.2	1519.3	1467.3	1527.8	1793.2
营收利润率	9.0	13.2	13.7	9.7	10.8	11.1

图2-119 设置行距

（9）选中表格的前两行，单击"表格样式"选项卡"底纹"下拉列表中的"其他填充颜色"命令，打开"颜色"对话框，选取需要的颜色，如图2-120所示。单击"确定"按钮，然后在"开始"选项卡中设置文字颜色为白色，结果如图2-121所示。

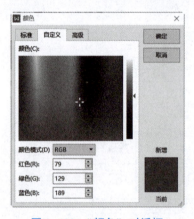

图2-120 "颜色"对话框

指标	地区分布			年份		
	东部地区	中部地区	西部地区	2019	2020	2021
投资农产品加工等企业出资额	259.3	221.9	167.6	159.9	180.4	221.3
农产品加工销售收入	923.5	1559.5	1349.4	894.1	1001.7	1203.3
加工收入占经营收入的比重	28.6	58.0	59.0	38.2	40.9	42.6
订单农业销售额	1992.5	1783.2	1519.3	1467.3	1527.8	1793.2
营收利润率	9.0	13.2	13.7	9.7	10.8	11.1

图2-121 设置表格底纹

（10）选取第3~7行表格，在"样式"下拉列表中选择"浅色样式2-强调1"样式，效果如图2-122所示。

500强农民合作社产业化发展情况

单位：万元、%

指标	地区分布			年份		
	东部地区	中部地区	西部地区	2019	2020	2021
投资农产品加工等企业出资额	259.3	221.9	167.6	159.9	180.4	221.3
农产品加工销售收入	923.5	1559.5	1349.4	894.1	1001.7	1203.3
加工收入占经营收入的比重	28.6	58.0	59.0	38.2	40.9	42.6
订单农业销售额	1992.5	1783.2	1519.3	1467.3	1527.8	1793.2
营收利润率	9.0	13.2	13.7	9.7	10.8	11.1

图2-122 设置表格样式

【任务评价】

评价类型	序号	任务内容	分值	自评	师评
学习态度	1	主动学习	10		
	2	学习时长、进度	20		
操作能力	3	新建文档	10		
	4	插入表格	10		
	5	输入文字	20		
	6	设置表格结构	10		
课程素养	7	完成课程素养学习	20		
总分			100		

【课后练习】

选择题

1. 在 WPS 文档中进行插入表格的操作时，以下说法中，正确的是（　　）。

A. 可以调整每列的宽度，但是不能调整高度

B. 可以调整每行和每列的宽度与高度，但是不能随意修改表格线

C. 不能画斜线

D. 以上都不正确

2. 下列关于表格的说法，错误的是（　　）。

A. 使用表格模型能创建任意行或列的表格

B. 利用"插入表格"菜单命令可以指定表格的行、列数

C. 可以按行或列将一个表格拆分为两个表格

D. 单击左上角的控制点⊞可以选取整个表格

3. 选择某个单元格后，按 Delete 键将（　　）。

A. 删除该单元格　　　　　　　　B. 删除整个表格

C. 删除单元格所在的行　　　　　D. 删除单元格中的内容

4. 在 WPS 文字中，对于一个多行多列的空表格，如果当前插入点在表格中部的某个单元格内，按 Tab 键，（　　）。

A. 插入点移至右边的单元格中　　B. 插入点移至左边的单元格中

C. 插入点移至下一行第一列单元格中　　D. 在当前单元格内键入一个制表符

5. 下列有关表格的说法中，错误的是（　　）。

A. 利用"表格"命令按钮，在弹出的网格中能创建最大 8 行 10 列的表格

B. 利用"插入表格"选项，可以插入指定行数和列数的表格

C. 按住 Alt 键不放再拖动表格右边线或者下边线，可以精确调整表格的列宽和行高

D. 拖动表格左上角按钮，可以改变表格大小

任务 4 图文混排

【任务描述】

通过对本任务相关知识的学习和实践，要求学生掌握图形、图片、艺术字、文本框以及智能图形的插入和编辑，并完成宣传海报的创建。效果如图 2-123 所示。

图 2-123 生态农业宣传海报

【任务分析】

要使用 WPS 创建宣传，首先应该创建一个文档，然后输入文字，接着插入背景图片并对其进行编辑，再插入其他图片并对齐进行编辑，最后插入图形和艺术字。

【知识准备】

一、插入并编辑图片

在 WPS 2022 中，不仅可以插入本地计算机收藏的和稻壳商场提供的图片，还支持从扫描仪导入图片，甚至可以通过微信扫描二维码连接到手机，插入手机中的图片。

（1）在文档中需要插入图片的位置单击，单击"插入"选项卡中的"图片"下拉按钮，在如图 2-124 所示的下拉列表中选择图片来源。

（2）选择图片来源，例如单击"本地图片"命令，打开"插入图片"对话框，选择要插入的图片，单击"打开"按钮插入图片。

在文档中插入的图片默认按原始尺寸或文档可容纳的最大空间显示，往往需要对图片的尺寸和角度进行调整，有时还要设置图片的颜色和效果，以与文档风格和主题融合。

（3）选中图片，图片四周出现控制手柄，如图 2-125 所示，拖动控制手柄来调整图片大小和角度。

图 2-124 "图片"下拉列表

图 2-125 选中图片显示控制手柄

将鼠标指针移动到圆形控制手柄上，指针变成双向箭头时，按下左键拖动到合适位置释放，即可改变图片的大小。

> **提示：** 在图片四个角上的控制手柄上按下左键拖动，可约束比例缩放图片。

如果要精确地设置图片的尺寸，选中图片后，在"图片工具"选项卡"大小和位置"功能组中分别设置图片的高度和宽度。选中"锁定纵横比"复选框，可以约束宽度和高度比例来缩放图片。如果将图片恢复到原始尺寸，单击"重设大小"按钮。

单击"大小和位置"功能组右下角的"扩展"按钮⌐，在打开的"布局"对话框中也可以精确设置图片的尺寸和缩放比例，如图 2-126 所示。

将鼠标指针移到旋转手柄 上，指针显示为 ，按下左键拖动到合适角度后释放，图片绕中心点进行相应角度的旋转，如图 2-127 所示。

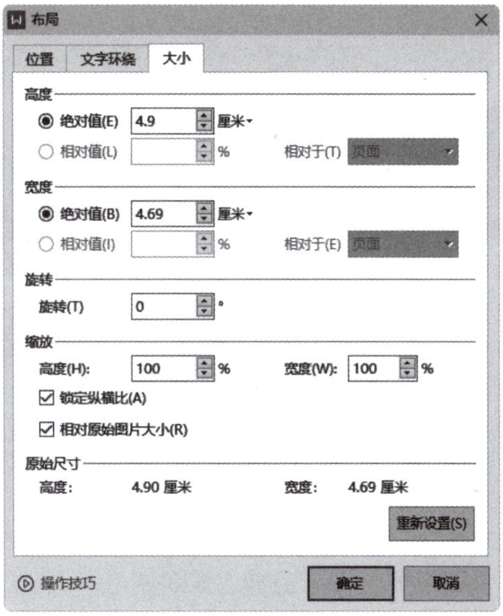

图 2-126 "布局"对话框

如果要将图片旋转某个精确的角度，单击"大小和位置"功能组右下角的"扩展"按钮，打开如图 2-126 所示的"布局"对话框，在"旋转"选项区域输入角度。

如果要对图片进行 90° 倍数的旋转，可单击"图片工具"选项卡中的"旋转"下拉按钮，在打开的下拉列表中选择需要的旋转角度，如图 2-128 所示。

图 2-127 旋转图片

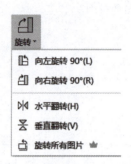

图 2-128 "旋转"下拉列表

如果插入的图片中包含不需要的部分，或者希望仅显示图片的某个区域，不需要启动专业的图片处理软件，使用 WPS 提供的图片裁剪功能就可轻松实现。

（4）选中图片，单击"图片工具"选项卡中的"裁剪"按钮，图片四周显示黑色的裁剪标志，右侧显示裁剪级联菜单，如图 2-129 所示。将鼠标指针移到某个裁剪标志上，按下左键拖动至合适的位置释放，即可沿鼠标拖动方向裁剪图片，如图 2-129 所示。确认无误后，按 Enter 键或单击空白区域完成裁剪。

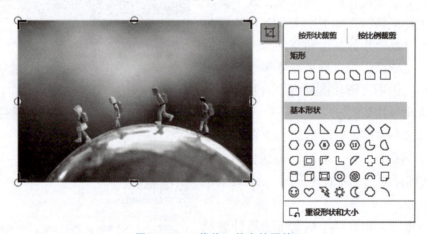

图 2-129 "裁剪"状态的图片

如果要将图片裁剪为某种形状，单击"裁剪"级联菜单中的形状，按 Enter 键或单击文档的空白区域完成裁剪。

如果要将图片的宽度和高度裁剪为某种比例，在"裁剪"级联菜单中切换到"按比例裁剪"选项卡，然后单击需要的比例，按 Enter 键或单击文档的空白区域完成裁剪。

提示：如果要调整裁剪区域，可在裁剪状态下，在图片上按下左键拖动。

二、绘制并修饰形状

在制作文档时，有时需要绘制一些简单的图形或流程图。WPS 2022 提供了丰富的内置形状，可以一键绘制常用的图形，即使用户没有绘画经验，也能通过简单的组合、编辑顶点创建一些复杂图形。

（1）在"插入"选项卡中单击"形状"下拉按钮 ，打开"形状"下拉列表，如图 2-130 所示。

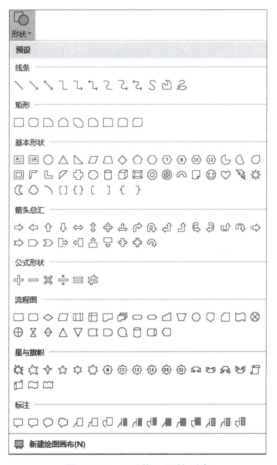

图 2-130　"形状"下拉列表

从图 2-130 可以看到，WPS 2022 分门别类地内置了 8 类形状，几乎囊括了常用的图形。

（2）形状既可以直接插入文档中，也可以插入绘图画布中。如果要直接在文档中插入形状，单击需要的形状图标；如果要在绘图画布中绘制形状，单击"新建绘图画布"命令，在文档中插入一块与文档宽度相同的画布，然后打开形状下拉列表，选择需要的形状图标。

> **提示：**如果要在文档的同一位置插入多个形状，最好将它们放置在同一个绘图画布中。插入绘图画布中的多个形状可以形成一个整体，便于排版和编辑。

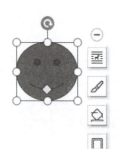

图 2-131　绘制的形状

如果形状列表中没有需要的现成形状，用户还可以使用"线条"类别中的曲线⟋、任意多边形⟁和自由曲线⟋绘制图形。

鼠标指针显示为十字形时，在要绘制形状的起点位置按下左键拖动到合适大小后释放，即可在指定位置绘制一个指定大小的形状，如图 2-131 所示。如果直接单击，可以绘制一个默认大小的形状。

> 提示：拖动的同时按住 Shift 键，可以约束形状的比例，或创建规整的正方形或圆形。

绘制形状后，WPS 2022 自动切换到"绘图工具"选项卡，利用其中的工具按钮可以很方便地设置形状格式。

（3）选中形状，在"绘图工具"选项卡的"设置形状格式"功能组中修改形状的效果，如图 2-132 所示。

图 2-132　"设置形状格式"功能组

WPS 2022 内置了一些形状样式，可以一键设置形状的填充和轮廓样式，以及形状效果。单击"形状样式"下拉列表框上的下拉按钮▾，在形状样式列表中单击一种样式，即可应用于形状。

> ➤ 单击"填充"下拉按钮，在打开的下拉列表中设置形状的填充效果。
> ➤ 单击"轮廓"下拉按钮，在打开的下拉列表中设置形状的轮廓样式。
> ➤ 单击"形状效果"下拉按钮，在打开的下拉列表中设置形状的外观效果。

三、插入智能图形

所谓智能图形，也就是 SmartArt 图形，是一种能快速将信息之间的关系通过可视化的图形直观、形象地表达出来的逻辑图表。WPS 2022 提供了多种现成的 SmartArt 图形，用户可根据信息之间的关系套用相应的类型，只需更改其中的文字和样式即可快速制作出常用的逻辑图表。

（1）单击"插入"选项卡"智能图形"按钮，打开如图 2-133 所示的"智能图形"对话框。

选择一种图形，在对话框右下角可以查看该图形的简要介绍。

（2）在对话框中单击需要的图形，单击"确定"按钮，即可在工作区插入图示布局，菜单功能区自动切换到"设计"选项卡，如图 2-134 所示。

（3）单击图形中的占位文本，输入图示文本，效果如图 2-135 所示。

默认生成的图形布局通常不符合设计需要，需要在图形中添加或删除项目。

（4）选中要在相邻位置添加新项目的现有项目，然后单击项目右上角的"添加项目"按钮，在如图 2-136 所示的下拉列表中选择添加项目的位置，即可添加一个空白的项目，如图 2-137 所示。

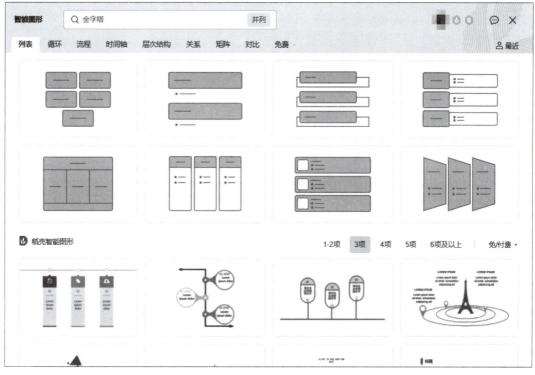

图 2-133　"智能图形"对话框

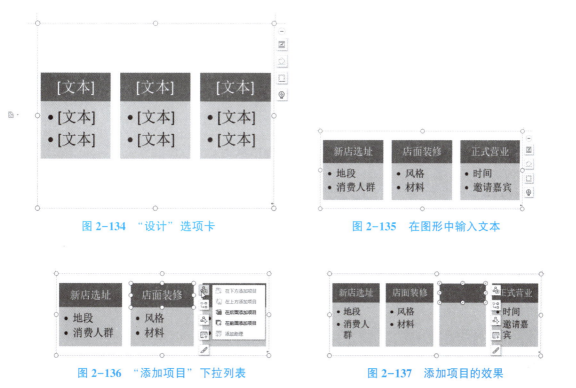

图 2-134　"设计"选项卡

图 2-135　在图形中输入文本

图 2-136　"添加项目"下拉列表

图 2-137　添加项目的效果

如果要删除图形中的某个项目，选中项目后按 Delete 键；如果要删除整个图形，则单击图形的边框，然后按 Delete 键。

创建智能图形后，还可以轻松地改变图形的配色方案和外观效果。

（5）选中图形，在"设计"选项卡中单击"更改颜色"按钮，可以修改图形的配色；在"图形样式"下拉列表框中可套用内置的图形效果。

图 2-138　更改文本的显示效果

选中图形中的一个项目形状，单击右侧的"形状样式"按钮，也可以很方便地设置形状样式。

（6）切换到 SmartArt 工具的"格式"选项卡，在"艺术字样式"功能组中可以更改文本的显示效果，如图 2-138 所示。

创建智能图形后，可以根据需要升级或降级某个项目。

（7）选中要调整级别的项目形状，在"设计"选项卡中单击"升级"按钮 **升级** 或"降级"按钮 **降级**，即可将选中的项目形状升高或降低一级，图形的整体布局也会根据图形大小随之变化。

（8）如果要调整项目形状的排列次序，选中项目形状后，单击"前移"按钮 **前移** 或"下移"按钮 **后移**。

四、创建数据图表

数据图表是用于数据分析，以图形的方式组织和呈现数据关系的一种信息表达方式，在文档中使用恰当的图表可以更加直观、形象地显示文档数据。

（1）单击"插入"选项卡中的"图表"按钮 **图表**，打开如图 2-139 所示的"图表"对话框。

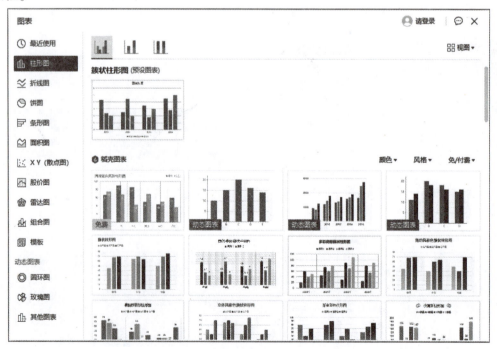

图 2-139　"图表"对话框

（2）在对话框的左侧窗格中选择一种图表类型，在右上窗格中选择需要的图表样式，然后双击，即可在文档中插入图表，并自动打开"图表工具"选项卡，如图 2-140 所示。

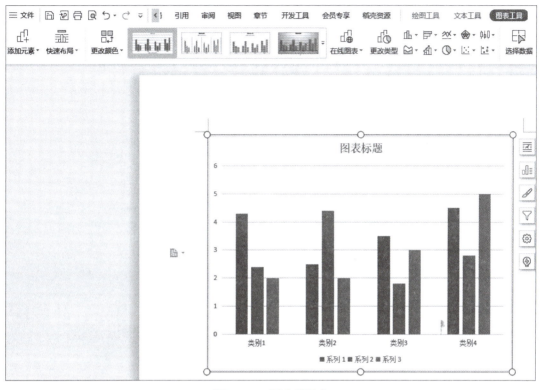

图 2-140　创建的图表

（3）在 WPS 表格文档中编辑图表数据，WPS 文字窗口中的图表将随之自动更新。输入完成后，关闭表格窗口。

（4）选中图表，将鼠标指针移至图表四周的控制点上，当指针变为双向箭头时，按下左键拖动到合适的大小后释放，调整图表的大小。

创建图表后，通常还需要修改图表的格式，使图表更美观、易于阅读。利用图表右侧的"图表元素"按钮和"图表样式"按钮，可以很便捷地设置图表元素的布局和格式。

（5）如果希望在图表中添加或删除图表元素，单击图表右侧的"图表元素"按钮，在打开的图表元素列表中选中或取消选中图表元素对应的复选框，如图 2-141 所示。

（6）单击图表右侧的"图表样式"按钮，在"颜色"选项卡中可以选择一种内置的配色方案；在"样式"选项卡中单击需要的图表样式，即可应用到图表中。

在 WPS 中，不仅可以利用样式设置图表的整体效果，还可以分别调整各个图表元素的格式，创建个性化的图表。

（7）在图表中单击选中要修改格式的图表元素，然后单击图表右侧快速工具栏底部的"设置图表区域格式"按钮，

图 2-141　添加或删除图表元素

打开如图 2-142 所示的"属性"窗格。

在"填充与线条"选项卡中可以设置图表元素的背景填充与边框样式；在"效果"选项卡中可以详细设置图表元素的效果；在"大小与属性"选项卡中可以设置图表元素的大小和相关属性。

单击"图表选项"下拉按钮，在打开的下拉列表中可以切换要设置格式的图表元素，如图 2-143 所示。切换到"文本选项"选项卡，可以设置图表中的文本格式。

图 2-142 "属性"窗格

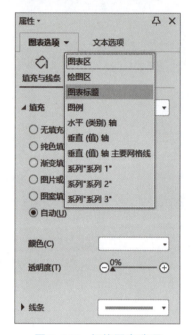

图 2-143 切换图表选项

使用图表展示数据优于普通数据表不仅体现在数据表现方式直观、形式，而且能根据查阅需要筛选数据。

（8）单击图表右侧快速工具栏中的"图表筛选器"按钮▽，在下拉列表中选择按数值或名称筛选，取消选中"（全选）"复选框，然后选中要筛选的数据项，单击"应用"按钮，即可在图表中仅显示指定的数据项。

【任务实施】

生态农业宣传海报

（1）启动 WPS，单击"首页"上的"新建"按钮，打开"新建"选项卡，默认打开"文字"界面，单击"新建空白文字"，新建一个空白的文字文档。

（2）在"页面布局"选项卡中设置上、下、左、右页边距为 0，采用默认纸张。

（3）单击"插入"选项卡"图片"下拉列表中的"本地图片"命令，打开"插入图片"对话框，选择"背景.jpg"图片，单击"打开"按钮，插入图片，如图 2-144 所示。

（4）单击"插入"选项卡"形状"下拉列表中的"矩形"形状□，鼠标变成十字形，按住鼠标在适当位置绘制矩形，在"绘图工具"选项卡中设置轮廓颜色为"无边框颜色"，然后在"填充"下拉列表中选择"渐变"，打开"属性"对话框，设置矩形的渐变颜色，如图 2-145 所示。

图 2-144　插入图片

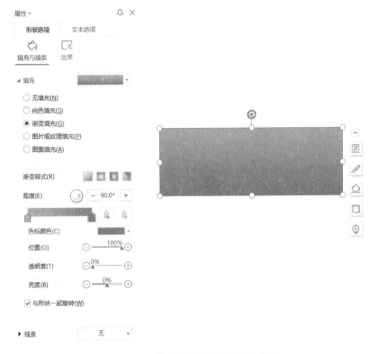

图 2-145　绘制图形并设置填充颜色

（5）单击"插入"选项卡"形状"下拉列表中的"直角三角形"形状 ◺，鼠标变成十字形，按住鼠标在适当位置绘制三角形，然后拖动三角形的控制点，调整三角形的方向，在"绘图工具"选项卡中设置轮廓颜色为"无边框颜色"，并设置其填充颜色和矩形颜色一致，调整大小与矩形匹配。

（6）选取矩形和直角三角形，右击，在弹出的快捷菜单中选择"组合"选项，如图 2-146 所示，将两个图形组合在一起。

（7）将组合好的图形移动到背景图片的右下方，如图 2-147 所示。

（8）重复步骤（4）~（7），制作其他图形，如图 2-148 所示。

（9）单击"插入"选项卡"文本框"下拉列表中的"横向"命令，鼠标变成十字形，按住鼠标在组合图形上绘制文本框，在"文本工具"选项卡中设置形状填充颜色为无填充颜色，形状轮廓颜色为边框颜色。

图 2-146 快捷菜单

图 2-147 移动图形

（10）在文本框中输入公司名称，然后选中文字，在"开始"选项卡中设置字体为方正粗黑简体，字号为72；在"文本工具"选项卡中设置文本填充颜色为白色，文本轮廓为绿色，在"文本轮廓"下拉列表中选择"线型"→"3磅"，结果如图 2-149 所示。

图 2-148 绘制图形

图 2-149 文字效果

（11）采用相同的方法，添加其他文字，结果如图 2-123 所示。

【任务评价】

评价类型	序号	任务内容	分值	自评	师评
学习态度	1	主动学习	10		
	2	学习时长、进度	10		
操作能力	3	新建文档	10		
	4	输入文字	10		
	5	插入和编辑背景图	20		
	6	插入和编辑其他图	10		
	7	插入艺术字	10		
课程素养	8	完成课程素养学习	20		
总分			100		

【课后练习】

一、选择题

1. 在 WPS 2022 文字文档中，插入的图片只能放在文字的（   ）。

A. 左右   B. 上下   C. 中间   D. 以上均可

2. 在形状列表中选中了"矩形"，按下左键拖动的同时按下（   ）键可以绘制正方形。

A. Ctrl   B. Shift   C. Alt   D. Ctrl+Alt

3. 利用（   ）工具可以绘制一些简单的图形，如直线、圆、星形，以及由这些图形组合而成的较为复杂的图形。

A. 剪贴画   B. 组织结构图   C. 自选图形   D. 图表

二、填空题

1. 在 WPS 文字中，通过单击图片右侧显示的快速工具栏中的"＿＿＿＿＿＿＿"按钮可以设置图片的文字环绕方式。

布局选项

2. 在 WPS 文字中，如果要将图片效果设置为灰度，可通过单击"＿＿＿＿＿＿"菜单选项卡中的"＿＿＿＿＿＿"下拉按钮，在弹出的下拉菜单中选择"灰度"命令。

任务5 添加引用

【任务描述】

本任务将实现在 WPS 2022 的文档中添加引用。通过对本任务相关知识的学习和实践，要求学生掌握在文档中为图片添加题注，为人名添加脚注，创建交叉引用建立图文的链接，并完成在《行为主义学习理论》中添加引用。样文首页效果如图 2-150 所示。

图 2-150　样文首页效果

【任务分析】

要在 WPS 的文档中引用目录，首先插入文档目录；再添加脚注和尾注，选中要添加题注的图片，利用"题注"对话框指定题注的标签和样式，在图片下方插入图片的文字说明；然后为选中的人名添加脚注，并利用"脚注和尾注"对话框修改脚注的格式；接下来使用题注功能为多种不同类型的对象添加自动编号，修改后还可以自动更新；最后利用"交叉引用"对话框设置引用类型、引用内容和要引用的题注，实现图文的参考链接以及自动更新。

【知识准备】

一、插入文档目录

对于长篇文档来说，目录是文档不可或缺的重要组成部分，可帮助用户快速把握文档的提纲要领，定位到指定章节。

> **注意：** WPS 通过识别文档中的标题级别来创建目录。因此，如果大纲级别为"正文文本"，或大纲级别低于目录要包含的级别时，相应的标题不会被提取到目录中。

（1）选中需要显示在目录中的标题，单击"引用"选项卡中的"目录"下拉按钮，打开如图 2-151 所示的下拉列表。WPS 内置了几种目录样式，单击即可插入指定样式的目录。

（2）单击"自定义目录"命令，打开如图 2-152 所示的"目录"对话框自定义目录标题与页码之间的分隔符、显示级别和页码显示方式。

"显示级别"下拉列表框用于指定在目录中显示的标题的最低级别，低于此级别的标题不会显示在目录。

如果选中"使用超链接"复选框，目录项将显示为超链接，单击跳转到相应的标题内容。

如果要将目录项的级别和标题样式的级别对应起来，单击"选项"按钮，打开如图 2-153 所示的"目录选项"对话框进行设置。

（3）设置完成后，单击"确定"按钮，即可插入目录。此时，按住 Ctrl 键单击目录项，即可跳转到对应的位置。

图 2-151　"目录"下拉列表

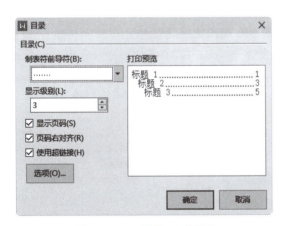

图 2-152　"目录"对话框

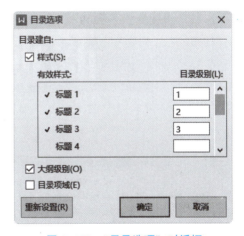

图 2-153　"目录选项"对话框

二、添加脚注和尾注

脚注一般显示在页面底部，用于注释当前页中难以理解的内容；尾注通常出现在整篇文档的末尾，用于说明引用文献的出处。

脚注和尾注都由注释标记和注释文本两个部分组成，注释标记是标注在需要注释的文字右上角的标号，注释文本是详细的说明文本。

1. 添加脚注

（1）将光标定位在需要插入脚注的位置，单击"引用"选项卡中的"插入脚注"按钮ab^1，WPS将自动跳转到该页的底端，显示一条分隔线和注释标记。

（2）输入脚注内容，如图2-154所示。

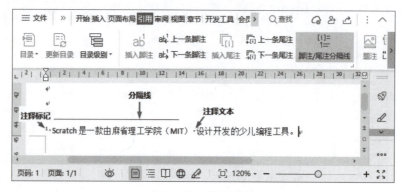

图2-154　插入脚注

（3）输入完成后，在插入脚注的文本右上角显示对应的脚注注释标号。将鼠标指针移到标号上，指针显示为，并自动显示脚注文本提示，如图2-155所示。

（4）重复上述步骤，在WPS文档中添加其他脚注。添加的脚注会根据脚注在文档中的位置自动调整顺序和编号。

（5）如果要修改脚注的注释文本，直接在脚注区域修改文本内容即可。

（6）如果要修改脚注格式和布局，单击"引用"选项卡"脚注和尾注"功能组右下角的"扩展"按钮⌐，打开如图2-156所示的"脚注和尾注"对话框，在对话框中修改脚注显示的位置、注释标号的样式、起始编号、编号方式和应用范围。

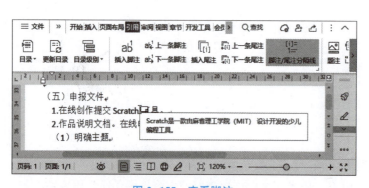

图2-155　查看脚注

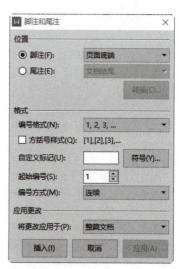

图2-156　"脚注和尾注"对话框

如果希望将一种特殊符号作为脚注的注释标号，单击"符号"按钮，在打开的"符号"

对话框中选择符号。

（7）如果要删除脚注，在文档中选中脚注标号后，按 Delete 键。

> **提示**：删除脚注后，WPS 会自动调整脚注的编号，无须手动调整。

2. 添加尾注

（1）将光标置于需要插入尾注的位置。

（2）在"引用"菜单选项卡中单击"插入尾注"按钮，WPS 将自动跳转到文档的末尾位置，显示一条分隔线和一个注释标号。

（3）直接输入尾注内容即可。输入完成后，将鼠标指针指向插入尾注的文本位置，将自动显示尾注文本提示。

与脚注类似，在一个页面中可以添加多个尾注，WPS 会根据尾注注释标记的位置自动调整顺序并编号。如果要修改尾注标号的格式，可以打开如图 2-156 所示的"脚注和尾注"对话框中进行设置。

三、使用题注自动编号

如果文档中包含大量的图片、图表、公式、表格，手动添加编号会非常耗时，而且容易出错。如果后期又增加、删除或者调整了这些页面元素的位置，还需要重新编号排序。使用题注功能可以为多种不同类型的对象添加自动编号，修改后还可以自动更新。

（1）选择需要插入题注的对象，单击"引用"选项卡中的"题注"按钮，打开如图 2-157 所示的"题注"对话框。

此时，"题注"文本框中自动显示题注类别和编号，不要修改该内容。

（2）在"标签"下拉列表框中选择需要的题注标签，"题注"文本框中的题注类别自动更新为指定标签。

如果下拉列表中没有需要的标签，可以单击"新建标签"按钮，在打开的"新建标签"对话框的"标签"文本框中输入新的标签。

（3）在"位置"下拉列表框中选择题注的显示位置。

（4）题注由标签、编号和说明信息 3 部分组成，如果不希望在题注中显示标签，选中"题注中不包含标签"复选框。

（5）单击"编号"按钮打开"题注编号"对话框，在如图 2-158 所示的"格式"下拉列表框中选择编号格式，然后设置编号中是否包含章节编号。

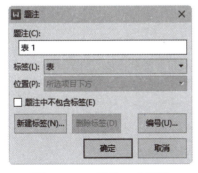

图 2-157　"题注"对话框

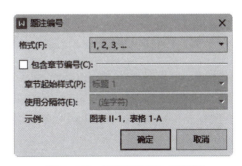

图 2-158　"题注编号"对话框

（6）设置完成后，单击"确定"按钮关闭对话框，即可在指定位置插入题注。插入文档中的题注可以像普通文档一样设置格式和样式。

如果在文档中插入新的题注，所有同类标签的题注编号将自动更新。如果删除了某个题注，在右键菜单中选择"更新域"命令，或直接按F9键可以更新所有题注。

如果要更改题注的标签类型，先选中一个需要更改的题注，然后打开"题注"对话框修改标签类型。

四、创建交叉引用

交叉引用就是在文档中的一个位置引用其他位置的题注、尾注、脚注、标题等内容，以便快速定位或相互参考。

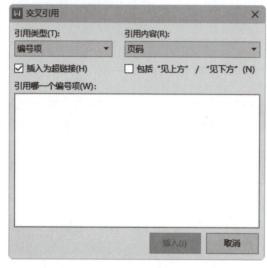

图 2-159 "交叉引用"对话框

（1）将光标定位在需要创建交叉引用的位置，单击"引用"选项卡"交叉引用"按钮，打开如图2-159所示的"交叉引用"对话框。

注意：在创建交叉引用之前，文档中必须有要引用的项目（例如题注、标题、脚注等）。

（2）在"引用类型"下拉列表框中选择要引用的类型，包括标题、书签、脚注、尾注、图表、表、公式和图。

（3）在"引用内容"下拉列表框中选择引用的内容。

不同的引用类型对应的引用内容也不同。例如，编号项可以引用段落编号、文字或页码；标题可以引用标题文字，也可以引用标题编号或页码。

（4）如果希望引用的内容以超链接的形式插入文档中，单击直接跳转到引用的内容，选中"插入为超链接"复选框。

（5）在"引用哪一个编号项"列表框中选择一个可以引用的引用项。

提示：根据选择的引用类型不同，该列表框顶部显示的文字也不一样。例如选择"标题"，则显示为"引用哪一个标题"。

（6）设置完成后，单击"插入"按钮即可在指定位置插入一个交叉引用。单击"关闭"按钮关闭"交叉引用"对话框。

此时，按住Ctrl键单击文档中的交叉引用，即可跳转至引用指定的位置。

如果要修改交叉引用，选定要改动的交叉引用后，再次打开"交叉引用"对话框，修改引用类型和内容，重新选择引用项，然后单击"插入"按钮。

【任务实施】

学术论文写作

（1）打开要添加引用的文字文档。选择要添加题注的图片，如图2-160所示。

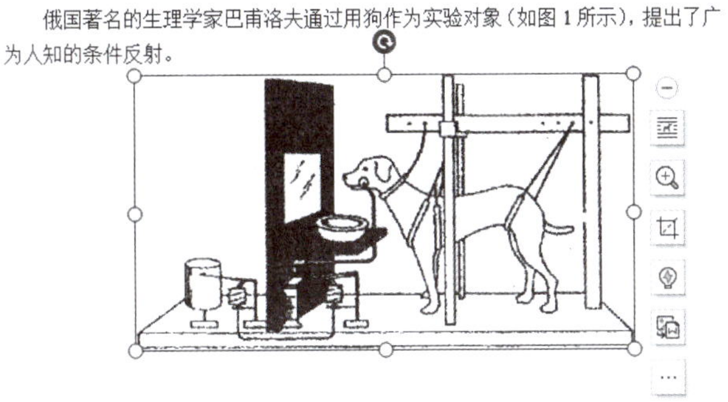

俄国著名的生理学家巴甫洛夫通过用狗作为实验对象（如图1所示），提出了广为人知的条件反射。

图 2-160 要添加题注的图片

（2）单击"引用"选项卡中的"题注"按钮，打开"题注"对话框。设置"标签"为"图"，"位置"为"所选项目下方"，"题注"文本框中自动显示为"图1"。在题注编号后面输入两个空格，然后输入图片的说明文字，如图2-161所示。单击"确定"按钮关闭对话框，即可在选中的图片下方插入题注，如图2-162所示。

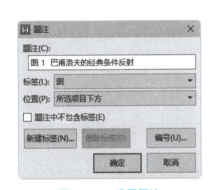

图 2-161 设置题注

图 1 巴甫洛夫的经典条件反射

（1）保持与消退。

图 2-162 插入题注

（3）按照步骤（1）和（2）的方法，插入其他图片的题注。

（4）将光标定位在要插入脚注的位置，如图2-163所示。

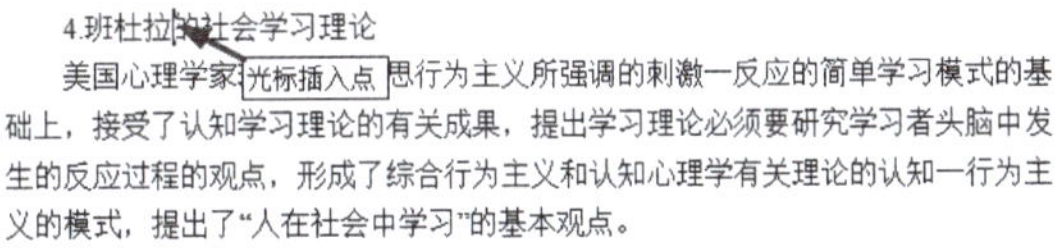

4.班杜拉的社会学习理论
美国心理学家|光标插入点|思在行为主义所强调的刺激一反应的简单学习模式的基础上，接受了认知学习理论的有关成果，提出学习理论必须要研究学习者头脑中发生的反应过程的观点，形成了综合行为主义和认知心理学有关理论的认知—行为主义的模式，提出了"人在社会中学习"的基本观点。

图 2-163 定位光标插入点

（5）单击"引用"选项卡中的"插入脚注"按钮，光标自动跳转到该页面的底部，并显示脚注编号。在光标闪烁位置直接输入脚注内容即可，如图2-164所示。

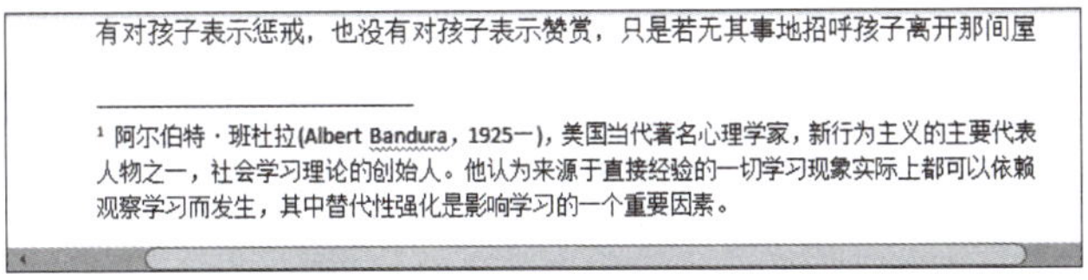

有对孩子表示惩戒，也没有对孩子表示赞赏，只是若无其事地招呼孩子离开那间屋

¹ 阿尔伯特·班杜拉(Albert Bandura，1925—)，美国当代著名心理学家，新行为主义的主要代表人物之一，社会学习理论的创始人。他认为来源于直接经验的一切学习观象实际上都可以依赖观察学习而发生，其中替代性强化是影响学习的一个重要因素。

图 2-164 输入脚注内容

（6）输入完成后，在插入脚注的位置也可以看到脚注编号，将鼠标指针移到添加了脚注的文本位置，自动显示脚注内容，如图2-165所示。

（7）按照步骤（4）和（5）的方法插入其他脚注，脚注编号根据脚注在文档中的位置自动更新。

（8）单击"引用"选项卡"注脚和尾注"功能组右下角的"扩展"按钮⌐，打开"脚注和尾注"对话框。在"格式"选项区域选中"方括号样式"复选框，其余选项保留默认设置，如图2-166所示。单击"应用"按钮返回文档，效果如图2-167（a）所示。

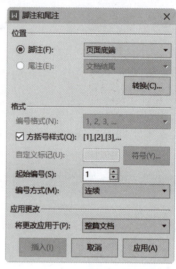

图2-165　在文档中查看脚注内容　　　图2-166　"脚注和尾注"对话框

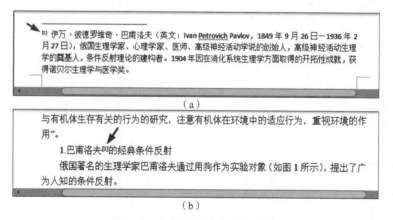

（a）

（b）

图2-167　修改脚注格式的效果

（9）删除图2-167（b）中的"图1"，将光标定位在"如"右侧，如图2-168所示。

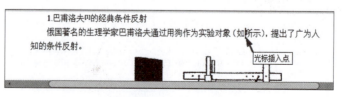

图2-168　定位插入点

（10）单击"引用"选项卡中的"交叉引用"按钮，打开"交叉引用"对话框。在"引用类型"下拉列表框中选择"图"，"引用内容"选择"只有标签和编号"，然后在"引用哪一个题注"列表框中选择第一个题注，如图2-169所示。单击"插入"按钮，即可在光标插入点插入指定类型和内容的交叉引用，如图2-170所示。

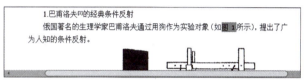

图2-169　"交叉引用"对话框　　　　　　图2-170　插入交叉引用

（11）单击"取消"按钮关闭"交叉引用"对话框，按住Ctrl键单击交叉引用，可跳转至指定的引用位置。

（12）按照步骤（9）~（11）的方法插入其他交叉引用，可以看到插入的交叉引用的标签编号随着引用的题注编号自动更新。

至此，实例制作完成，文档的最终效果如图2-150所示。

【任务评价】

评价类型	序号	任务内容	分值	自评	师评
学习态度	1	主动学习	10		
	2	学习时长、进度	20		
操作能力	3	打开文档	10		
	4	添加题注	10		
	5	添加脚注	10		
	6	创建交叉引用	20		
课程素养	7	完成课程素养	20		
总分			100		

【课后练习】

一、选择题

1. 在WPS 2022中，制作提纲通常使用（　　　）视图。

A. 写作　　　　　　B. Web 版式　　　　C. 大纲　　　　　　D. 页面

2. 编辑文档时，如果需要对某处内容添加注释信息，可通过插入（　　）实现。

A. 脚注　　　　　　B. 书签　　　　　　C. 注释　　　　　　D. 题注

3. 在文档中使用（　　）功能，可以标记某个范围或位置，为以后在文档中定位提供便利。

A. 题注　　　　　　B. 书签　　　　　　C. 尾注　　　　　　D. 脚注

二、填空题

1. 使用＿＿＿＿＿＿分隔符可将插入点之后的内容作为新节内容移到下一页；＿＿＿＿＿＿＿分隔符可将插入点之后的内容换行显示，但可设置新的格式或版面。

2. 在 WPS 中创建目录时，依据标题的＿＿＿＿＿＿判断各标题的层级。

项目总结

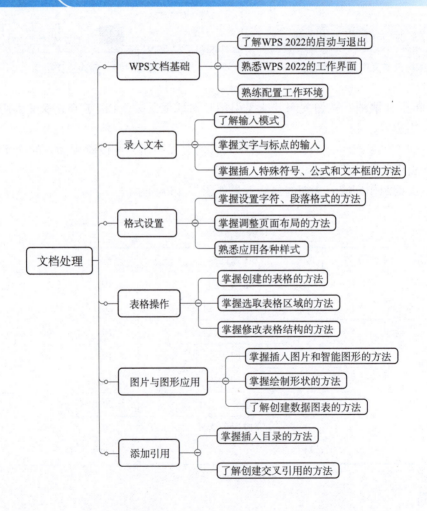

项目实战

实战 班级才艺展示小报

首先设置文本段落的字体格式和行距、修改页面的方向和背景；然后插入图片，并将图片裁剪为形状，设置图片边框效果和文字环绕方式；最后将文本标题设置为艺术字，并修改艺术字的排列效果和文字环绕方式，最终效果如图 2-171 所示。

图 2-171 最终效果

(1) 输入文字文档，初始效果如图 2-172 所示。

春蕾风采

我们的班级是朝气蓬勃的，每个同学每天都充满着生命的活力，大家都互相影响感染着；我们的班级是积极进取的，班级里充满着浓厚的学习气氛；我们的班级是纪律严明的，大家都能自己管好自己；我们的班级是团结的，同学们都朝着自己的目标努力，友爱互助。我们班的同学都很有潜力，都有着自己独特的魅力。

一年一次的“春蕾风采”才艺表演在今天的舞台展演与海报作品展示中画上了圆满的句号。这次才艺表演，参赛的同学们都使劲浑身解数，尽情展示自己的才情。孩子们的精彩表现令人无比激动，无论是在舞台上的激情四射，还是在艺术作品中的娓娓道来，都令人十分难忘，给观摩的教师带来了一个又一个惊喜，令人赞叹不已！琴棋书画，弹跳唱演，百般武艺，各显神通。轻柔悠扬的演奏，柔美多姿的舞蹈，深情甜美的演唱……唯美的表演，真是让人陶醉！

图 2-172 文档初始效果

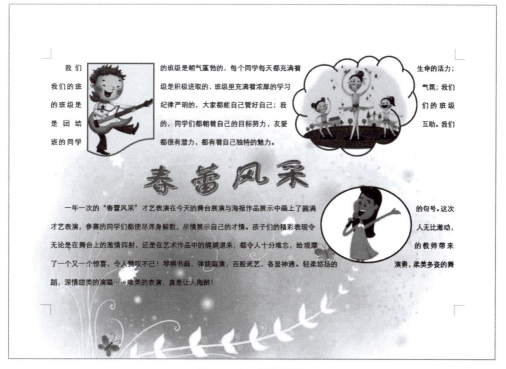

（2）单击"页面布局"选项卡"纸张方向"下拉列表中的"横向"命令，将纸张设置为横向。

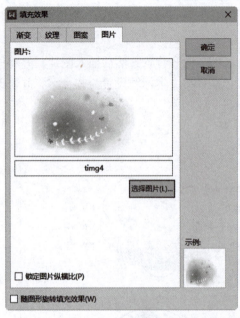

图 2-173 设置背景图片

（3）按 Ctrl+A 组合键选中所有文本，在"开始"选项卡中设置字体为"华文细黑"，字号为"小四"，对齐方式为"两端对齐"，行距为"1.5"。

（4）单击"页面布局"选项卡"背景"下拉列表中的"图片背景"命令，打开"填充效果"对话框。单击"选择图片"按钮，打开"选择图片"对话框，选择背景图片并单击"打开"按钮，即可在"填充效果"对话框中查看背景效果，如图 2-173 所示。然后单击"确定"按钮关闭对话框。

（5）单击"插入"选项卡"图片"下拉列表中的"本地图片"命令，打开"插入图片"对话框，选择需要的图片，单击"打开"按钮插入图片。然后将鼠标指针移到图片变形框上的控制手柄上，按下左键拖动调整图片大小，如图 2-174 所示。

图 2-174 插入并缩放图片

（6）单击"图片工具"选项卡"裁剪"下拉列表中"云形"形状，如图 2-175 所示。

（7）单击"图片工具"选项卡"边框"下拉列表中的绿色，将图片轮廓设置为绿色；然后单击"边框"下拉列表中"线型"命令，在级联菜单中选择"2.25 磅"，设置轮廓线粗细为 2.25 磅，效果如图 2-176 所示。

（8）在图片右侧的快速工具栏中单击"布局选项"按钮，在打开的"布局选项"对话框中设置文字环绕方式为"紧密型环绕"。

（9）按照步骤（5）~（8）的操作方法插入、裁剪其他图片，并设置图片的轮廓样式和文字环绕方式。将左上角和右下角的图的环绕方式分别设置为"四周型环绕"和"紧密型环绕"的效果，如图 2-177 所示。

图 2-175　将图片裁剪为云形

图 2-176　设置图片轮廓的效果

图 2-177　插入的图片效果

（10）选中标题文本"春蕾风采"，单击"插入"选项卡"艺术字"下拉列表中的第三行第一列的样式。然后在"文本工具"选项卡中将字体修改为"方正舒体"，字号为"小初"，效果如图 2-178 所示。

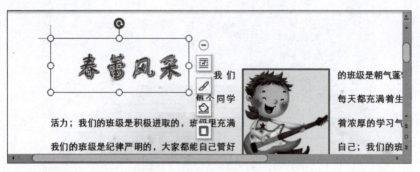

图 2-178　设置艺术字效果

（11）单击"文本工具"选项卡"文本效果"下拉列表中的"转换"命令，然后在级联菜单中选择"波形 2"，效果如图 2-179 所示。

图 2-179　艺术字的转换效果

（12）在艺术字右侧的快速工具栏中单击"布局选项"按钮圖，在打开的"布局选项"对话框中设置文字环绕方式为"上下型环绕"，然后调整艺术字的位置和大小。最终效果如图 2-171 所示。

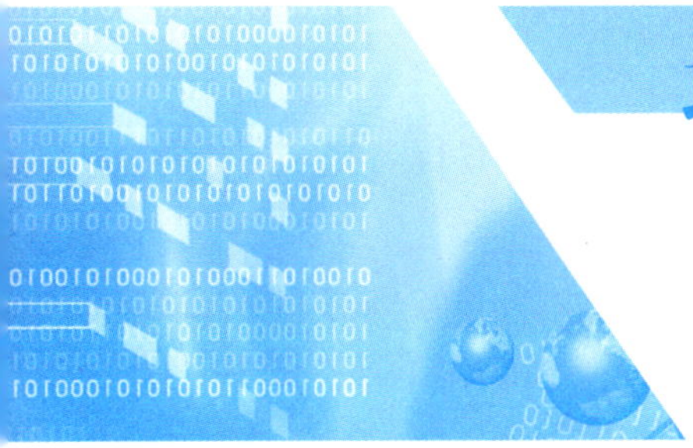

项目三

处理电子表格

【素养目标】

- 通过学习工作表和单元格的基本操作，培养学生的细心、耐心和责任心。
- 通过数据处理的学习，培养学生的逻辑思维能力和解决问题的能力。
- 通过应用图表的学习，培养学生的创新能力和审美能力。

【知识及技能目标】

- 能够进行工作表与单元格的基本操作。
- 能够进行数据处理。
- 能够使用图表分析数据。

【项目导读】

在进行数据分析和处理时，电子表格软件的使用至关重要。通过 WPS 电子表格，可以系统地组织和管理数据，进行复杂的数据运算，以及生成各种类型的图表，从而有效支持数据分析和决策制定。

任务 1 初识工作表与单元格

【任务描述】

通过对本任务相关知识的学习和实践，要求学生掌握工作簿和工作表的管理、行和列的基本操作、数据的填充以及工作表的格式化，并创建“员工工资表”。表格效果如图 3-1 所示。

	A	B	C	D	E	F	G	H	I	J
1	员工工资表									
2	日期：	2023年8月								
3	编号	月份	姓名	部门	基础工资	绩效工资	应发工资	缺勤情况	缺勤扣款	实发工资
4	1	2023年8月	李想	市场部	3, 000. 00	2, 800. 00	5, 800. 00	2	200. 00	5, 600. 00
5	2	2023年8月	王文	研发部	6, 000. 00	3, 800. 00	9, 800. 00	0	-	9, 800. 00
6	3	2023年8月	林珑	财务部	3, 000. 00	2, 000. 00	5, 000. 00	1	100. 00	4, 900. 00
7	4	2023年8月	丁宁	研发部	6, 000. 00	3, 200. 00	9, 200. 00	1	200. 00	9, 000. 00
8	5	2023年8月	张扬	人力资源部	3, 200. 00	2, 400. 00	5, 600. 00	0	-	5, 600. 00
9	6	2023年8月	马林	企划部	3, 200. 00	2, 900. 00	6, 100. 00	1	106. 67	5, 993. 33
10	7	2023年8月	陈材	研发部	5, 500. 00	2, 600. 00	8, 100. 00	2	366. 67	7, 733. 33
11	8	2023年8月	高尚	市场部	3, 200. 00	3, 000. 00	6, 200. 00	1	106. 67	6, 093. 33

图 3-1 员工工资表表格效果

【任务分析】

要使用 WPS 创建员工工资表，首先应该创建一个工作簿，然后设置行高和列宽，再进行各种数据的输入，并快速填充数据，最后对表格进行格式化。

【知识准备】

一、插入并编辑工作表

工作表通常也被称为电子表格，是工作簿的一部分。工作表由若干排列成行和列的单元格组成，使用工作表可以对数据进行组织和分析。

单击"首页"上的"新建"按钮➕，打开"新建"选项卡，单击"新建表格"命令，然后单击"新建空白表格"，新建工作簿，如图 3-2 所示。

图 3-2　新建工作簿

1. 插入工作表

在默认情况下，每个工作簿中只包含 1 个工作表"Sheet1"。根据需要，用户可以在一个工作簿中插入多张工作表，常用的方法有以下几种。

（1）利用"新工作表"按钮。

单击工作表标签右侧的"新工作表"按钮➕，即可在当前活动工作表右侧插入一个新的工作表。新工作表的名称依据活动工作簿中工作表的数量自动命名。

（2）利用鼠标右键快捷菜单。

在工作表标签上单击鼠标右键，在弹出的快捷菜单上选择"插入工作表"命令（图 3-3），打开如图 3-4 所示的"插入工作表"对话框，设置插入数目以及插入位置，然后单击"确定"按钮，即可插入新的工作表。

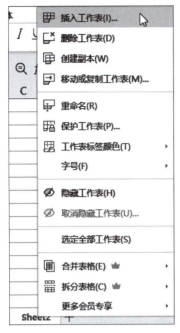

图 3-3　快捷菜单

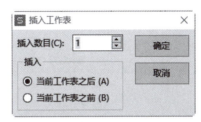

图 3-4　"插入工作表"对话框

2. 选择工作表

在实际应用中，一个工作簿通常包含多张工作表，用户可能要在多张工作表中编辑数据，或对不同工作表的数据进行汇总计算，这就要在不同的工作表之间进行切换。

单击工作表的名称标签，即可进入对应的工作表。工作表的名称标签位于状态栏上方，其中高亮显示的工作表为活动工作表。

如果要选择多个连续的工作表，可以选中一个工作表之后，按下 Shift 键单击最后一个要选中的工作表。

如果要选择不连续的工作表，可以选中一个工作表之后，按下 Ctrl 键单击其他要选中的工作表。

如果要选中当前工作簿中所有的工作表，可以在工作表标签上单击鼠标右键，然后在弹出的快捷菜单中选择"选定全部工作表"命令。

3. 重命名工作表

如果一个工作簿中包含多张工作表，给每个工作表指定一个具有代表意义的名称是很有必要的。重命名工作表有以下几种常用方法：

双击要重命名的工作表名称标签，键入新的名称后按 Enter 键。

在要重命名的工作表名称标签上单击鼠标右键，在弹出的快捷菜单中选择"重命名"命令，键入新名称后按 Enter 键。

4. 更改工作表标签颜色

为便于用户快速识别或组织工作表，WPS 2022 提供了一项非常有用的功能，可以给不同工作表标签指定不同的颜色。

（1）选中要添加颜色的工作表名称标签。

（2）单击鼠标右键，在弹出的快捷菜单中选择"工作表标签颜色"命令，打开颜色色板，如图 3-5 所示。

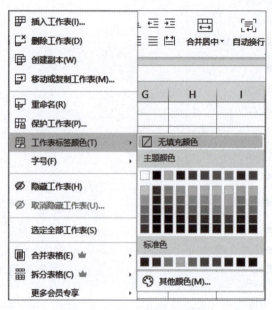

图 3-5　设置工作表标签颜色

（3）在色板中选择需要的颜色，即可改变工作表标签的颜色。

5. 移动和复制工作表

在实际应用中，可能需要在同一个工作簿中制作两个相似的工作表，或者将一个工作簿中的工作表移动或复制到另一个工作簿中。

将工作表移动或复制到工作簿中指定的位置，可以利用以下 3 种方式。

1）用鼠标拖放

（1）移动工作表。

用鼠标选中要移动的工作表标签，按住鼠标左键不放，则鼠标所在位置会出现一个"白板"图标，且在该工作表标签的左上方出现一个黑色倒三角标志，如图 3-6 所示。

按住鼠标左键不放，在工作表标签之间移动鼠标，"白板"和黑色倒三角会随鼠标移动，如图 3-7 所示。

将鼠标移到目标位置，释放鼠标左键，工作表即可移动到指定的位置，如图 3-8 所示。

图 3-6　黑色倒三角标志

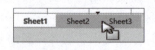

图 3-7　移动工作表标签

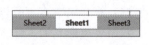

图 3-8　移动后的效果

（2）复制工作表。

按住 Ctrl 键的同时，在要复制的工作表标签上按住鼠标左键不放，此时鼠标所在位置显示一个带"+"号的"白板"图标和一个黑色倒三角。

在工作表标签之间移动鼠标，带"+"号的"白板"和黑色倒三角也随之移动。

移动到目标位置，松开 Ctrl 键及鼠标左键，即可在指定位置生成一个工作表副本。

2）利用"移动或复制工作表"对话框

（1）在要移动或复制的工作表名称标签上单击鼠标右键，从弹出的快捷菜单中选择"移动或复制"命令，打开如图 3-9 所示的对话框。

（2）在"下列选定工作表之前"下拉列表中选择要移到的目标位置。如果要复制工作表，还要选中"建立副本"复选框。

（3）单击"确定"按钮。

6. 删除工作表

如果不再使用某个工作表，可以将其删除。

在要删除的工作表标签上单击鼠标右键，在弹出的快捷菜单中选择"删除"命令。删除工作表是永久性的，不能通过"撤销"命令恢复。

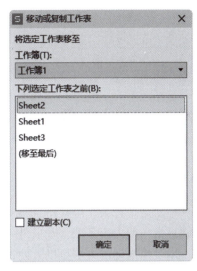

图 3-9　"移动或复制工作表"对话框

删除多个工作表的方法与此类似，不同的是，在选定工作表时，要按住 Ctrl 键或 Shift 键以选择多个工作表。

二、单元格的基本操作

工作表是一个二维表格，由行和列构成，行和列相交形成的方格称为单元格。单元格中可以填写数据，是存储数据的基本单位，也是 Excel 用来存储信息的最小单位。每一个单元格的名字由该单元格所处的工作表的行和列决定，例如：A 列的第 2 行的单元格为 A2。

1. 选定单元格区域

在输入和编辑单元格内容之前，必须使单元格处于活动状态。所谓活动单元格，是指可以进行数据输入的选定单元格，是被绿色粗边框围绕的单元格。

通过键盘和鼠标选定单元格、区域、行或列的操作见表 3-1。

表 3-1　选定单元格、区域、行或列的操作

选定内容	操作
单个单元格	单击相应的单元格，或用方向键移动到相应的单元格
连续单元格区域	单击选定该区域的第一个单元格，然后按下鼠标左键拖动，直至选定最后一个单元格。值得注意的是，拖动鼠标前，鼠标指针应呈空心十字形
工作表中所有单元格	单击工作表左上角的"全选"按钮
不相邻的单元格或单元格区域	先选定一个单元格或区域，然后按住 Ctrl 键选定其他的单元格或区域
较大的单元格区域	先选定该区域的第一个单元格，然后按住 Shift 键单击区域中的最后一个单元格
整行	单击行号

续表

选定内容	操作
整列	单击列号
相邻的行或列	沿行号或列号拖动鼠标
不相邻的行或列	先选中第一行或列，然后按住 Ctrl 键选定其他的行或列
增加或减少活动区域中的单元格	按住 Shift 键并单击新选定区域中最后一个单元格，活动单元格与所单击的单元格之间的矩形区域将成为新的选定区域
取消单元格选定区域	单击工作表中其他任意一个单元格

2. 移动或复制单元格

移动是指把某个单元格（或区域）的内容从当前的位置删除，放到另外一个位置；而复制是指当前内容不变，在另外一个位置生成一个副本。

用鼠标拖动的方法可以方便地移动或复制单元格。

（1）选定要移动或复制的单元格。

（2）将鼠标指向选定区域的边框，此时鼠标的指针变为。

（3）按下鼠标左键拖动到目的位置，释放鼠标，即可将选中的区域移到指定位置。

（4）如果要复制单元格，则在拖动鼠标的同时按住 Ctrl 键。

如果要将选定区域拖动或复制到其他工作表上，可以选定区域后单击"剪切"按钮，或"复制"按钮，然后打开要复制到的工作表，在要粘贴单元格区域的位置单击"粘贴"按钮。

3. 插入单元格

在需要插入单元格的位置单击鼠标右键，打开如图 3-10 所示的快捷菜单，选择不同的插入方式来插入单元格。

图 3-10　快捷菜单

➤ 插入单元格，活动单元格右移或插入单元格，活动单元格下移：将新单元格插入活动单元格左侧或上方。

➤ 插入行：在活动单元格下方插入一个或多个空行。

➤ 插入列：在活动单元格左侧插入一个或多个空列。

4. 清除或删除单元格

清除单元格只是删除单元格中的内容、格式或批注，单元格仍然保留在工作表中；删除单元格则是从工作表中移除这些单元格，并调整周围的单元格，填补删除后的空缺。

1）清除单元格内容

选中要清除的单元格区域，按 Delete 键即可清除指定单元格区域的内容。

2）清除单元格中的格式和批注

（1）选中要清除的单元格、行或列。

（2）在"开始"选项卡"单元格"下拉列表中单击"清除"命令，打开"清除"子菜单，如图 3-11 所示。

（3）根据要清除的内容在"清除"子菜单中选择相应的命令。

3）删除单元格

（1）选中要删除的单元格、行或列。

（2）在"开始"选项卡"单元格"下拉列表中单击"删除"命令，打开如图 3-12 所示的下拉列表。

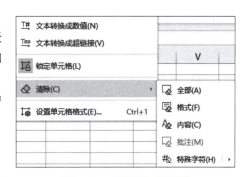

图 3-11　"清除"子菜单

➤ 删除单元格：选择该命令打开如图 3-13 所示的"删除"对话框，可以选择删除活动单元格之后，其他单元格的排列方式。

图 3-12　"删除"下拉列表

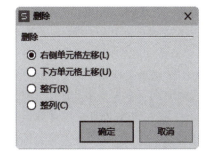

图 3-13　"删除"对话框

➤ 删除行：删除活动单元格所在行。

➤ 删除列：删除活动单元格所在列。

三、输入和填充数据

WPS 表格支持多种数据类型，不同类型的数据还能以多种格式显示。熟练掌握常用数据类型的输入方法与技巧对保证数据准确性和提升办公效率至关重要。

1. 输入文本

工作表中通常会包含文本，例如汉字、英文字母、数字、空格以及其他键盘能键入的合法符号。

（1）单击要输入文本的单元格，然后在单元格或编辑栏中输入文本，如图 3-14 所示。

WPS 表格具有"记忆式键入"功能，键入开始的字符后，能根据工作表中已输入的内容自动完成输入。例如，在单元格 C2 中输入"H"，会自动填充"appy"，如图 3-15 所示。

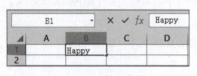

图 3-14　输入文本

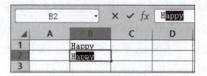

图 3-15　记忆式输入

如果输入的文本超过了列的宽度，将自动进入右侧的单元格显示，如图 3-16 所示。如果右侧相邻的单元格中有内容，则超出列宽的字符自动隐藏，如图 3-17 所示。调整列宽到合适宽度，即可显示全部内容。

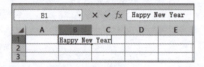

图 3-16　文本超宽时自动进入右侧单元格

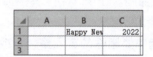

图 3-17　超出列宽的字符自动隐藏

> 提示：默认情况下，单元格中的文本不会自动换行。如果要输入多行文本，可以按 Alt+Enter 组合键换行。

（2）文本输入完成后，按 Enter 键或单击编辑栏上的"输入"按钮 ✔ 结束输入。在"常规"格式下，文本在单元格中默认左对齐。

（3）如果要修改单元格中的内容，单击单元格，在单元格或编辑栏中选中要修改的字符后，按 Backspace 键或 Del 键删除，然后重新输入。

（4）按照步骤（1）~（3）在其他单元格中输入文本。

默认情况下，输入的数据均为"常规"格式（即通用格式），用户可以根据需要修改数据的格式。

2. 输入数字

在单元格中输入数字的方法与输入文本相同，不同的是，数字默认在单元格中右对齐。

（1）选中单元格，在单元格中输入数字。

（2）设置数据格式。

选中要设置格式的单元格，切换到"开始"选项卡，利用如图 3-18 所示的"数字"功能组中的功能按钮可以非常方便地格式化数字。

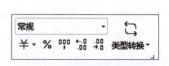

图 3-18　"数字"功能组

➤ 货币 ¥：用中文货币符号和数值共同表示金额。如果单元格中的数值为负数，货币符号和数值将显示在括号中，并显示为红色。

➢ 会计专用 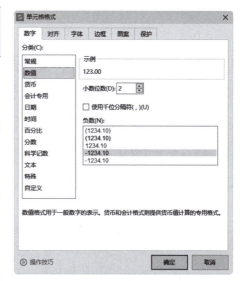：该选项位于"货币" ¥ 右侧的下拉列表中，功能也是为单元格中的数值添加中文货币符号，且货币符号靠左对齐。

> **注意**："货币"格式与"会计专用"格式都是使用货币符号和数字共同表示金额。它们的区别在于，"中文货币"格式中货币符号与数字符号是一体的，统一右对齐；"会计专用"格式中货币符号左对齐，而数字右对齐，从而可以对一列数值进行小数点对齐。

➢ 百分比样式 **%**：用百分数表示数字。

➢ 千位分隔样式：以逗号分隔的千分位数字。

➢ 增加小数位数：增加小数点后的位数。

➢ 减少小数位数：减少小数点后的位数。

3. 输入日期和时间

在 WPS 表格中，日期和时间都可被当作数字进行计算、处理。

（1）选中单元格，直接输入日期，或使用斜杠、破折号与文本的组合输入日期。

例如，在单元格中输入如下的内容都可以表示 2023 年 9 月 26 日：

23-9-26，23/9/26，23-9/26

> **提示**：按 Ctrl+; 组合键可以在单元格中插入当前日期。

在 WPS 中，输入的日期和时间都将自动由常规的数字格式转换为系统默认的日期格式进行显示。例如，以上述三种方式输入的日期在 WPS 中均显示为"2023/9/26"。

> **提示**：默认显示方式由 Windows 有关日期的设置决定，可以在操作系统的"控制面板"中进行更改，具体办法可查阅 Windows 的相关资料。

（2）在单元格中输入时间。小时、分钟、秒之间用冒号分隔。

> **提示**：按 Ctrl+Shift+; 组合键，可以在单元格中插入当前的时间。

如果要在单元格中同时插入日期和时间，日期和时间之间用空格分隔。

选中单元格格后单击右键，在快捷菜单中选择"设置单元格格式"命令，打开"单元格格式"对话框，如图 3-19 所示。在左侧分类窗格中选择分类，在"类型"列表框中选择格式，设置完成后，单击"确定"按钮关闭对话框，即可在单元格中输入所需的格式的数据。

图 3-19　设置单元格格式

4. 快速填充相同数据

在选中的单元格区域填充录入相同的数据有多种方法，下面简要介绍几种常用的操作。

1）使用快捷键快速填充

（1）选择要填充相同数据的单元格区域，输入要填充的数据，如图 3-20 所示。要填充数据的区域可以是连续的，也可以是不连续的。

（2）按 Ctrl+Enter 组合键，即可在选中的单元格区域填充相同的内容，如图 3-21 所示。

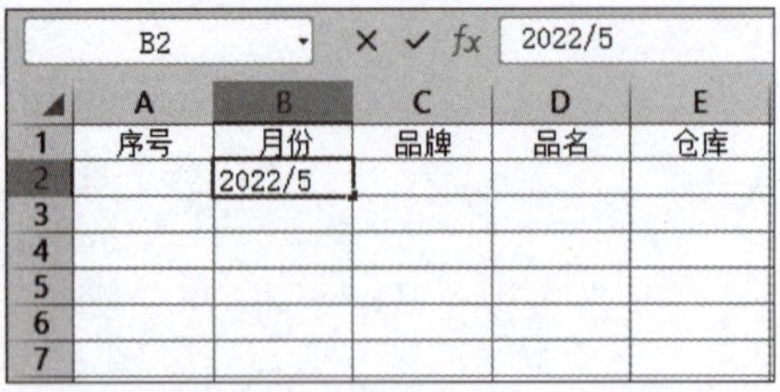

图 3-20　选中单元格区域并输入数据

图 3-21　填充相同数据（1）

2）拖动填充手柄快速填充

（1）选中已输入数据的单元格，将鼠标指针移到单元格右下角的绿色方块（称为"填充手柄"）上，指标显示为黑色十字形 ✚，如图 3-22（a）所示。

（2）按下左键拖动选择要填充的单元格区域，释放左键，即可在选择区域的所有单元格中填充相同的数据，如图 3-22（b）所示。

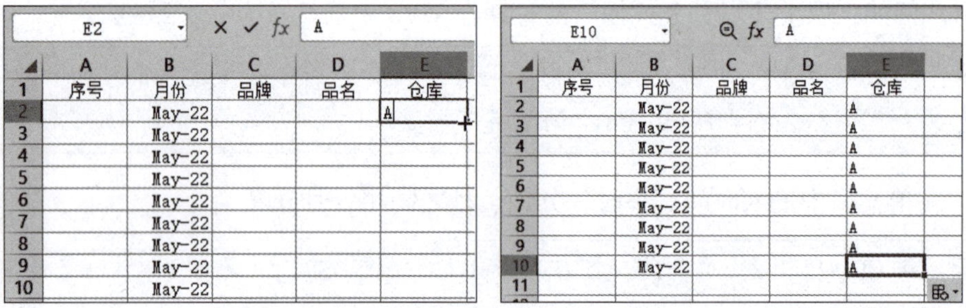

（a）　　　　　　　　　　　　　　　　（b）

图 3-22　填充相同数据（2）

使用填充手柄在单元格区域填充数据后，在最后一个单元格右侧显示"自动填充选项"按钮，单击该按钮，在如图 3-23 所示的下拉列表中可以选择填充方式。

> 提示：在单元格区域填充的数据类型不同，"自动填充选项"下拉列表中显示的选项也会有所差异。

3）利用"填充"命令快速填充

利用"填充"命令可以指定填充的方向。

（1）选中已输入数据的单元格，按下左键拖动，选中要填充相同数据的单元格区域。

（2）单击"开始"选项卡中的"填充"下拉按钮，打开如图 3-24 所示的下拉列表，选择填充方式，即可在选定的区域填充相同的数据。

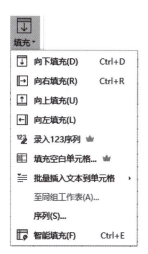

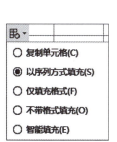

图3-23 "自动填充选项"下拉列表　　　　图3-24 "填充"下拉列表

四、美化工作表

在工作表中录入数据后，为便于阅读和理解，通常还要设置工作表的格式，例如设置数据的对齐方式、调整行高和列宽、添加表格边框和底纹等。格式化工作表可以使表格数据清晰、整齐、有条理，不仅增添表格的视觉感染力，还能增强表格数据的可读性。

1. 设置对齐方式

默认情况下，单元格中不同类型的数据对齐方式也会有所不同。为使表格数据排列整齐，通常会修改单元格数据的对齐方式。利用"开始"选项卡中如图3-25（a）所示的对齐功能按钮，可以很方便地设置单元格内容的对齐方式。

（1）选中要设置对齐方式的单元格或区域，将鼠标指针移到对齐功能按钮上，可以查看按钮的功能提示，如图3-25（b）所示。

（2）单击需要的对齐按钮，即可应用格式。

如果要对单元格内容进行更多的格式控制，可以打开"单元格格式"对话框进行设置。

（a）　　　　（b）

图3-25 对齐方式功能按钮

（3）在单元格上单击右键，在弹出的快捷菜单中选择"设置单元格格式"命令，打开"单元格格式"对话框，切换到"对齐"选项卡，如图3-26所示的。

（4）分别在"水平对齐"和"垂直对齐"下拉列表框中选择一种对齐方式。

（5）在"文本控制"区域进一步设置文本格式选项。

注意：如果先选择了"自动换行"复选框，"缩小字体填充"复选框将不可用。使用"缩小字体填充"选项容易破坏工作表整体的风格，最好不要采用这种办法显示多行或长文本。

（6）在"方向"区域设置文本的排列方向。

除了可以直接设置竖排文本或指定旋转角度，还可以用鼠标拖动方向框中的文本指针来直观地设置文本的方向。

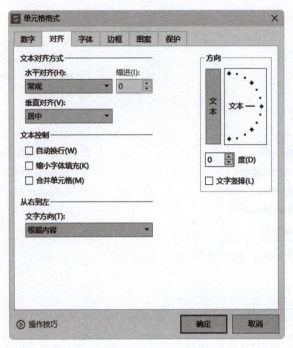

图 3-26 "对齐"选项卡

提示：在"度"数值框中输入正数可以使文本顺时针旋转，输入负数则可以使文本逆时针旋转。

2. 设置边框和底纹

默认情况下，WPS 工作表的背景颜色为白色，各个单元格由浅灰色网格线进行分隔，但网格线不能打印显示。为单元格或区域设置边框和底纹，不仅能美化工作表，而且可以更清楚地区分单元格。

（1）选中要添加边框和底纹的单元格或区域。

（2）单击右键，在弹出的快捷菜单中选择"设置单元格格式"命令，打开"单元格格式"对话框，然后切换到如图 3-27 所示的"边框"选项卡设置边框线的样式、颜色和位置。

设置边框线的位置时，在"预置"区域单击"无"可以取消已设置的边框；单击"外边框"可以在选定区域四周显示边框；单击"内部"可以设置分隔相邻单元格的网格线样式。

在"边框"区域的预览草图上单击，或直接单击预览草图四周的边框线按钮，即可在指定位置显示或取消显示边框。

（3）切换到如图 3-28 所示的"图案"选项卡，在"颜色"列表中选择底纹的背景色；在"图案样式"列表框中选择底纹图案；在"图案颜色"列表框中选择底纹的前景色。

如果"颜色"列表中没有需要的背景颜色，可以单击"其他颜色"按钮，在打开的"颜色"对话框中选择一种颜色，或单击"填充效果"按钮，在打开"填充效果"对话框中自定义一种渐变颜色。

（4）设置完成后，单击"确定"按钮关闭对话框。

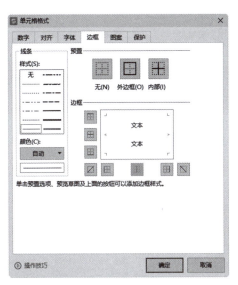

图 3-27　"边框"选项卡

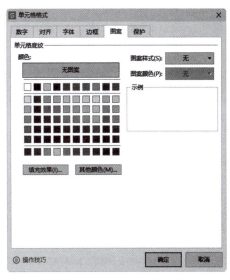

图 3-28　"图案"选项卡

3. 套用样式

所谓样式，实际上就是一些特定属性的集合，如字体大小、对齐方式、边框和底纹等。使用样式可以在不同的表格区域一次应用多种格式，快速设置表格元素的外观效果。WPS预置了丰富的表格样式和单元格样式，单击即可一键改变单元格的格式和表格外观。

（1）如果要套用单元格样式，选择要格式化的单元格，单击"开始"选项卡中"单元格样式"下拉按钮 ，在打开的下拉列表中选择需要的样式图标，即可在选中的单元格中应用指定的样式，如图 3-29 所示。

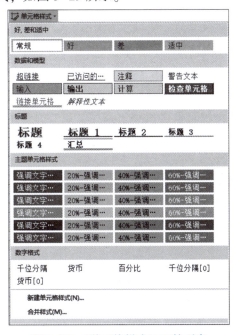

图 3-29　"单元格样式"下拉列表

（2）如果要套用表格样式，选择要格式化的表格区域，或选中其中一个单元格，单击"开始"选项卡中的"表格样式"下拉按钮  **表格样式 ▼**，打开如图 3–30 所示的下拉列表。

（3）单击需要的样式，打开如图 3–31 所示的"套用表格样式"对话框。"表数据的来源"文本框中将自动识别并填充要套用样式的单元格区域，可以根据需要修改。

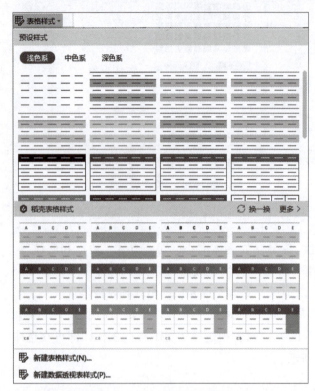

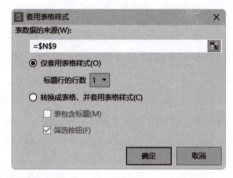

图 3–30 "表格样式"下拉列表　　　　　图 3–31 "套用表格样式"对话框

如果选择的单元格区域包含标题行，可以在"标题行的行数"下拉列表框中指定标题的行数；如果没有标题行，则选择 0。

如果要将选中的单元格区域转换为表格，选中"转换成表格，并套用表格样式"单选按钮；如果第一行是标题行，选中"表包含标题"复选框，否则，WPS 会自动添加以"列1""列2"……命名的标题行。

> **注意**：将普通的单元格区域转换为表格后，有些操作将不能进行，例如分类汇总。

（4）单击"确定"按钮，即可关闭对话框，并应用表格样式。

【任务实施】

建立员工工资表

（1）在首页左侧窗格中单击"新建"命令，系统将打开一个标签名称为"新建"的界面选项卡，单击"新建表格"按钮 **S** 新建表格，在模板列表中单击"新建空白文档"按钮，新建一个空白的工作簿。

（2）双击工作表名称标签"Sheet1"，输入新的名称"员工工资表"，按 Enter 键确认，如图 3-32 所示。

（3）在工作表中的 A3:I3 单元格区域依次输入文本，如图 3-33 所示。

	A	B	C	D	E	F	G	H	I	J
1										
2										
3	编号	月份	姓名	部门	基础工资	绩效工资	应发工资	缺勤情况	缺勤扣款	实发工资
4										

图 3-33 在单元格中输入文本

（4）选中 A 列到 J 列，单击"开始"选项卡"行和列"下拉列表中的"最适合的列宽"命令，以合适的列宽显示文本；然后单击"水平居中"按钮三，使单元格中的内容都水平居中，效果如图 3-34 所示。

	A	B	C	D	E	F	G	H	I	J
1										
2										
3	编号	月份	姓名	部门	基础工资	绩效工资	应发工资	缺勤情况	缺勤扣款	实发工资
4										
5										

图 3-34 居中显示文本效果

（5）选中 A 列到 D 列，单击"开始"选项卡"行和列"下拉列表中的"行高"命令，然后在打开的"行高"对话框中设置行高为 20 磅，如图 3-35 所示。

（6）选中 E、F、G、I、J 列，单击右键，在弹出的快捷菜单中选择"设置单元格格式"命令，打开"单元格格式"对话框，在"数字"选项卡的"分类"列表中选择"会计专用"，设置"货币符号"为"无"，其他采用默认设置，如图 3-36 所示。

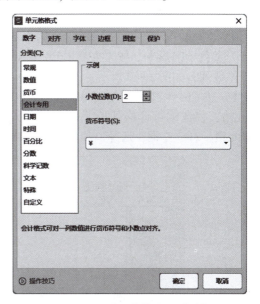

图 3-35 设置行高　　　　图 3-36 "单元格格式"对话框

（7）选中 A1:J1 单元格区域，单击"开始"选项卡中的"合并居中"按钮，合并单元格区域，然后在单元格中输入文本，如图 3-37 所示。

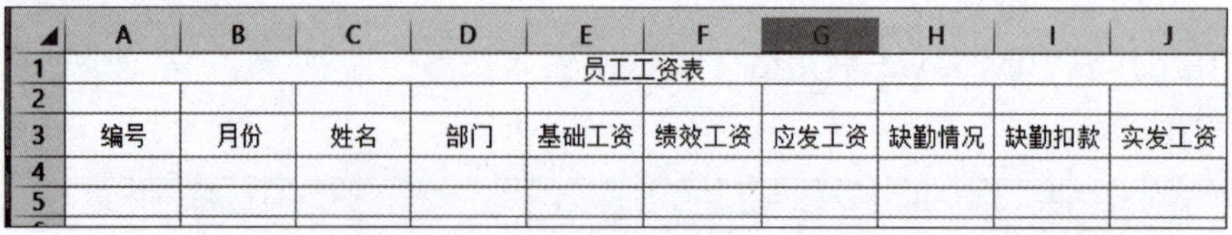

图 3-37　合并单元格区域并输入文本

（8）选中合并单元格中的文本，在浮动工具栏中设置字体为"等线"，字号为 16，字形加粗，将鼠标指针移到第 1 行的下边界上，当指针显示为纵向双向箭头↕时，按下左键拖动到合适位置释放，改变第一行的高度，如图 3-38 所示。

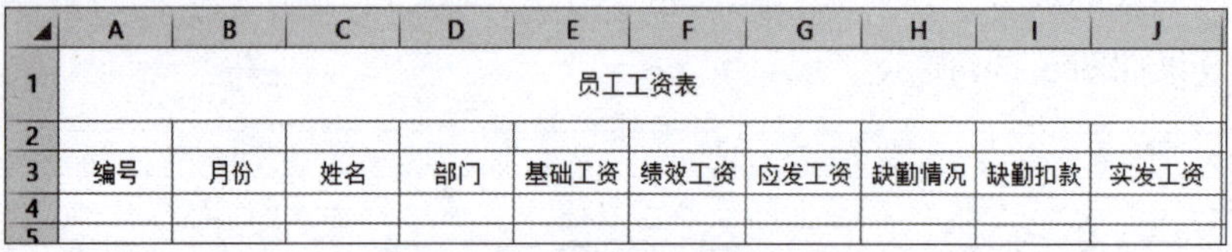

图 3-38　设置文本格式和行高

（9）在工作表中的 A2:B2 单元格区域中输入日期，如图 3-39 所示。

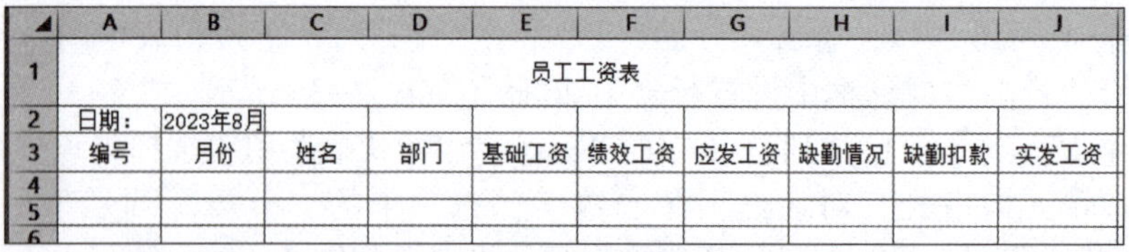

图 3-39　输入日期

（10）在 A4 单元格中输入编号 1。选中 A4 单元格，将鼠标指针移到单元格右下角，指针显示为黑色十字形✚。按下左键拖动到 A11 单元格，释放左键，选择以序列方式填充，填充等差数列，如图 3-40 所示。

（11）按 Ctrl+C 组合键复制 B2 单元格，然后按 Ctrl+V 组合键粘贴到 B4 单元格，选中 B4 单元格，将鼠标指针移到单元格右下角，指标显示为黑色十字形✚。按下左键拖动到 B11 单元格，释放左键，选择以复制单元格方式填充，如图 3-41 所示。

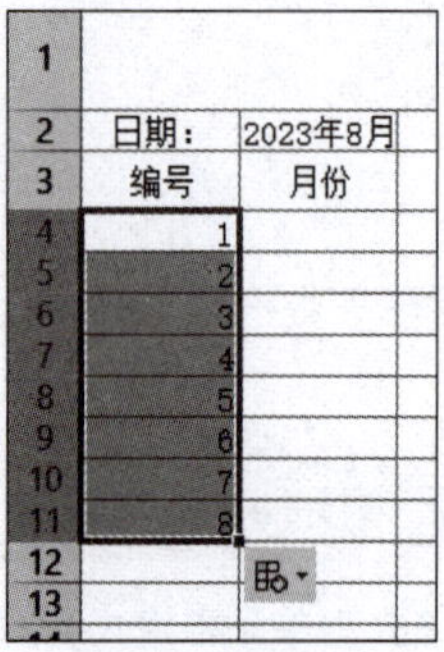

图 3-40　填充编号

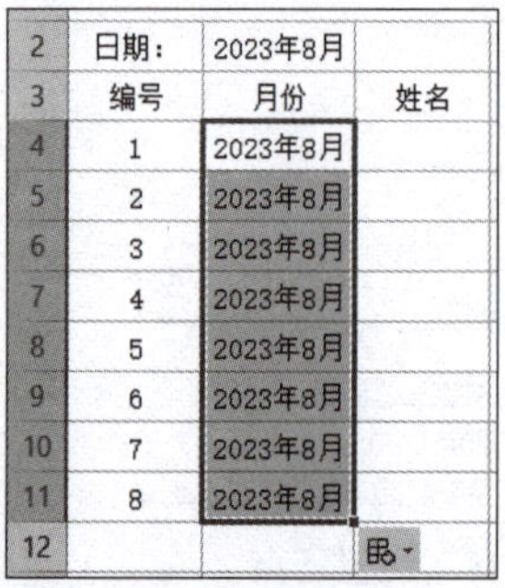

图 3-41　填充日期

（12）在工作表中依次输入员工的工资信息，如图3-42所示。

	编号	月份	姓名	部门	基础工资	绩效工资	应发工资	缺勤情况	缺勤扣款	实发工资
1	员工工资表									
2	日期：	2023年8月								
3	编号	月份	姓名	部门	基础工资	绩效工资	应发工资	缺勤情况	缺勤扣款	实发工资
4	1	2023年8月	李想	市场部	3,000.00	2,800.00	5,800.00	2	200.00	5,600.00
5	2	2023年8月	王文	研发部	6,000.00	3,800.00	9,800.00	0	—	9,800.00
6	3	2023年8月	林珑	财务部	3,000.00	2,000.00	5,000.00	1	100.00	4,900.00
7	4	2023年8月	丁宁	研发部	6,000.00	3,200.00	9,200.00	1	200.00	9,000.00
8	5	2023年8月	张扬	人力资源	3,200.00	2,400.00	5,600.00	0	—	5,600.00
9	6	2023年8月	马林	企划部	3,200.00	2,900.00	6,100.00	1	106.67	5,993.33
10	7	2023年8月	陈材	研发部	5,500.00	2,600.00	8,100.00	2	366.67	7,733.33
11	8	2023年8月	高尚	市场部	3,200.00	3,000.00	6,200.00	1	106.67	6,093.33
12										
13										

图 3-42　输入员工的工资信息

（13）选中 A~J 列，单击"开始"选项卡"行和列"下拉列表中的"最合适的列宽"命令，调整列宽。

（14）选中 A1:J1 单元格区域，单击"开始"选项卡"单元格"下拉列表中的"单元格格式"命令，打开"单元格格式"对话框，在"边框"选项卡的"样式"列表中选择"双线"，设置颜色为"蓝色"，然后单击"下边框"按钮，其他采用默认设置，如图3-43所示。单元格效果如图3-44所示。

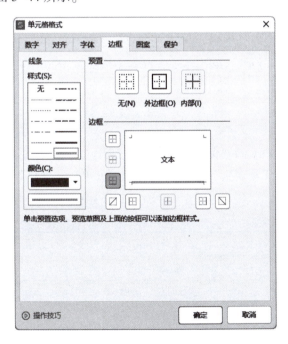

图 3-43　"单元格格式"对话框

图 3-44　单元格效果

（15）选择 A3:J11 单元格区域，单击"开始"选项卡"单元格样式"下拉列表中的"表样式浅色 9"，打开如图 3-45 所示的"套用表格样式"对话框，这里采用默认设置，设置单元格样式，效果如图 3-46 所示。

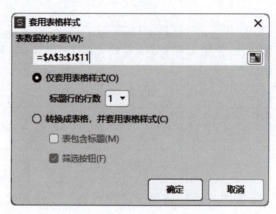

图 3-45 "套用表格样式"对话框

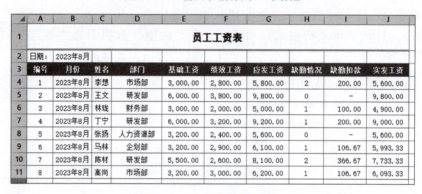

图 3-46 套用表格样式效果

（16）单击快速工具栏上的"保存"按钮 ![save]，打开"另存文件"对话框，指定保存位置，输入文件名为"8月员工工资表"，采用默认文件类型，单击"保存"按钮，保存文档。

【任务评价】

评价类型	序号	任务内容	分值	自评	师评
学习态度	1	主动学习	5		
	2	学习时长、进度	20		
操作能力	3	新建和保存表格	10		
	4	设置行高和列宽	10		
	5	输入和填充	20		
	6	格式化表格	15		
课程素养	7	完成课程素养学习	20		
总分			100		

【课后练习】

一、选择题

1. 新建的工作簿默认工作表的张数是（　　）。

A. 1　　　　　　　B. 2　　　　　　　C. 3　　　　　　　D. 4

2. 在 WPS 表格的"文件"菜单选项卡中选择"打开"命令，（　　）。

A. 打开的是工作簿　　　　　　　B. 打开的是数据库文件

C. 打开的是工作表　　　　　　　D. 打开的是图表

3. 在 Excel 工作表中某列数据出现########，这是由于（　　）。

A. 单元格宽度不够　　　　　　　B. 计算数据出错

C. 计算机公式出错　　　　　　　D. 数据格式出错

4. 在 WPS 表格的单元格中可输入（　　）。

A. 字符　　　　　　B. 中文　　　　　　C. 数字　　　　　　D. 以上都可以

5. 下列关于"新建工作簿"的说法，正确的是（　　）。

A. 新建的工作簿会覆盖原先的工作簿

B. 新建的工作簿在原先的工作簿关闭后出现

C. 可以同时出现两个工作簿

D. 新建工作簿可以使用 Shift+N 组合键

6. 下列方法不能防止某个工作表被编辑修改的是（　　）。

A. 隐藏工作表　　　　　　　　　B. 密码保护工作表

C. 保护工作簿　　　　　　　　　D. 移动工作表

二、操作题

1. 熟悉 WPS 表格 2022 的工作界面。

2. 打开一个工作簿，执行以下操作：

（1）为其中的一个工作表创建副本。

（2）新建一个工作表，对其中的单元格进行复制、移动、删除等操作。

（3）在工作表中插入行、列，设置行高和列宽。

（4）输入内容，保存和打印工作表。

任务 2　数据处理

【任务描述】

本任务将实现在 WPS 2022 中对数据进行处理。通过对本任务相关知识的学习和实践，要求学生掌握使用公式计算数据、对数据进行排序、对数据进行筛选和汇总，并完成"年度销售额统计表"的创建。数据表效果如图 3-47 所示。

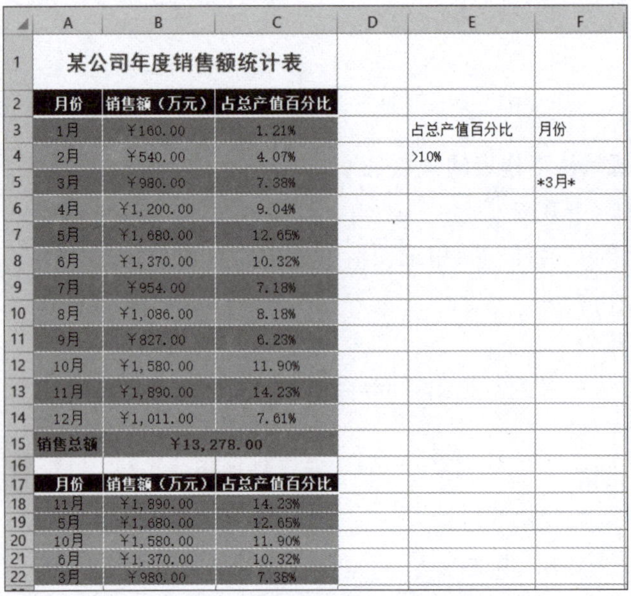

	A	B	C	D	E	F
1	某公司年度销售额统计表					
2	月份	销售额（万元）	占总产值百分比			
3	1月	¥160.00	1.21%		占总产值百分比	月份
4	2月	¥540.00	4.07%		>10%	
5	3月	¥980.00	7.38%			*3月*
6	4月	¥1,200.00	9.04%			
7	5月	¥1,680.00	12.65%			
8	6月	¥1,370.00	10.32%			
9	7月	¥954.00	7.18%			
10	8月	¥1,086.00	8.18%			
11	9月	¥827.00	6.23%			
12	10月	¥1,580.00	11.90%			
13	11月	¥1,890.00	14.23%			
14	12月	¥1,011.00	7.61%			
15	销售总额	¥13,278.00				
16						
17	月份	销售额（万元）	占总产值百分比			
18	11月	¥1,890.00	14.23%			
19	5月	¥1,680.00	12.65%			
20	10月	¥1,580.00	11.90%			
21	6月	¥1,370.00	10.32%			
22	3月	¥980.00	7.38%			

图 3-47　年度销售额统计表效果

【任务分析】

要使用 WPS 进行数据处理，首先打开已经创建好的工作表，通过公式计算得到所需数据；然后对数据进行排序，包括按关键字排序和自定义条件排序；最后对数据进行筛选和汇总，包括自动筛选、设置条件进行高级筛选和汇总分析数据。

【知识准备】

一、使用公式计算数据

公式是对数据进行计算的等式，在公式中可以引用同一工作表中的单元格、同一工作簿中不同工作表的单元格，或者其他工作簿中的单元格。

1. 输入与编辑公式

输入公式的操作类似于输入文本数据，不同的是，公式应以等号（=）开头，然后是操作数和运算符组成的表达式。

（1）选中要输入公式的单元格。

（2）在单元格或编辑栏中输入“=”，然后在“=”后输入公式内容。例如，输入“=120 * 2”，表示求两个数相乘的积，如图 3-48 所示。

注意： 输入公式时，如果不以等号开头，WPS 会将输入的公式作为单元格内容填入单元格。如果公式中有括号，必须在英文状态或者是半角中文状态下输入。

（3）按 Enter 键或者单击编辑栏中的“输入”按钮✓，即可在单元格中得到计算结果，在编辑栏中仍然显示输入的公式，如图 3-49 所示。

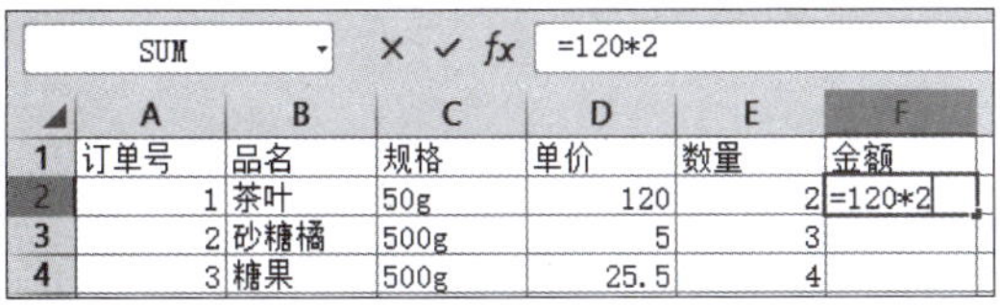

图 3-48　输入公式 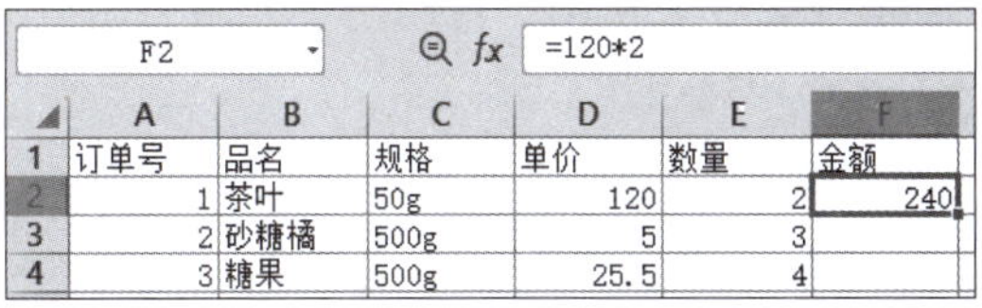　　　　　　　　　　　图 3-49　得到计算结果

（4）如果要修改输入的公式，单击公式所在的单元格，在单元格或编辑栏中编辑公式，方法与修改文本相同。修改完成后，按 Enter 键完成操作，单元格中的计算结果将自动更新。

（5）如果要删除公式，选中公式所在的单元格，按 Delete 键即可。

在 WPS 表格中，单元格中的公式也可以像单元格中的其他数据一样进行复制和移动操作，方法相同，本节不再赘述。

> **注意**：复制公式时，公式中的绝对引用不改变，但相对引用会自动更新；移动公式时，公式中的单元格引用并不改变。有关单元格的引用在下一节进行讲解。

2. 引用单元格进行计算

本节所说的引用，是指使用单元格地址标识公式中使用的数据的位置。在公式中可以引用同一工作表中的单元格、同一工作簿中不同工作表的单元格，甚至其他工作簿中的单元格。使用引用可简化工作表的修改和维护流程。

默认情况下，WPS 使用 A1 引用样式，使用字母标识列（从 A 到 IV，共 256 列）和数字标识行（从 1 到 65，536）来标识单元格的位置，示例见表 3-2。

表 3-2　A1 引用样式示例

引用区域	引用方式
列 E 和行 3 交叉处的单元格	E3
在列 E 和行 3 到行 10 之间的单元格区域	E3:E10
在行 5 和列 A 到列 E 之间的单元格区域	A5:E5
行 5 中的全部单元格	5:5
行 5 到行 10 之间的全部单元格	5:10
列 H 中的全部单元格	H:H
列 H 到列 J 之间的全部单元格	H:J
列 A 到列 E 和行 10 到行 20 之间的单元格区域	A10:E20

> **提示**：WPS 2022 还支持 R1C1 引用样式，同时统计工作表上的行和列，这种引用样式对于计算位于宏内的行和列很有用。在 WPS 表格的"选项"对话框中切换到"常规与保存"选项界面，选中"R1C1 引用样式"复选框，即可打开 R1C1 引用样式。

在 WPS 表格中，常用的单元格引用有三种类型，下面分别进行介绍。

1）相对引用

相对引用是基于公式和单元格引用所在单元格的相对位置。

在公式中引用单元格时，可以直接输入单元格的地址，也可以单击该单元格。

例如，在计算第一种商品的金额时，可以直接在 F2 单元格中输入“=D2 * E2”，也可以在输入“=”后，单击 D2 单元格，然后输入乘号“ * ”，再单击 E2 单元格，如图 3-50 所示。按 Enter 键得到计算结果。

如果公式所在单元格的位置改变，引用也随之自动调整。例如，使用填充手柄将 F2 单元格中的公式“=D2 * E2”复制到 F3 和 F4 单元格，F3 和 F4 单元格中的公式将自动调整为“=D3 * E3”和“=D4 * E4”，效果如图 3-51 所示。

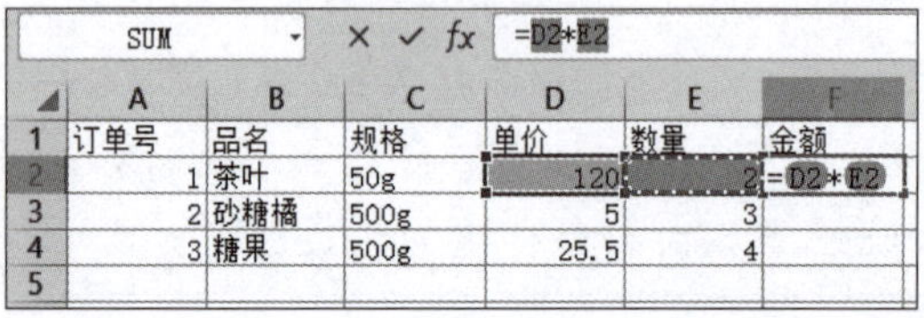

	A	B	C	D	E	F
1	订单号	品名	规格	单价	数量	金额
2	1	茶叶	50g	120	2	=D2*E2
3	2	砂糖橘	500g	5	3	
4	3	糖果	500g	25.5	4	
5						

图 3-50　在公式中引用单元格

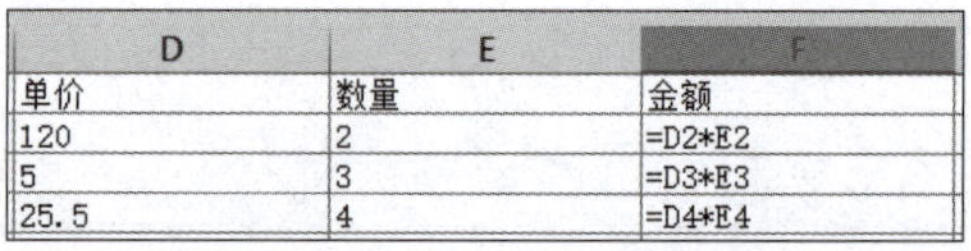

D	E	F
单价	数量	金额
120	2	=D2*E2
5	3	=D3*E3
25.5	4	=D4*E4

图 3-51　复制相对引用的效果

提示：默认情况下，单元格中显示的是计算结果，如果要查看单元格中输入的公式，可以双击单元格，或者选中单元格后在编辑栏中查看。

如果要查看的公式较多，可以在英文输入状态下按 Ctrl+' 组合键，显示当前工作表中输入的所有公式。再次按 Ctrl+' 组合键隐藏公式，显示所有单元格中公式计算的结果。

使用“公式”选项卡中的“显示公式”按钮 显示公式，也可以显示或隐藏单元格中的所有公式。

如果移动 F2:F4 单元格区域的公式，单元格中的公式不会变化。

2）绝对引用

绝对引用，顾名思义，引用的地址是绝对的，不会随着公式位置的改变而改变。绝对引用时，在单元格地址的行、列引用前显示有绝对地址符“ $ ”。

如果移动包含绝对引用的公式，单元格中的公式不会变化。

3）混合引用

混合引用与绝对引用类似，不同的是，单元格引用中有一项为绝对引用，另一项为相对引用，因此，可分为绝对引用行（采用 A$1、B$1 等形式）和绝对引用列（采用 $A1、$B1 等形式）。

如果复制混合引用，相对引用自动调整，而绝对引用不变。例如，如果将一个混合引用“=B$3”从 E3 单元格复制到 F3 单元格，它将自动调整为“=C$3”；如果复制到 F4 单元格，也自动调整为“=C$3”，因为列为相对引用，行为绝对引用。

如果移动混合引用，单元格中的公式不会变化。

4）使用函数计算数据

如果要进行一些复杂的计算，可以使用 WPS 预定义的内置公式——函数。函数使用称为参数的初始数值按特定的顺序或结构执行简单或复杂的计算，并自动返回计算结果。

在单元格中输入函数时，使用"插入函数"对话框有助于用户尤其是初学者了解函数结构，并正确设置函数参数。

（1）选中要输入函数的单元格。

（2）在编辑栏中单击"插入函数"按钮 fx，打开如图 3-52 所示的"插入函数"对话框。

图 3-52 "插入函数"对话框

（3）在"选择类别"下拉列表框中选择需要的函数类别，然后在"选择函数"列表框中选择需要的函数，在对话框底部可以查看对应函数的语法和说明。

> 提示：如果对需要使用的函数不太了解或者不会使用，可以在"插入函数"对话框顶部的"查找函数"文本框中输入一条自然语言，例如"排名"，在"选择函数"列表框中可能看到相关的函数列表，例如 RANK、RANK. AVG、RANK. EQ。

（4）单击"确定"按钮，打开如图 3-53 所示的"函数参数"对话框。输入参数的单元格名称或单元格区域，或者单击参数文本框右侧的 按钮，在工作表中选择参数所在的数据区域。

（5）参数设置完成后，单击"确定"按钮，即可输入函数，并得到计算结果，如图 3-54 所示。

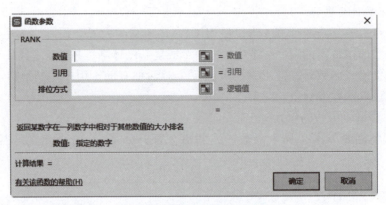

图 3-53 "函数参数"对话框

如果对函数的语法、结构比较熟悉，借助工具提示也可以很方便地在单元格中输入函数，如图 3-55 所示。输入完成后，按 Enter 键即可得到计算结果。

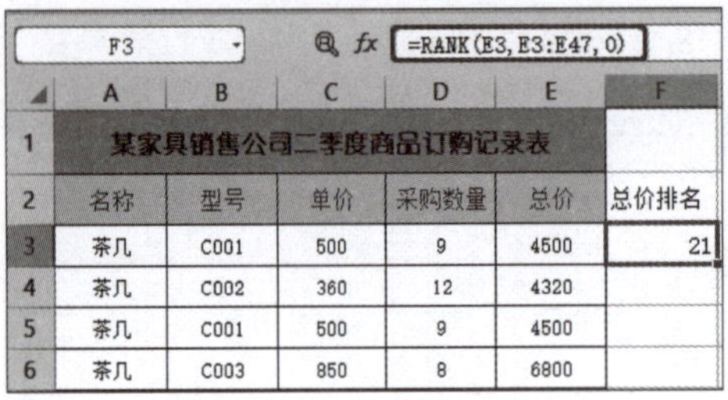

图 3-54 插入函数并计算

图 3-55 输入函数

5）使用名称简化引用

如果需要经常引用某个区域的数据，可以用有意义的名称表示该区域。在公式中使用名

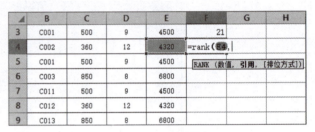

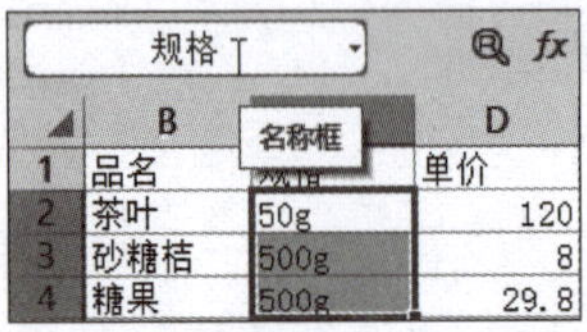

图 3-56 在名称框中
命名单元格区域

称可以使公式更清晰易懂。例如，公式"=利润*（100%-税率）"要比公式"=D3*（100%-$B$11）"更容易理解。

（1）在工作表中选中要定义名称的单元格区域。

（2）在编辑栏左侧的名称框中输入名称后按 Enter 键，如图 3-56 所示。

此时，选中指定的单元格区域，在名称框中显示的是指定的名称，而不是左上角的单元格地址。

注意：单元格或区域的名称应遵循以下规则：

（1）以字母或下划线开头的字母、数字、句号和下划线的组合。

（2）不能与单元格引用相同。

（3）不能包含有空格。

（4）最多可以包含255个字符。

（5）不区分大小写，否则，后创建的名称替换先创建的名称。

如果希望 WPS 自动根据选定区域的首行、最左列、末行或最右列创建名称，可选中单元格区域后，单击"公式"选项卡中"指定"按钮 **指定**，在打开的图 3-57 所示的"指定名称"对话框中指定名称创建的位置。

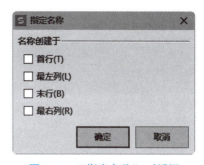

图 3-57　"指定名称"对话框

➤ 首行和末行：以选中区域首（末）行的单元格内容为名称命名其他单元格区域。如果选中的区域包含多列，则分别以各列首（末）行的单元格内容为名称命名各列数据。

➤ 最左列和最右列：以选中区域最左（右）列的单元格内容为名称命名其他单元格区域。如果选中的区域包含多行，则分别以各行最左（右）列的单元格内容为名称命名各列数据。

（3）如果要修改名称的引用位置，打开如图 3-58 所示的"名称管理器"对话框，选中名称后，在对话框底部的"引用位置"文本框中修改或重新选择引用位置；如果要修改名称，单击"编辑"按钮，打开如图 3-59 所示的"编辑名称"对话框进行修改。

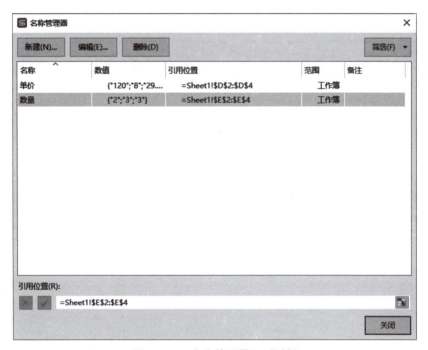

图 3-58　"名称管理器"对话框

（4）如果不再需要某个区域的命名，在"名称管理器"对话框的名称列表中选中要删除的名称，然后单击"删除"按钮。

（5）如果要在已定义的名称中查找特定条件的名称，可以单击"筛选"按钮，在如图 3-60 所示的下拉列表中指定筛选条件。

6）使用数组公式

在 WPS 2022 中，一个矩形的单元格区域可以共用一个公式，通过同一个公式执行多个计算，并返回一个或多个结果，也就是使用数组公式进行计算。

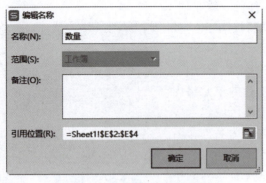

图 3-59 "编辑名称"对话框

图 3-60 "筛选"下拉列表

（1）选中用于存放计算结果的单元格或单元格区域。

如果希望数组公式返回一个结果，则单击需要输入数组公式的单元格；如果希望数组公式返回多个结果，则选定需要输入数组公式的单元格区域。

（2）输入公式，如图 3-61 所示。

要注意的是，该公式中的参数是两个由单元格区域组成的数组。

注意：数组公式中的每个数组参数必须有相同数量的行和列。

（3）按 Ctrl+ Shift+ Enter 组合键结束输入，得到计算结果，如图 3-62 所示。

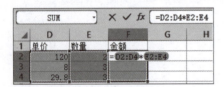

图 3-61 输入公式

图 3-62 数组公式的计算结果

注意：输入数组公式后，WPS 会自动在公式两侧插入大括号"{"和"}"，这是数组公式区别于普通公式的重要标志。

二、对数据进行排序

在实际应用中，有时会对工作表中的数据按某种方式进行排序，以查看特定的数据，增强可读性。

WPS 表格默认根据单元格中的数据值进行排序，在按升序排序时，遵循以下规则：

➢ 文本以及包含数字的文本按 0~9→a~z→A~Z 的顺序排序。如果两个文本字符串除了连字符不同，其余都相同，则带连字符的文本排在后面。

➢ 按字母先后顺序对文本进行排序时，从左到右逐个字符进行排序。

➢ 在逻辑值中，False 排在 True 前面。

➢ 所有错误值的优先级相同。

➢ 空格始终排在最后。

提示：在 WPS 表格中排序时，可以指定是否区分大小写。在对汉字排序时，既可以根据汉语拼音的字母顺序进行排序，也可以根据汉字的笔画排序进行排序。

在按降序排序时，除了空白单元格总是在最后以外，其他的排列次序反转。

1. 按关键字排序

所谓按关键字排序，是指按数据表中的某一列的字段值进行排序，是排序中最常用的一种排序方法。

（1）单击待排序数据列中的任意一个单元格。

（2）单击"数据"选项卡中"排序"下拉列表中的"升序"按钮 ⟂ 或"降序"按钮 ⟂ ，即可依据指定列的字段值按指定的顺序对工作表中的数据行重新进行排列。

按单个关键字进行排序时，经常会遇到两个或多个关键字相同的情况，例如，图 3-63 中的货物 A、C 的单价。如果要分出这些关键字相同的记录的顺序，就需要使用多关键字排序。例如，在单价相同的情况下，按数量升序排序。

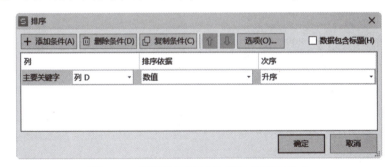

图 3-63　按"单价"升序排列前、后的效果

如果在排序后的数据表中单击第二个关键字所在列的任意一个单元格，重复步骤（2），数据表将按指定的第二个关键字重新进行排序，而不是在原有基础上进一步排序。

针对多关键字排序，WPS 提供了"排序"对话框，不仅可以按多列或多列排序，还可以依据拼音、笔画、颜色或条件格式图标排序。

（1）选中数据表中的任一单元格，单击"数据"选项卡中"排序"下拉列表中的"自定义排序"按钮 ᴬ₌ ，打开"排序"对话框。

（2）设置主要关键字、排序依据和次序，如图 3-64 所示。

图 3-64　设置主要关键字、排序依据和次序

（3）单击"添加条件"按钮，添加一行次要关键字条件，用于设置次要关键字、排序依据和次序，如图 3-65 所示。

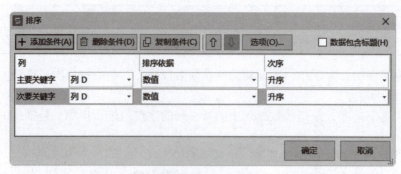

图 3-65 　添加条件

（4）单击"下移"按钮↓或"上移"按钮↑，调整主要关键字和次要关键字的次序。

（5）如果需要添加多个次要关键字，重复步骤（3），设置次要关键字、排序依据和次序。

（6）如果要利用同一关键字按不同的依据排序，可以选中已定义的条件，然后单击"复制条件"按钮，并修改条件。

（7）如果要删除某个排序条件，选中该条件后，单击"删除条件"按钮。

（8）设置完成后，单击"确定"按钮关闭对话框，即可完成排序操作。

2. 自定义条件排序

（1）在实际应用中，有时需要将工作表数据按某种特定的顺序排列。

（2）在"排序"对话框的"主要关键字"列表中选择排序的关键字，"排序依据"选择"单元格值"，然后在"次序"下拉列表中选择"自定义序列"，打开的"自定义序列"对话框。

注意：自定义排序只能作用于"主要关键字"下拉列表框中指定的数据列。

（3）在"自定义序列"列表框中选择"新序列"，在"输入序列"文本框中输入序列项，序列项之间用 Enter 键分隔，如图 3-66 所示。

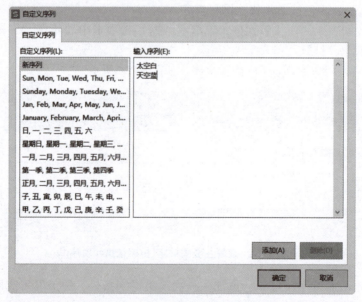

图 3-66 　"自定义序列"对话框

（4）序列输入完成后，单击"添加"按钮，将输入的序列添加到"自定义序列"列表框中，且新序列自动处于选中状态。然后单击"确定"按钮返回"排序"对话框，可以看到排列次序指定为创建的序列。

（5）单击"确定"按钮，即可按指定序列排序。

三、对数据进行筛选和汇总

面对数据庞杂的数据表格，如何快速、便捷地定位特定条件的数据是数据分析者很关心的一个问题。利用 WPS 提供的筛选功能，可以只显示满足指定条件的数据行，暂时隐藏不符合条件的数据行，对于复杂条件的筛选，还支持原始数据与筛选结果同屏显示。

1. 自动筛选

自动筛选是按指定的字段值筛选符合条件的数据行，适用于简单的筛选条件。

（1）选中要筛选数据的单元格区域。

如果数据表的首行为标题行，可以单击数据表中的任意一个单元格。

（2）单击"数据"选项卡中的"筛选"按钮，数据表的所有列标志右侧会显示一个下拉按钮。

（3）单击筛选条件对应的列标题右侧的下拉按钮，在打开的下拉列表中选择要筛选的内容，如图 3-67 所示，取消选中"全选"复选框可取消筛选。

如果当前筛选的数据列中为单元格设置了多种颜色，可以切换到"颜色筛选"选项卡，按单元格颜色进行筛选。

（4）如果要对筛选结果进行排序，单击自动筛选下拉列表顶部的"升序""降序"或"颜色排序"按钮。

（5）单击"确定"按钮，即可显示符合条件的筛选结果。

图 3-67　设置筛选条件

（6）自动筛选时，可以设置多个筛选条件。在其他数据列中重复第（3）~（5）步，指定筛选条件。

> **提示**：如果在设置筛选条件后，在数据表中添加或修改了一些数据行，单击"数据"选项卡中的"重新应用"按钮 ↻重新应用，可更新筛选结果。

如果要取消筛选，显示数据表中的所有数据行，单击"数据"选项卡中的"全部显示"按钮 全部显示。

2. 高级筛选

如果需要筛选的字段较多，筛选条件也比较复杂，可以使用高级筛选功能简化筛选流程，提高工作效率。与自动筛选不同，使用高级筛选时，必须先建立一个具有列标志的条件区域，指定筛选的数据要满足的条件。

（1）在工作表的空白位置设置条件列标志，并在条件列标志的下一行键入要匹配的条件，如图 3-68 所示。

条件区域不一定包含数据表中的所有列字段，但条件区域中的字段必须是数据表中的列标题字段，且必须与数据表中的字段保持一致。作为条件的公式必须能得到 True 或 False 之类的结果。

> **注意**：最好不要在数据区域的下方构建条件区域，而是放在数据区域的起始位置或两侧，以免后续添加数据行时覆盖条件区域。

（2）单击"数据"选项卡中"筛选"功能组右下方的"扩展"按钮 ⌐，打开如图 3-69 所示的"高级筛选"对话框。

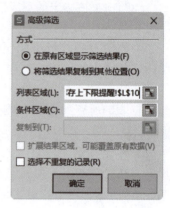

图 3-68　设置筛选条件区域　　　　图 3-69　"高级筛选"对话框

（3）在"方式"区域选择保存筛选结果的位置。

➢ 在原有区域显示筛选结果：将筛选结果显示在原有的数据区域，筛选结果与自动筛选结果相同。

➢ 将筛选结果复制到其他位置：在保留原有数据区域的同时，将筛选结果复制到指定的单元格区域显示。

（4）"列表区域"文本框自动填充数据区域，单击右侧的 按钮可以在工作表中重新选择筛选的数据区域。

（5）单击"条件区域"文本框右侧的 按钮，在工作表中选择条件区域所在的单元格区域，选择时应包含条件列标志和条件。也可以直接输入条件区域的单元格引用。

> **注意**：输入条件区域的单元格引用时，必须使用绝对引用。

（6）如果选择"将筛选结果复制到其他位置"选项，单击"复制到"文本框右侧的 按钮，在工作表中选择筛选结果首行显示的位置。

（7）如果不显示重复的筛选结果，选中"选择不重复的记录"复选框。

（8）设置完成后，单击"确定"按钮，即可在"复制到"文本框中指定的单元格区域开始显示筛选结果，如图 3-70 所示。

高级筛选也支持多条件交叉或并列筛选数据，尤其要注意不同逻辑关系的条件的设置方法。当两个条件的条件值在同一行时，表明逻辑"与"的关系；当两个条件值不在同一行时，表明逻辑"或"的关系。

	型号	颜色	入库量	出库量	库存量		
XH020	太空白	600	590	10		出库量	条件区域
XH021	天空蓝	500	90	410		>200	
XH032	太空白	400	0	400			
XH024	金属银	900	50	850			
XH121	天空蓝	300	90	210			列表区域
XH123	玫瑰红	850	250	600			
XH045	太空白	1200	200	1000			
XH046	天空蓝	1000	850	150			
XH067	玫瑰红	200	150	50			
型号	颜色	入库量	出库量	库存量			"复制到"区域
XH020	太空白	600	590	10			筛选结果
XH123	玫瑰红	850	250	600			
XH046	天空蓝	1000	850	150			

图 3-70　显示筛选结果

3. 汇总分析数据

对数据进行排序后，通常还会将数据按指定的字段进行分类汇总。

（1）打开要进行分类汇总的数据表。

> **注意：** WPS 根据列标题分组数据并进行汇总，因此，进行分类汇总的数据表的各列应有列标题，并且没有空行或者空列。

（2）按汇总字段对数据表进行排序。选中要进行分类的列中的任意一个单元格，在"数据"选项卡中单击"升序"或"降序"按钮，对数据表进行排序。

按汇总列对数据表进行排序，可以将同类别的数据行组合在一起，便于对包含数字的列进行汇总。

（3）选中要进行汇总的数据区域，单击"数据"选项卡中的"分类汇总"按钮🈁，打开如图 3-71 所示的"分类汇总"对话框。

（4）在"分类字段"下拉列表框中选择用于分类汇总的数据列标题。选定的数据列一定要与执行排序的数据列相同。

（5）在"汇总方式"下拉列表框中选择对分类进行汇总的计算方式。

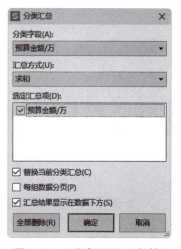

图 3-71　"分类汇总"对话框

（6）在"选定汇总项"列表框中选择要进行汇总计算的数值列。如果选中多个复选框，可以同时对多列进行汇总。

（7）如果之前已对数据表进行了分类汇总，希望再次进行分类汇总时保留先前的分类汇总结果，则取消选中"替换当前分类汇总"复选框。

（8）如果要分页显示每一类数据，则选中"每组数据分页"复选框。

（9）单击"确定"按钮关闭对话框，即可看到分类汇总结果。

如果不再需要分类汇总数据，单击"全部删除"按钮，可以将它清除，恢复到原始的数据表。

【任务实施】

编辑销售额统计表

（1）打开某公司年度销售额统计表，统计表初始效果如图3-72所示。

（2）单击B15单元格，在单元格中输入公式"=SUM(B3:B14)"，如图3-73所示，表示计算B3:B14单元格区域的总和。

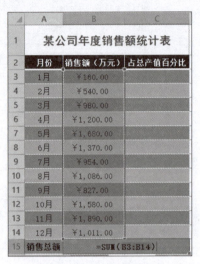

图3-72　统计表初始效果　　　　　　　　　　图3-73　输入公式

（3）按Enter键，或单击编辑栏中的"输入"按钮✔，即可得到计算结果，如图3-74所示。

（4）选中B15单元格，在编辑栏左侧的名称框中输入名称"销售总额"，如图3-75所示。输入完成后，按Enter键确认。

图3-74　计算销售总额　　　　　　　　　　　图3-75　指定单元格的名称

（5）选中 C3：C14 单元格区域，输入公式"＝B3：B14/销售总额"，然后按 Ctrl+Shift+Enter 组合键结束输入。此时，编辑栏中的公式左右两侧自动添加"｛"和"｝"，选中的单元格区域中自动填充计算结果，如图 3-76 所示。

（6）在 E3 单元格中输入条件列标题"占总产值百分比"，然后在 E4 单元格中输入条件值"＊>10%＊"，如图 3-77 所示。

图 3-76　利用数组公式进行计算

图 3-77　设置条件区域

（7）选中数据表中的任意一个单元格，单击"数据"选项卡中"筛选"下拉列表中的"高级筛选"命令，打开"高级筛选"对话框，如图 3-78 所示。在"方式"区域选中"将筛选结果复制到其他位置"，"列表区域"选择单元格区域 A2：C15；"条件区域"选择单元格区域 E3：E4；"复制到"区域选择原数据表下方第二行。单击"确定"按钮关闭对话框，即可在指定的位置显示筛选结果，如图 3-79 所示。

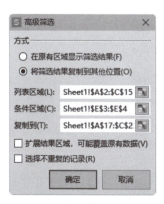

图 3-78　"高级筛选"对话框

图 3-79　单条件筛选结果

（8）修改条件区域，在 F 列增加条件，且条件值与前两个条件不在同一行，表明该条件与前两个条件是逻辑"或"的关系，如图 3-80 所示。

	A	B	C	D	E	F
1	某公司年度销售额统计表					
2	月份	销售额（万元）	占总产值百分比			
3	1月	￥160.00	1.21%		占总产值百分比	月份
4	2月	￥540.00	4.07%		>10%	
5	3月	￥980.00	7.38%			*3月*
6	4月	￥1,200.00	9.04%			
7	5月	￥1,680.00	12.65%			
8	6月	￥1,370.00	10.32%			
9	7月	￥954.00	7.18%			
10	8月	￥1,086.00	8.18%			
11	9月	￥827.00	6.23%			
12	10月	￥1,580.00	11.90%			
13	11月	￥1,890.00	14.23%			
14	12月	￥1,011.00	7.61%			
15	销售总额	￥13,278.00				
16						
17	月份	销售额（万元）	占总产值百分比			
18	5月	￥1,680.00	12.65%			
19	6月	￥1,370.00	10.32%			
20	10月	￥1,580.00	11.90%			
21	11月	￥1,890.00	14.23%			

图 3-80　修改条件区域

（9）选中数据表中的任意一个单元格，单击"数据"选项卡中"筛选"下拉列表中的"高级筛选"命令，打开"高级筛选"对话框。在"方式"区域选中"将筛选结果复制到其他位置"单选按钮；"列表区域"选择单元格区域 A2：C15；"条件区域"选择 E3：F5；"复制到"文本框保留上一步筛选的设置，勾选"扩展结果区域，可能覆盖原有数据"复选框，如图 3-81 所示。设置完成后，单击"确定"按钮，查找"占总产值百分比"大于 10% 或"月份"为 3 月的记录，如图 3-82 所示。

图 3-81　"高级筛选"对话框　　　　　　图 3-82　高级筛选结果

（10）选取筛选结果中的"销售额（万元）"单元格，单击"数据"选项卡中"排序"下拉列表中的"降序"按钮⤵，将筛选结果按销售额的降序排列，结果如图 3-83 所示。

	A	B	C	D	E	F
1	某公司年度销售额统计表					
2	月份	销售额（万元）	占总产值百分比			
3	1月	￥160.00	1.21%		占总产值百分比	月份
4	2月	￥540.00	4.07%		>10%	
5	3月	￥980.00	7.38%			*3月*
6	4月	￥1,200.00	9.04%			
7	5月	￥1,680.00	12.65%			
8	6月	￥1,370.00	10.32%			
9	7月	￥954.00	7.18%			
10	8月	￥1,086.00	8.18%			
11	9月	￥827.00	6.23%			
12	10月	￥1,580.00	11.90%			
13	11月	￥1,890.00	14.23%			
14	12月	￥1,011.00	7.61%			
15	销售总额	￥13,278.00				
16						
17	月份	销售额（万元）	占总产值百分比			
18	11月	￥1,890.00	14.23%			
19	5月	￥1,680.00	12.65%			
20	10月	￥1,580.00	11.90%			
21	6月	￥1,370.00	10.32%			
22	3月	￥980.00	7.38%			

图 3-83　排序结果

【任务评价】

评价类型	序号	任务内容	分值	自评	师评
学习态度	1	主动学习	5		
	2	学习时长、进度	20		
操作能力	3	打开工作表	5		
	4	输入公式计算数据	10		
	5	简单排序	10		
	6	关键字和自定义排序	10		
	7	自动筛选和汇总	10		
	8	高级筛选和汇总	10		
课程素养	9	完成课程素养学习	20		
总分			100		

【课后练习】

一、选择题

1. 如果要引用第 6 行的绝对地址、D 列的相对地址，则引用为（　　　）。

A. D$6　　　　　　B. D6　　　　　　C. $D$6　　　　　　D. $D6

2. 将某一单元格内容输入为"星期一"，拖放该单元格填充 6 个连续的单元格，其内容为（　　）。

A. 连续 6 个"星期一"

B. 星期二 星期三 星期四 星期五 星期六 星期日

C. 连续 6 个空白

D. 以上都不对

3. 在向单元格中输入公式时，输入的第一个符号应是（　　）。

A. @ 　　　　　　　B. = 　　　　　　　C. % 　　　　　　　D. $

4. 在单元格 F3 中，求 A3、B3 和 C3 三个单元格数值的和，不正确的形式是（　　）。

A. = $A$3+$B$3+$C$3 　　　　　　　B. SUM(A3,C3)

C. =A3+B3+C3 　　　　　　　D. SUM(A3:C3)

5. 假设 A1 单元格中的公式为"= AVERAGE(B1:F6)"，删除 B 列之后，A1 单元格中的公式将自动调整为（　　）。

A. = AVERAGE(#REF!) 　　　　　　　B. = AVERAGE(C1:F6)

C. = AVERAGE(B1:E6) 　　　　　　　D. = AVERAGE(B1:F6)

6. 一个数据表中只有"姓名""年龄"和"身高"三个字段，按"年龄"和"身高"排序后的结果如下：

姓名	年龄	身高
李永宁	16	1.67
王晓军	18	1.72
林文皓	17	1.72
赵 城	17	1.75

则此排序操作的第二关键字是按（　　）设置。

A. 身高的升序　　　B. 身高的降序　　　C. 年龄的升序　　　D. 年龄的降序

7. 分类汇总数据之前，必须对数据表进行（　　）。

A. 有效性检查　　　B. 排序　　　　　　C. 筛选　　　　　　D. 求和计算

二、填空题

（1）如果要在单元格中输入 15 除以 17 的计算结果，可输入_____。

（2）使用区域运算符"："表示 A5 到 F10 之间所有单元格的引用为_____。

三、操作题——建立一个学生成绩单。

（1）建立一个学生成绩单，其中包括每个学生的学号、姓名、性别、各科成绩。运用本项目学到的知识，对数据表按照数学成绩从高到低排序，如果数学成绩相同，则按语文成绩降序排列。

（2）在学生成绩单中筛选语文成绩大于等于 80，或数学成绩大于等于 85 的记录。

（3）运用分类汇总功能，统计各科成绩的平均值。

（4）运用分类汇总功能，统计各科成绩的最高分和最低分。

任务3　应用图表

【任务描述】

通过对本任务相关知识的学习和实践，要求学生掌握插入和编辑图表、插入和编辑数据透视表及数据透视图，并创建"2018—2023年中国智慧农业市场规模及速率图"。效果如图3-84所示。

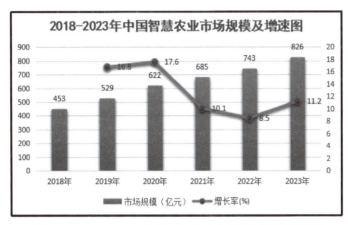

图3-84　2018—2023年中国智慧农业市场规模及速率图

【任务分析】

要使用WPS制作图表分析数据，首先要掌握如何通过表中数据创建图表，然后使用图表分析数据的方法，以及掌握如何通过表中数据创建数据透视表，再使用数据透视表分析数据的方法，最后掌握创建数据透视图并使用数据透视图分析数据的方法。

【知识准备】

一、插入并编辑图表

图表能将工作表数据之间的复杂关系用图形表示出来，与表格数据相比，能更加直观、形象地反映数据的趋势和对比关系，是表格数据分析中常用的工具之一。

1. 插入图表

（1）选择要创建为图表的单元格区域，单击"插入"选项卡中的"全部图表"按钮，打开如图3-85所示的"图表"对话框。

在左侧窗格中可以看到WPS 2022提供了丰富的图表类型，在右上窗格中可以看到每种图表类型还包含一种或多种子类型。

选择合适的图表类型能恰当地表现数据，更清晰地反映数据的差异和变化。各种图表的适用情况简要介绍如下：

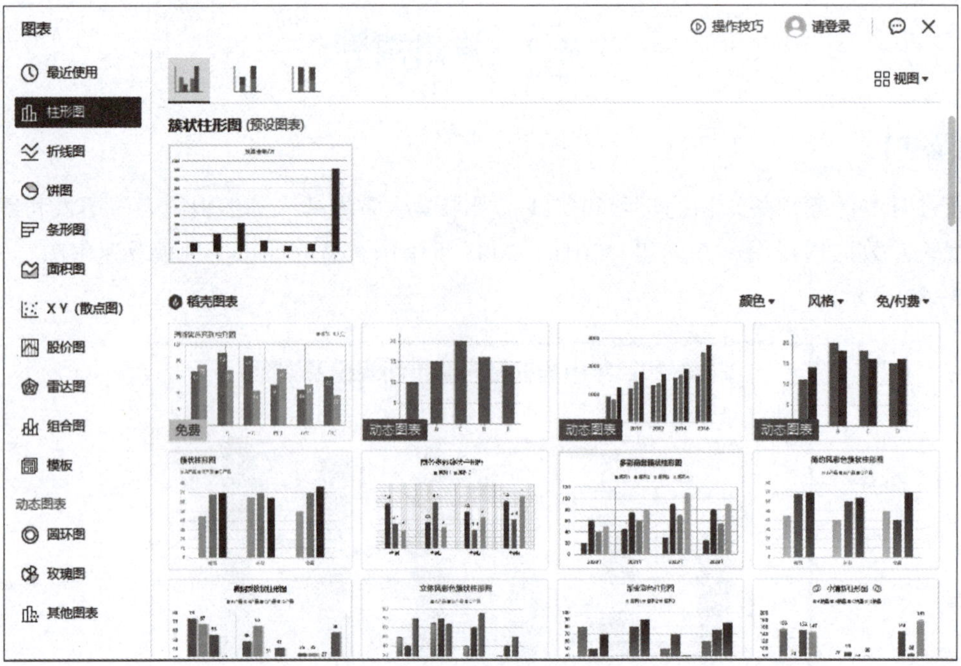

图 3-85 "图表"对话框

➢ 柱形图：簇状柱形图常用于显示一段时间内数据的变化，或者描述各项数据之间的差异。堆积柱形图用于显示各项数据与整体的关系。

➢ 折线图：以等间隔显示数据的变化趋势。

➢ 饼图：以圆心角不同的扇形显示某一数据系列中每一项数值与总和的比例关系。

➢ 条形图：显示特定时间内各项数据的变化情况，或者比较各项数据之间的差别。

➢ 面积图：强调幅度随时间的变化量。

➢ XY（散点图）：多用于科学数据，显示和比较数值。

➢ 股价图：既可以描述股票价格走势，也可以用于科学数据。

> **注意**：在制作股价图时，要注意数据源必须完整，而且排列顺序必须与图表要求的顺序一致。例如，要创建"成交量-开盘-盘高-盘低-收盘图"股价图，则选中的数据也应按照成交量、开盘、盘高、盘低、收盘价的顺序排列。

➢ 雷达图：用于比较若干数据系列的总和值。

➢ 组合图：用不同类型的图表显示不同的数据系列。

（2）选择需要的图表类型后，双击即可插入图表，如图 3-86 所示。

在编辑图表之前，读者有必要对图表的结构、相关术语和类型有大致的了解。

➢ 图表区：图表边框包围的整个图表区域。

➢ 绘图区：以坐标轴为界，包含全部数据系列在内的区域。

➢ 网格线：坐标轴刻度线的延伸线，以方便用户查看数据。主要网格线标示坐标轴上的主要间距，次要网格线标示主要间距之间的间隔。

➢ 数据标志：代表一个单元格值的条形、面积、圆点、扇面或其他符号，例如图 3-86 中各种颜色的条形。相同样式的数据标志形成一个数据系列。

将鼠标指针停在某个数据标志上，会显示该数据标志所属的数据系列、代表的数据点及对应的值，如图 3-87 所示。

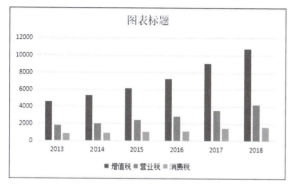

图 3-86　插入的图表

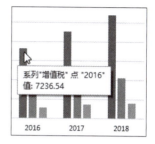

图 3-87　显示数据标志对应的值及有关信息

➢ 数据系列：对应于数据表中一行或一列的单元格值。每个数据系列具有唯一的颜色或图案，使用图例标示。例如，图 3-88 中的图表有 3 个数据系列，分别代表不同的税收。

➢ 分类名称：通常是行或列标题。例如，在图 3-88 中的图表中，年份 2013、2014、…、2018 为分类名称。

➢ 图例：用于标识数据系列的颜色、图案和名称。

➢ 数据系列名称：通常为行或列标题，显示在图例中。

（3）创建的图表与图形对象类似，选中图表，图表边框上会出现 8 个控制点。将鼠标指针移至控制点上，指针显示为双向箭头时，按下左键拖动，可调整图表的大小；将指针移至图表区或图表边框上，指针显示为四向箭头时，按下左键拖动，可以移动图表。

2. 设置图表格式

创建图表后，通常会对图表的外观进行美化。WPS 2022 内置了一些颜色方案和图表样式，可很方便地设置图表格式。

（1）单击"图表工具"选项卡中的"更改颜色"下拉按钮 ，在打开的颜色列表中单击一种颜色方案，图表中的数据系列颜色随之更改，如图 3-88 所示。

图 3-88　更改图表的颜色方案

（2）单击"图表工具"选项卡中的"更改类型"按钮，打开"更改图表类型"对话框，单击需要的样式，即可套用内置样式格式化图表，如图3-89所示。

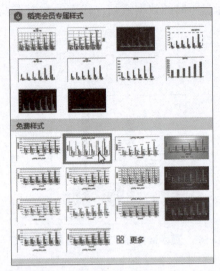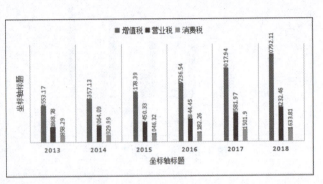

图3-89　使用内置样式

利用图表右侧的"图表样式"按钮，也可以很方便地更改颜色方案，套用内置样式，如图3-90所示。

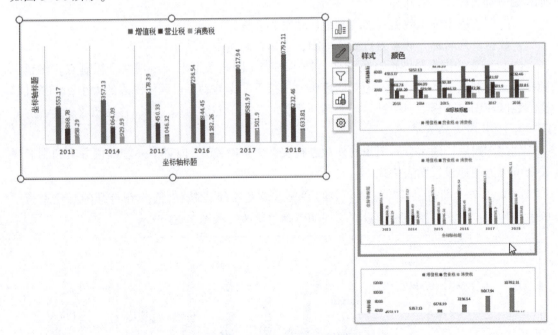

图3-90　套用内置的图表样式

3. 编辑图表数据

创建图表后，可以随时根据需要在图表中添加、更改和删除数据。

（1）选中图表，在"图表工具"选项卡中单击"选择数据"按钮，打开如图3-91

所示的"编辑数据源"对话框。

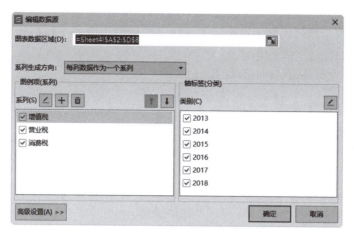

图 3-91 "编辑数据源"对话框

（2）如果要修改图表的数据区域，单击"图表数据区域"文本框右侧的 按钮，在工作表中重新要包含在图表中的数据。

（3）默认情况下，每列数据显示为一个数据系列，如果希望将每行数据显示为一个数据系列，在"系列生成方向"下拉列表框中选择"每行数据作为一个系列"。

（4）如果要修改数据系列的名称和对应的值，在"系列"列表框右侧单击"编辑"按钮 ，在如图 3-92 所示的"编辑数据系列"对话框中进行更改。设置完成后，单击"确定"按钮关闭对话框。

（5）如果要在图表中添加数据系列，单击"添加"按钮 ，在如图 3-93 所示的"编辑数据系列"对话框中指定系列名称和对应的系列值。设置完成后，单击"确定"按钮，即可在图表中显示添加的数据系列。

图 3-92 修改数据系列的名称和对应的值

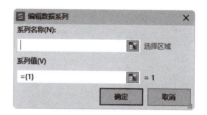

图3-93 添加数据系列

（6）如果要删除图表中的某些数据序列，在"系列"列表框中选中要删除的数据序列，然后单击"删除"按钮 。图表中对应的数据系列随之消失。

（7）如果希望图表中仅显示指定分类的数据，在"类别"列表框中取消选中不要显示的类别复选框，然后单击"确定"按钮。

（8）如果要修改类别轴的显示标签，单击"类别"列表框右侧的"编辑"按钮 ，在如图 3-94 所示的"轴标签"对话框中修改标签名称。设置完成后，单击

图 3-94 "轴标签"对话框

"确定"按钮关闭对话框。

4. 添加趋势线

在 WPS 表格中，趋势线是通过连接某一特定数据序列中各个数据点而形成的线，用于预测未来的数据变化。

（1）在图表中单击要添加趋势线的数据系列。

> **注意**：并非所有类型的图表都可以添加趋势线。可以为非堆积型二维面积图、条形图、柱形图、折线图、股价图和 XY（散点图）的数据序列添加趋势线，不能为堆积图表、雷达图、饼图的数据序列添加趋势线。如果添加趋势线后，将图表类型更改为不支持趋势线的图表，原有的趋势线将丢失。

（2）单击"图表工具"选项卡中的"添加元素"下拉按钮，在打开的下拉列表中选择"趋势线"命令，打开如图 3-95 所示的级联菜单。

（3）在级联菜单中选择趋势线类型。

WPS 提供了 4 种类型的趋势线，计算方法各不相同，用户可以根据需要选择不同的类型。

➤ 线性：适合增长或降低的速率比较稳定的数据情况。

➤ 指数：适合增长或降低速率持续增加，且增加幅度越来越大的数据情况。

➤ 线性预测：与"线性"相同，不同的是会自动向前推进 2 个周期进行预测。

➤ 移动平均：在已知的样本中选定一定样本量做数据平均，平滑处理数据中的微小波动，以更清晰地显示趋势。

如果需要更多的选择，单击"更多选项"命令，打开趋势线属性任务窗格。切换到"趋势线"选项卡，可以看到更多的趋势线选项，如图 3-96 所示。

图 3-95 "趋势线"级联菜单

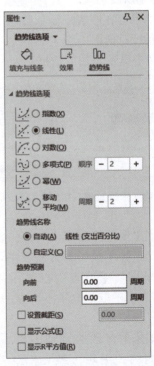

图 3-96 "趋势线选项"任务窗格

> 对数：适合增长或降低幅度一开始比较快，逐渐趋于平缓的数据。

> 多项式：适合增长或降低幅度波动较多的数据。

> 幂：适合增长或降低速率持续增加，并且增加幅度比较恒定的数据情况。

（4）如果要自定义趋势线名称，选中"自定义"单选按钮，然后在右侧的文本框中输入一个有意义的名称，便于区分不同数据系列的趋势线。

（5）如果要对数据序列进行预测，在"趋势预测"区域设置前推或后推的周期。

（6）如果要评估预测的精度，选中"显示 R 平方值"复选框。效果如图 3-97 所示。

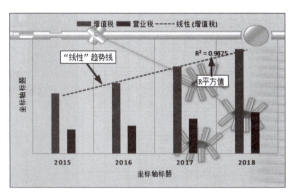

图 3-97　添加趋势线

R 平方值表示趋势预测采用的公式与数据的配合程度。R 平方值越接近于 1，说明趋势线越精确；R 平方值越接近于 0，说明回归公式越不适合数据。

（7）如果默认样式的趋势线不够醒目，切换到"填充与线条"选项卡修改趋势线的外观样式。

添加趋势线之后，如果要修改趋势线，可双击趋势线打开对应的属性任务窗格进行修改。如果要删除趋势线，选中后按 Delete 键即可。

5. 添加误差线

在统计分析科学数据时，常会用到误差线。误差线显示潜在的误差或相对于系列中每个数据的不确定程度。

（1）单击要添加误差线的数据系列，单击"图表工具"选项卡中"添加元素"下拉按钮，在打开的下拉列表中选择"误差线"命令，打开如图 3-98 所示的级联菜单。

（2）单击需要的误差线类型，即可在指定的数据系列上显示误差线，如图 3-99 所示。

（3）如果要进一步设置误差线的选项，双击误差线，打开如图 3-100 所示的属性任务窗格，设置误差线的方向、末端样式和误差量。

（4）切换到"填充与线条"选项卡，更改误差线的外观样式。

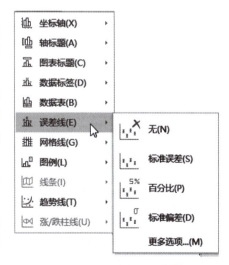

图 3-98　"误差线"级联菜单

（5）如果要删除误差线，选中误差线后，按 Delete 键即可。

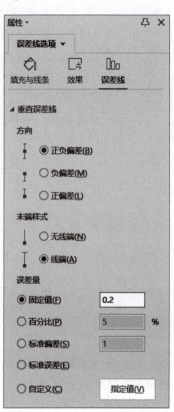

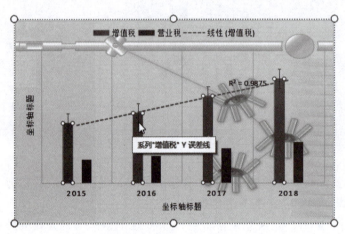

图 3-99　添加标准误差线　　　　图 3-100　误差线的"属性"任务窗格

二、插入并编辑数据透视表

数据透视表是一种以不同角度查看数据列表的动态工作表，可以对明细数据进行全面分析。它结合了分类汇总和合并计算的优点，可以便捷地调整分类汇总的依据，灵活地以多种不同的方式来展示数据的特征。

1. 创建数据透视表

（1）选中要创建数据透视表的单元格区域，即数据源。

（2）单击"数据"选项卡中的"数据透视表"按钮 ，打开如图 3-101 所示的"创建数据透视表"对话框。

（3）选择创建数据透视表的数据源。默认为选中的单元格区域，用户也可以自定义新的单元格区域、使用外部数据源或选择多重合并计算区域。

（4）选择放置数据透视表的位置。

➢ 新工作表：将数据透视表插入一张新的工作表中。

➢ 现有工作表：将数据透视表插入当前工作表中的指定区域。

（5）单击"确定"按钮，即可创建空白的数据透视表，工作表右侧显示"数据透视表"任务窗格，功能区显示"分析"选项卡，如图 3-102 所示。

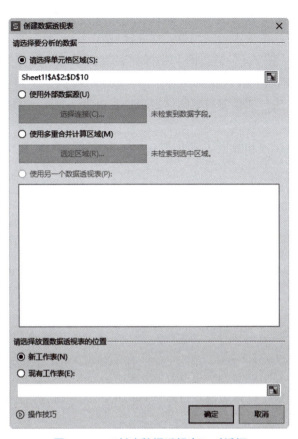

图 3-101　"创建数据透视表"对话框

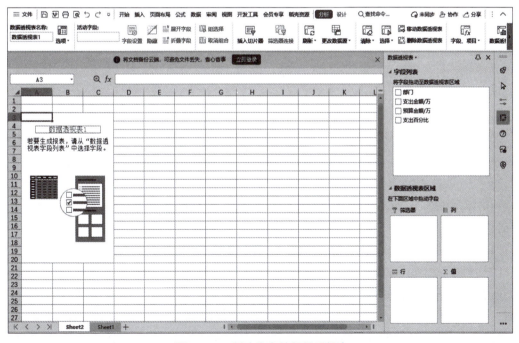

图 3-102　创建空白的数据透视表

如果在新工作表中创建数据透视表，默认起始位置为 A3 单元格；如果在当前工作表中创建数据透视表，则起始位置为指定的单元格或区域。

（6）在“数据透视表”任务窗格的“字段列表”区域选中需要的字段，拖放到“数据透视表区域”，即可自动生成数据透视表。

创建数据透视表之后，如果要对数据透视表进行查看或编辑，需要先了解数据透视表的构成和相关的术语。

数据透视表由字段、项和数据区域组成。

1）字段

字段是从数据表中的字段衍生而来的数据的分类，例如图 3-103 中的“所属部门”“医疗费用”“员工姓名”“医疗种类”等。

	A	B	C	D	E	F	G	H	I	J
1	所属部门	(全部) ▼								
2										
3	求和项:医疗费用	医疗种类 ▼								
4	员工姓名 ▼	理疗费	手术费	输血费	输液费	体检费	药品费	针灸费	住院费	总计
5	白雪						200			200
6	黄岘					150				150
7	李想		1500							1500

图 3-103　字段示例

字段包括页字段、行字段、列字段和数据字段。

➢ 页字段：用于对整个数据透视表进行筛选的字段，以显示单个项或所有项的数据。

➢ 行字段：指定为行方向的字段。

➢ 列字段：指定为列方向的字段。

➢ 数据字段：提供要汇总的数据值的字段。数据字段通常包含数字，使用 Sum 函数汇总这些数据；也可包含文本，使用 Count 函数进行计数汇总。

2）项

项是字段的子分类或成员。例如，图 3-103 中的“白雪”“黄岘”和“李想”，以及其后的数据都是项。

3）数据区域

数据区域是指包含行和列字段汇总数据的数据透视表部分。例如，图 3-103 中的 C5:J7 为数据区域。

2. 在透视表中筛选数据

利用数据透视表不仅可以很方便地按指定方式查看数据，还能查询满足特定条件的数据。

（1）单击筛选器所在的单元格右侧的下拉按钮▼，打开图 3-104 所示的下拉列表。

（2）单击选择要筛选的数据，如果要筛选多项，先选中“选择多项”复选框，然后在分类列表中选择要筛选的数据。单击“确定”按钮，数据透视表即可仅显示满足条件的数据。

（3）如果要对列数据进行筛选，单击列标签右侧的下拉按钮，在图 3-105 所示的下拉列表中选择筛选数据，并设置筛选结果的排序方式。

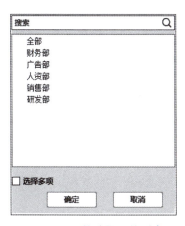

图 3-104　筛选器下拉列表

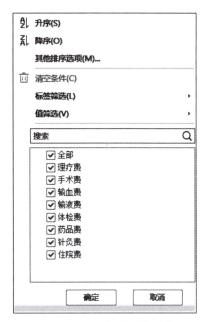

图 3-105　列标签下拉列表

除了可以严格匹配进行筛选，还可以对行列标签和单元格值指定范围进行筛选。单击"标签筛选"命令，打开如图 3-106 所示的级联菜单；单击"值筛选"命令，打开如图 3-107 所示的级联菜单。

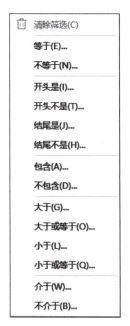

图 3-106　"标签筛选"级联菜单

图 3-107　"值筛选"级联菜单

（4）设置完成后，单击"确定"按钮，即可在数据透视表中显示筛选结果。

（5）使用筛选列数据的方法可以对行数据进行筛选。

3. 编辑数据透视表

创建数据透视表之后，可以根据需要修改行（列）标签和值字段名称、排序筛选结果，以及设置透视表选项。

（1）修改数据透视表的行（列）标签和值字段名称。

数据透视表的行、列标签默认为数据源中的标题字段，值字段通常显示为"求和项：标题字段"，可以根据查看习惯修改标签名称。

双击行、列标签所在的单元格，当单元格变为可编辑状态时，输入新的标签名称，然后按 Enter 键。

双击值字段名称打开如图 3-108 所示的"值字段设置"对话框，在"自定义名称"文本框中输入字段名称。

在该对话框中还可以修改值字段的汇总方式，默认为"求和"。设置完成后，单击"确定"按钮关闭对话框。

（2）设置数据透视表选项。

在数据透视表的任意位置单击右键，在弹出的快捷菜单中选择"数据透视表选项"命令，打开如图 3-109 所示的"数据透视表选项"对话框。

图 3-108 "值字段设置"对话框

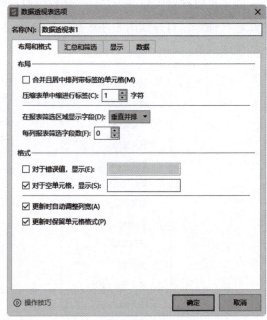

图 3-109 "数据透视表选项"对话框

在该对话框中可以设置数据透视表的名称、布局和格式、汇总和筛选、显示内容，以及是否保存、启用源数据和明细数据。

4. 删除数据透视表

使用数据透视表查看、分析数据时，可以根据需要删除数据透视表中的某些字段。如果不再使用数据透视表，可以删除整个数据透视表。

（1）打开数据透视表。右击数据透视表中的任一单元格，在弹出的快捷菜单中选择"显示字段列表"命令，打开"数据透视表"任务窗格。

（2）执行以下操作之一删除指定的字段：

➤ 在透视表字段列表中取消选中要删除的字段复选框。

➤ 在"数据透视表区域"中单击要删除的字段标签，在弹出的菜单中选择"删除字段"命令，如图3-110所示。

（3）如果要删除整个透视表，选中数据透视表中的任一单元格，在"分析"选项卡中单击"删除数据透视表"按钮 删除数据透视表。

图3-110　选择"删除字段"命令

三、使用数据透视图分析数据

数据透视图是一种交互式的图表，以图表的形式表示数据透视表中的数据。不仅保留了数据透视表的方便和灵活，而且与其他图表一样，能以一种更加可视化和易于理解的方式直观地反映数据，以及数据之间的关系。

1. 创建数据透视图

（1）在工作表中单击任意一个单元格，单击"插入"选项卡中的"数据透视图"按钮，打开如图3-111所示的"创建数据透视图"对话框。

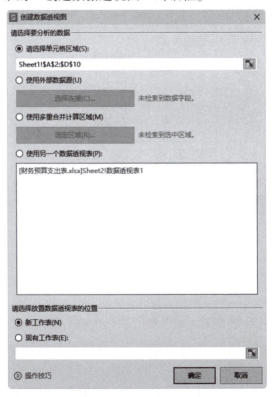

图3-111　"创建数据透视图"对话框

（2）选择要分析的数据。

创建数据透视图有两种方法：一种是直接利用数据源（例如单元格区域、外部数据源和多重合并计算区域）创建数据透视图；另一种是在数据透视表的基础上创建数据透视图。

如果要直接利用数据源创建数据透视图，选中需要的数据源类型，然后指定单元格区域或外部数据源。

如果要基于当前工作簿中的一个数据透视表创建数据透视图，则选中"使用另一个数据透视表"，然后在下方的列表框中单击数据透视表名称。

（3）选择放置透视图的位置。

（4）单击"确定"按钮，即可创建一个空白数据透视表和数据透视图，工作表右侧显示"数据透视图"任务窗格，且菜单功能区自动切换到"图表工具"选项卡，如图 3-112 所示。

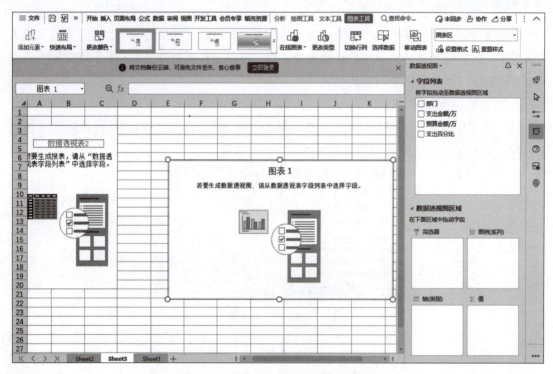

图 3-112　创建空白数据透视表和透视图

（5）设置数据透视图的显示字段。在"字段列表"中将需要的字段分别拖放到"数据透视图区域"的各个区域中。在各个区域间拖动字段时，数据透视表和透视图将随之进行相应的变化。

（6）WPS 默认生成柱形透视图，如果要更改图表的类型，单击"图表工具"选项卡中的"更改类型"按钮 ，在如图 3-113 所示的"更改图表类型"对话框中可以选择图表类型。

（7）插入数据透视图之后，可以像普通图表一样设置图表的布局和样式。

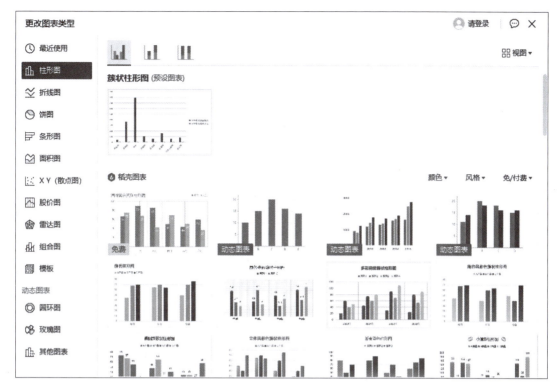

图 3-113　"更改图表类型"对话框

2. 在透视图中筛选数据

数据透视图与普通图表最大的区别是：数据透视图可以通过单击图表上的字段名称下拉按钮，筛选需要在图表上显示的数据项。

（1）在数据透视图上单击要筛选的字段名称，打开如图 3-114 所示的下拉列表，选择要筛选的内容。如果要同时筛选多个字段，选中"选择多项"复选框，再选择要筛选的字段。

（2）单击"确定"按钮，筛选的字段名称右侧显示筛选图标，数据透视图中仅显示指定内容的相关信息，数据透视表也随之更新。

（3）如果要取消筛选，单击要清除筛选的字段下拉按钮，在打开的下拉列表中单击"全部"，然后单击"确定"按钮关闭对话框。

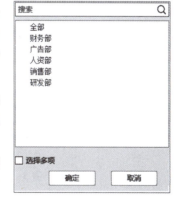

图 3-114　筛选字段下拉列表

（4）如果要对图表中的标签进行筛选，单击标签字段右侧的下拉按钮，在打开的下拉列表中选择"标签筛选"，然后在如图 3-115 所示的级联菜单中选择筛选条件，并设置筛选条件。

例如，选择"包含"命令，将打开如图 3-116 所示的对话框。如果要使用模糊筛选，可以使用通配符？代表单个字符，用 * 代表任意多个字符。设置完成后，单击"确定"按钮，即可在透视图和透视表中显示对应的筛选结果。

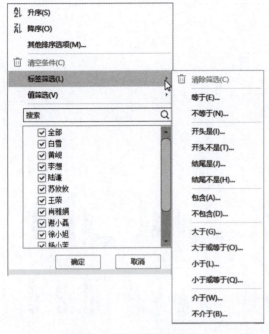

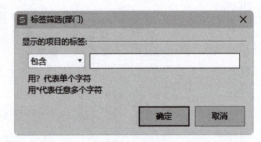

图 3-115　选择筛选条件	图 3-116　"标签筛选"对话框

（5）如果要取消标签筛选，可以单击要清除筛选的标签下拉按钮，在打开的下拉列表中选择"清空条件"命令。

【任务实施】

中国智慧农业市场规模分析图

（1）单击"文件"→"打开"命令，打开"打开文件"对话框，选择"2018—2023 年中国智慧农业市场规模及增速"，单击"打开"按钮，打开 2018—2023 年中国智慧农业市场规模及增速表，如图 3-117 所示。

图 3-117　2018—2023 年中国智慧农业市场规模表

（2）选中要创建图表的 A2:G4 单元格区域，单击"插入"选项卡中的"全部图表"按钮，在打开的"图表"对话框中选择"柱形图"→"簇状柱形图"，单击预设图表插入簇状柱形图，如图 3-118 所示。

（3）由于增长率相对于市场规模来说太小，不便于查看，接下来修改增长率的图表类型。选中"比上年增长"数据系列，右击，在弹出的快捷菜单中选择"更改系列图表类型"命令，如图 3-119 所示；打开"更改图表类型"对话框。在"组合图"类别中选择"簇状柱形图-次坐标轴上的折线图"，如图 3-120 所示。

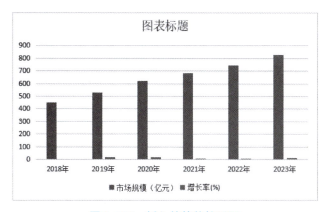

图 3-118　插入的簇状柱形图

图 3-119　快捷菜单

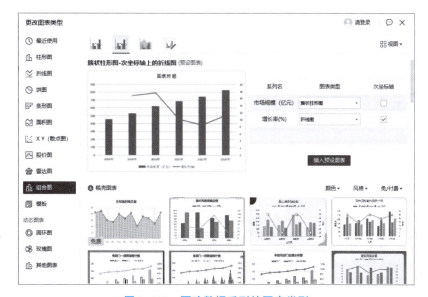

图 3-120　更改数据系列的图表类型

（4）单击"插入预设图表"按钮，即可看到"增长率"数据系列以折线图显示，如图 3-121 所示。

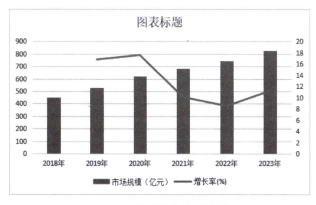

图 3-121　更改图表类型的效果

（5）选中图表，在图表右侧的快速工具栏中单击"样式"按钮 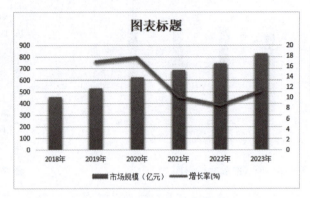，在打开的样式列表中选择"样式 8"，应用样式的图表效果如图 3-122 所示。

图 3-122　应用样式的图表效果

（6）单击快速工具栏中的"图表元素"按钮，在打开的元素列表中勾选"数据标签"复选项，此时数据系列上显示数据点的值，如图 3-123 所示。

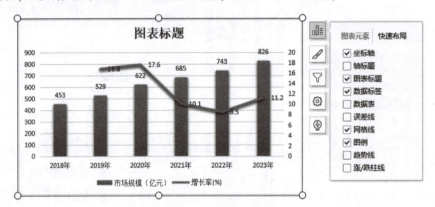

图 3-123　添加数据标签

（7）在"开始"选项卡"字体颜色"下拉列表中选择黑色，将图表中的文字颜色修改为黑色。然后输入图表标题，设置字体为"黑体"，字号为 14，字形加粗，颜色为黑色，如图 3-124 所示。

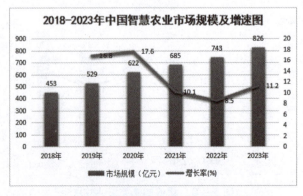

图 3-124　设置图表文本格式的效果

（8）单击折线，选中"增长率"数据系列，在对应的属性窗格中切换到"填充与线条"选项卡的"标记"选项，设置数据标记的类型为圆形，大小为7，填充颜色为红色-栗色渐变，在图表中可以实时看到修改属性的效果，如图3-125和图3-126所示。

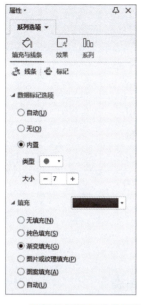

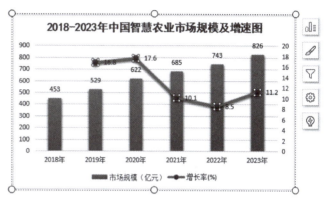

图3-125 设置数据标记的选项和填充   **图3-126 修改属性后的效果**

（9）选中图表，在对应的属性窗格中切换到"填充与线条"选项卡，设置图表边框的线条样式为实线，颜色为黑色，宽度为2.00磅，如图3-127所示。

（10）调整绘图区的大小，以及图例和图表标题的位置，最终效果如图3-128所示。

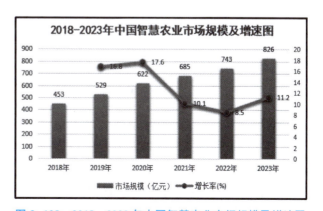

图3-127 设置图表边框的样式   **图3-128 2018—2023年中国智慧农业市场规模及增速图**

【任务评价】

评价类型	序号	任务内容	分值	自评	师评
学习态度	1	主动学习	5		
	2	学习时长、进度	20		
操作能力	3	打开表格	5		
	4	创建图表分析数据	10		
	5	创建数据透视表分析数据	20		
	6	创建数据透视图分析数据	20		
课程素养	7	完成课程素养学习	20		
总分			100		

【课后练习】

一、选择题

1. 如果要直观地表达数据中的发展趋势，应使用（　　）图表。

A. 散点图　　　　　　B. 折线图　　　　　　C. 柱形图　　　　　　D. 饼图

2. 在 WPS 表格中，生成图表的数据源发生变化后，图表（　　）。

A. 会发生相应的变化　　　　　　B. 会发生变化，但与数据无关

C. 不会发生变化　　　　　　D. 必须进行编辑后才会发生变化

3. 如果删除工作表中与图表链接的数据，图表将（　　）。

A. 被删除　　　　　　B. 必须手动删除相应的数据点

C. 不会发生变化　　　　　　D. 自动删除相应的数据点

4. 在图表中，通常使用水平 X 轴作为（　　）。

A. 排序轴　　　　　　B. 数值轴　　　　　　C. 分类轴　　　　　　D. 时间轴

5. 在图表中，通常使用垂直 Y 轴作为（　　）。

A. 分类轴　　　　　　B. 数值轴　　　　　　C. 文本轴　　　　　　D. 公式轴

6. 在数据透视表的数据区域，默认的字段汇总方式是（　　）。

A. 平均值　　　　　　B. 乘积　　　　　　C. 求和　　　　　　D. 最大值

7. 下列关于数据透视表的说法，正确的是（　　）。

A. 对于创建好的数据透视表，只显示需要的数据，删除暂时不需要的数据

B. 数据透视表的数据源中可以包含分类汇总和总计

C. 数据透视表默认起始位置为 A1 单元格

D. 删除数据透视表之后，与之关联的数据透视图将被冻结，不可再对其进行更改

二、操作题

（1）新建一个工作表并填充数据，然后利用工作表创建数据透视表。

（2）利用上一步创建的数据透视表建立一张数据透视图。

（3）完成后建立一个数据透视图副本，然后尝试删除源数据透视表。

三、操作题

创建图表分析学生成绩，如图3-129所示。

学生成绩表

姓名	计算机	高等数学	英语
安然	80	90	80
曾祥华	76	98	77
陈军	90	67	58
陈星羽	87	80	50
成中进	93	56	87
程会	90	90	80
杜雪	57	50	90

图 3-129　学生成绩图表

项目总结

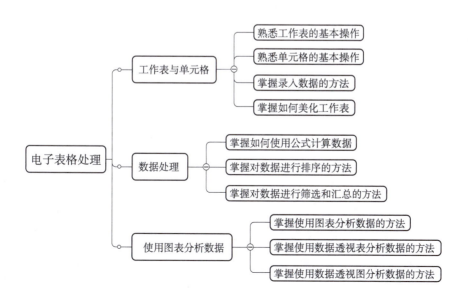

- 电子表格处理
  - 工作表与单元格
    - 熟悉工作表的基本操作
    - 熟悉单元格的基本操作
    - 掌握录入数据的方法
    - 掌握如何美化工作表
  - 数据处理
    - 掌握如何使用公式计算数据
    - 掌握对数据进行排序的方法
    - 掌握对数据进行筛选和汇总的方法
  - 使用图表分析数据
    - 掌握使用图表分析数据的方法
    - 掌握使用数据透视表分析数据的方法
    - 掌握使用数据透视图分析数据的方法

项目实战

实战　销售数据对比分析图

（1）新建一个空白的工作簿，选中 A 列到 C 列，单击“开始”选项卡“行和列”下拉列表中的“最适合的列宽”“行高”命令，然后在打开的“行高”对话框中设置行高为 20 磅，单击“确定”按钮，调整单元格的行高，如图 3-130 所示。

（2）选中 A1:C1 单元格区域，单击“开始”选项卡中的“合并居中”按钮，合并单元格区域，然后在单元格中输入文本，设置字体为“微软雅黑”，字号为 14，字形加粗，颜色为深蓝色，然后调整单元格的行高，如图 3-131 所示。

（3）在 A3:C9 单元格区域输入数据，然后调整列宽，效果如图 3-132 所示。

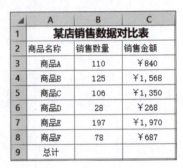

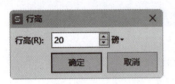

图 3-130　设置行高

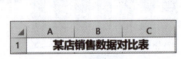

	A	B	C
1	某店销售数据对比表		

图 3-131　设置文本格式

	A	B	C
1	某店销售数据对比表		
2	商品名称	销售数量	销售金额
3	商品A	110	￥840
4	商品B	125	￥1,568
5	商品C	106	￥1,350
6	商品D	28	￥268
7	商品E	197	￥1,970
8	商品F	78	￥687
9	总计		

图 3-132　输入数据

（4）选中 B9 单元格，在编辑栏中单击“插入函数”按钮 *fx*，打开“插入函数”对话框。在“选择类别”下拉列表框中选择“SUM”类别，双击，打开“函数参数”对话框，在工作表中选择 B3:B8 数据区域，单击“确定”按钮，即可输入函数，并得到计算结果，如图 3-133 所示。

（5）采用相同的方法计算销售金额的总数。

（6）选择 A2:C9 单元格区域，单击“开始”选项卡“表格样式”下拉列表中的“表样式浅色 1”，打开“套用表格样式”对话框，选择“仅套用表格样式”选项，单击“确定”按钮。应用表格样式的效果如图 3-134 所示。

B9　　fx　=SUM(B3:B8)

	A	B	C	D
1	某店销售数据对比表			
2	商品名称	销售数量	销售金额	
3	商品A	110	￥840	
4	商品B	125	￥1,568	
5	商品C	106	￥1,350	
6	商品D	28	￥268	
7	商品E	197	￥1,970	
8	商品F	78	￥687	
9	总计	644		

图 3-133　插入函数并计算

	A	B	C
1	某店销售数据对比表		
2	商品名称	销售数量	销售金额
3	商品A	110	￥840
4	商品B	125	￥1,568
5	商品C	106	￥1,350
6	商品D	28	￥268
7	商品E	197	￥1,970
8	商品F	78	￥687
9	总计	644	￥6,683

图 3-134　套用表格样式

（7）选择 A2:C2 单元格区域，单击"开始"选项卡"单元格样式"下拉列表中的"40%-强调文字颜色 4"；然后单击"开始"选项卡"单元格"下拉列表中的"设置单元格格式"，打开"单元格格式"对话框，在"字体"选项卡中设置字形为"粗体"，在"边框"选项卡中设置线条样式为"粗实线"，单击"上边线"和"下边线"按钮，如图 3-135 所示，单击"确定"按钮，设置单元格样式。

（8）重复步骤（7），设置 A9:C9 单元格区域的单元格样式，结果如图 3-136 所示。

图 3-135　"单元格格式"对话框　　　　图 3-136　销售数据对比表

（9）选中要创建图表的 A2:C8 单元格区域，单击"插入"选项卡中的"全部图表"按钮，在打开的"图表"对话框中选择"簇状柱形图"，单击预设图表，即可在工作表中插入指定类型的图表，如图 3-137 所示。

（10）选中"销售金额"数据系列，单击右键，在弹出的快捷菜单中选择"更改系列图表类型"命令，打开"更改图表类型"对话框。在"组合图"类别中选择"簇状柱形图-次坐标轴上的折线图"，单击预设图表，即可看到销售金额数据系列以折线图显示，如图 3-138 所示。

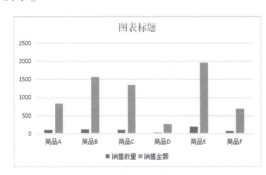

图 3-137　插入的簇状柱形图

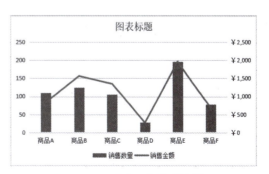

图 3-138　更改图表类型的效果

（11）选中图表，在图表右侧的快速工具栏中单击"样式"按钮，在打开的样式列表中选择"样式 5"，应用样式的图表效果如图 3-139 所示。

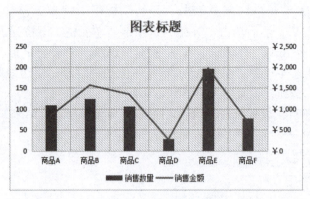

图 3-139　应用图表样式

（12）单击快速工具栏中的"图表元素"按钮[图标]，在打开的元素列表中选中"数据标签"复选框，此时数据系列上显示数据点的值，如图 3-140 所示。

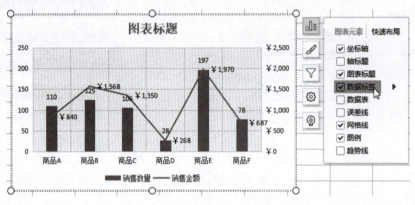

图 3-140　添加数据标签

（13）输入图表标题，设置字体为"华文细黑"，字号为 16，字形加粗，颜色为深蓝色，如图 3-141 所示。

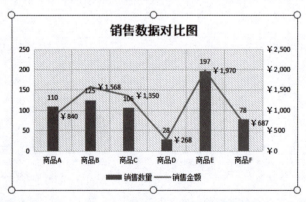

图 3-141　设置图表文本格式的效果

（14）在图表中双击"销售数量"数据系列，打开对应的属性窗格。切换到"填充与线条"选项卡，设置数据系列的填充方式为"渐变填充"，然后设置渐变光圈的颜色，效果如

图 3-142 所示。

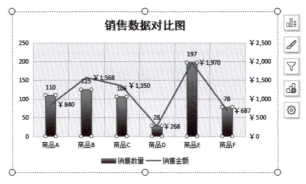

图 3-142　设置数据系列的填充效果

（15）单击折线选中"销售金额"数据系列，在对应的属性窗格中切换到"填充与线条"选项卡的"标记"选项，设置数据标记的类型为菱形，大小为 7，填充颜色为红色渐变，在图表中可以实时看到修改属性的效果，如图 3-143 所示。

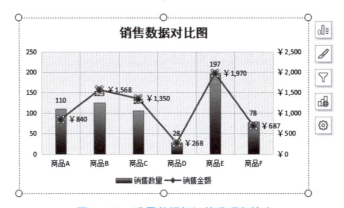

图 3-143　设置数据标记的选项和填充

（16）双击数据系列"销售金额"的一个数据标签，在对应的属性窗格中切换到"标签选项"，设置填充颜色为淡黄色，透明度为 50%，线条颜色为黑色，如图 3-144 所示。

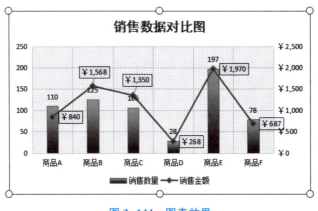

图 3-144　图表效果

（17）选中图表，在对应的属性窗格中切换到"填充与线条"选项卡，设置图表边框的线条样式为双实线，颜色为深蓝色，宽度为 2.25 磅，调整绘图区的大小，以及图例和图表标题的位置，最终效果如图 3-145 所示。

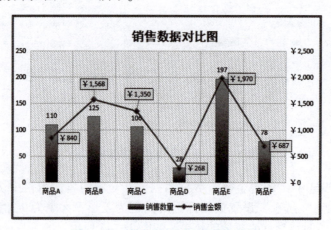

图 3-145　销售数据对比图最终效果

项目四

制作演示文稿

【素养目标】

➢ 通过制作幻灯片，培养学生的信息整合能力和审美观念。

➢ 通过设计幻灯片动画，学生可以学习如何通过动态效果增强信息的表达力，这有助于提升学生的创新意识和实践能力。

➢ 在放映和输出演示文稿的环节，学生将学会如何有效地与他人沟通和分享信息，培养学生的自信心和责任感。

【知识及技能目标】

➢ 熟悉 WPS 中演示文稿和幻灯片的基本操作。

➢ 能够制作幻灯片。

➢ 能够进行幻灯片动画设计。

➢ 能够放映和输出演示文稿。

【项目导读】

WPS 演示文稿，作为一款功能强大的幻灯片制作软件，不仅提供了丰富的模板资源和便捷的编辑功能，还支持多样化的动画效果和多媒体插入，使制作专业级别的演示变得轻松简单。

任务1 制作幻灯片

【任务描述】

通过对本任务相关知识的学习和实践，要求学生掌握应用模板创建幻灯片、创建和使用母版，并完成"美文赏析"的制作。幻灯片效果如图 4-1 所示。

【任务分析】

要使用 WPS 制作美文赏析演示文稿，首先要设计母版的外观、目录页版式和内容页的版式；然后通过应用母版，在不同的版式中添加文本和图片来制作标题页、目录页、内容页以及结束页等。

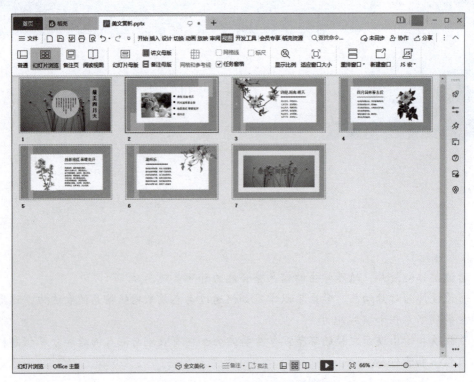

图 4-1　美文赏析演示文稿效果

【知识准备】

一、创建和编辑演示文稿

1. 创建演示文稿

（1）在 WPS 2022 中，可以使用多种方式创建演示文稿，帮助不同层次的用户快速创作演示文稿。

（2）单击"首页"上的"新建"按钮➕，打开"新建"选项卡，单击"新建演示"命令，然后单击"新建空白演示"，新建"演示文稿 1"，如图 4-2 所示。

（3）与 WPS 文字相同，WPS 演示的菜单功能区以功能组的形式管理相应的命令按钮。大多数功能组右下角都有一个称为"扩展"按钮的图标↴，将鼠标指向该按钮时，可以预览到对应的对话框或窗格；单击该按钮，可以打开相应的对话框或者窗格。

（4）WPS 演示默认以普通视图显示，左侧是幻灯片窗格，显示当前演示文稿中的幻灯片缩略图，橙色边框包围的缩略图为当前幻灯片。右侧的编辑窗格显示当前幻灯片。

（5）如果要套用 WPS 预置的联机模板创建格式化的演示文稿，在"新建"选项卡的模板列表中，将鼠标指针移到需要的模板图标上，单击"免费使用"按钮或"使用该模板"按钮，即可开始下载模板，并基于模板新建一个演示文稿。

2. 保存演示文稿

在编辑演示文稿的过程中，随时保存演示文稿是个很好的习惯，以免因为断电等意外导致数据丢失。

图4-2 新建演示文稿1

在 WPS 中保存演示文稿常用的有以下 3 种方法：

➢ 单击快速访问工具栏上的"保存"按钮 ▢ 。

➢ 按快捷键 Ctrl+S。

➢ 单击菜单栏中的"文件"→"保存"命令。

如果文件已经保存过，执行以上操作，将用新文件内容覆盖原有的内容；如果是首次保存文件，则打开如图 4-3 所示的"另存文件"对话框，指定文件的保存路径、名称和类型。设置完成后，单击"保存"按钮关闭对话框。

图4-3 "另存文件"对话框

3. 切换文稿视图

WPS 演示能够以多种不同的视图显示演示文稿的内容，在一种视图中对演示文稿的修改和加工会自动反映在该演示文稿的其他视图中，从而使演示文稿更易于编辑和浏览。

在"视图"选项卡中的"演示文稿视图"功能组中可以看到四种查看演示文稿的视图方式，如图 4-4 所示。在状态栏上也可以看到对应的视图按钮。

图 4-4 "演示文稿视图"功能组

1）普通视图

普通视图是 WPS 2022 的默认视图，可以对整个演示文稿的大纲和单张幻灯片的内容进行编排与格式化。根据左侧窗格显示的内容，可以分为幻灯片视图和大纲视图两种。

幻灯片视图如图 4-5 所示，左侧窗格按顺序显示幻灯片缩略图，右侧显示当前幻灯片。单击左侧窗格顶部的"大纲"按钮，可切换到"大纲"视图，如图 4-6 所示。大纲视图常用于组织和查看演示文稿的大纲。

图 4-5 幻灯片视图

图 4-6 "大纲"视图

2）幻灯片浏览视图

在幻灯片浏览视图中，幻灯片按次序排列缩略图，可以很方便地预览演示文稿中的所有幻灯片及相对位置，如图4-7所示。

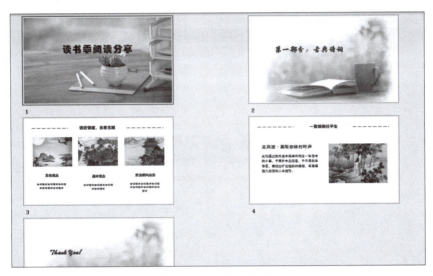

图4-7　幻灯片浏览视图

采用这种视图不仅可以了解整个演示文稿的外观，还可以轻松地按顺序组织幻灯片，尤其是在复制、移动、隐藏、删除幻灯片及设置幻灯片的切换效果和放映方式时很方便。

3）备注页视图

如果需要在演示文稿中记录一些不便于显示在幻灯片中的信息，可以使用备注页视图建立、修改和编辑备注，输入的备注内容还可以打印出来作为演讲稿。

在备注页视图中，文档编辑窗口分为上、下两部分：上面是幻灯片缩略图，下面是备注文本框，如图4-8所示。

图4-8　备注页视图

4）阅读视图

阅读视图是一种全窗口查看模式，类似于放映幻灯片，不仅可以预览各张幻灯片的外观，还能查看动画和切换效果，如图4-9所示。

图4-9　阅读视图

默认情况下，在幻灯片上单击可切换幻灯片，或插入当前幻灯片的下一个动画。在幻灯片上单击右键，在弹出的快捷菜单中选择"结束放映"命令，即可退出阅读视图。

二、创建和编辑幻灯片

一个完整的演示文稿通常会包含丰富的版式和内容，与之对应的是一定数量的幻灯片。幻灯片的基本操作包括选取幻灯片、新建幻灯片、修改幻灯片版式、复制和移动幻灯片、删除幻灯片，并快速浏览幻灯片的操作方法。

1. 选取幻灯片

要编辑演示文稿，首先应选取要编辑的幻灯片。在普通视图、大纲视图和幻灯片浏览视图中都可以很方便地选择幻灯片。

在普通视图或幻灯片浏览视图中，单击幻灯片缩略图，即可选中指定的幻灯片，如图4-10所示。选中的幻灯片缩略图四周显示橙色边框。

在"大纲"窗格中，单击幻灯片编号右侧的图标选择幻灯片，如图4-11所示。

提示：如果要选中连续的多张幻灯片，可以先选中第一张幻灯片，然后按住键盘上的Shift键，单击需选中的最后一张幻灯片，可以选中两张幻灯片之间（并包含这两张）的所有幻灯片；如果按住Ctrl键，则可选中不连续的多张幻灯片。

图 4-10 在"幻灯片"窗格中选择幻灯片

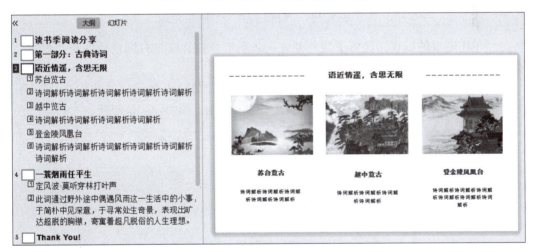

图 4-11 在"大纲"窗格中选择幻灯片

2. 新建、删除幻灯片

新建的空白演示文稿默认只有一张幻灯片，而要演示的内容通常不可能在一张幻灯片上完全展示，这就需要在演示文稿中添加幻灯片。通常在"普通"视图中新建幻灯片。

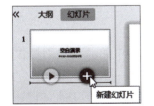

图 4-12 在"普通"视图中新建幻灯片

（1）切换到"普通"视图，将鼠标指针移到左侧窗格中的幻灯片缩略图上，缩略图底部显示"从当前开始"按钮和"新建幻灯片"按钮，如图 4-12 所示。

（2）单击"新建幻灯片"按钮，或单击左侧窗格底部的"新建幻灯片"按钮 ➕ ，打开"新建幻灯片"对话框，显示各类幻灯片的推荐版式，如图 4-13 所示。

图4-13　"新建幻灯片"对话框

（3）单击需要的版式，即可下载并创建一张新幻灯片，窗口右侧自动展开"设置"任务窗格，用于修改幻灯片的配色、样式和演示动画。

（4）如果在要插入幻灯片的位置单击右键，在快捷菜单中选择"新建幻灯片"命令，可以在指定位置新建一个不包含内容和布局的空白幻灯片，如图4-14所示。

图4-14　使用右键快捷菜单新建的幻灯片

在左侧窗格中单击要插入幻灯片的位置，单击"开始"选项卡中的"新建幻灯片"下拉按钮 ，在其下拉列表中选择幻灯片版式，即可在指定位置插入一张幻灯片。

删除幻灯片的操作很简单，选中要删除的幻灯片之后，直接按键盘上的 Delete 键；或单击右键，在快捷菜单中选择"删除幻灯片"命令。删除幻灯片后，其他幻灯片的编号将自动重新排序。

3. 修改幻灯片版式

新建幻灯片之后，用户还可以根据内容编排的需要修改幻灯片版式。

（1）选中要修改版式的幻灯片，单击"开始"选项卡中的"版式"下拉按钮 ，打开如图 4-15 所示的版式列表。

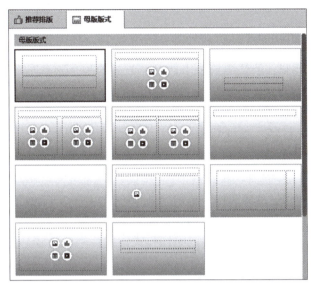

图 4-15　母版版式列表

（2）切换到"推荐排版"选项卡，可以看到 WPS 提供了丰富的文字排版和图示排版版式，还能更改配色，如图 4-16 所示。

图 4-16　推荐排版列表

（3）单击需要的版式，然后单击"应用"按钮即可。

4. 复制、移动幻灯片

如果要制作版式或内容相同的多张幻灯片，通过复制幻灯片可以提高工作效率。

（1）选择要复制的幻灯片。

如果要选中连续的多张幻灯片，选中要选取的第一张幻灯片后，按住 Shift 键单击要选取的最后一张；如果要选中不连续的多张幻灯片，选中要选取的第一张幻灯片后，按住 Ctrl 键单击要选取的其他幻灯片。

（2）单击右键，在弹出的快捷菜单中选择"新建幻灯片副本"命令，即可在最后一张选中幻灯片下方按选择顺序生成与选中幻灯片相同的幻灯片。

如果要在其他位置使用幻灯片副本，选中幻灯片后，单击"开始"选项卡中的"复制"按钮 [] 复制，然后单击要使用副本的位置，单击"开始"选项卡中的"粘贴"下拉按钮 [] 粘贴，在如图 4-17 所示的下拉列表中选择一种粘贴方式。

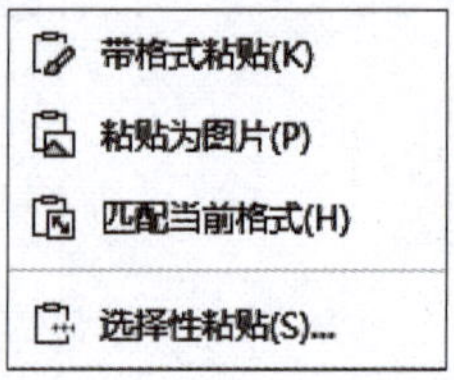

✎	带格式粘贴(K)
⎙	粘贴为图片(P)
⎘	匹配当前格式(H)
⎗	选择性粘贴(S)...

图 4-17 "粘贴"下拉列表

➢ 带格式粘贴：按幻灯片的源格式粘贴。

➢ 粘贴为图片：以图片形式粘贴，不能编辑幻灯片内容。

➢ 匹配当前格式：按当前演示文稿的主题样式粘贴。

默认情况下，幻灯片按编号顺序播放，如果要调整幻灯片的播放顺序，就要移动幻灯片。

（1）选中要移动的幻灯片，在幻灯片上按下左键拖动，指针显示为 ⬚，拖到的目的位置显示一条橙色的细线，如图 4-18 所示。

（2）释放鼠标，即可将选中的幻灯片移到指定位置，编号也随之重排，如图 4-19 所示。

图 4-18 移动幻灯片

图 4-19 移动后的幻灯片列表

5. 隐藏幻灯片

如果暂时不需要某些幻灯片，但又不想删除，可以将幻灯片隐藏。隐藏的幻灯片在放映时不显示。

（1）在普通视图中选中要隐藏的幻灯片。

（2）在右键菜单中选择"隐藏幻灯片"命令，或单击"放映"选项卡中的"隐藏幻灯片"按钮📄。

此时，在左侧窗格中可以看到隐藏的幻灯片淡化显示，并且幻灯片编号上显示一条斜向的删除线，如图4-20所示。

隐藏的幻灯片尽管在放映时不显示，但并没有从演示文稿中删除。选中隐藏的幻灯片后，再次单击"隐藏幻灯片"命令按钮即可取消隐藏。

图4-20　隐藏幻灯片

6. 播放幻灯片

如果要预览幻灯片的效果，可以播放幻灯片。

在WPS中，从当前选中的幻灯片开始播放的常用方法有以下四种：

➢ 在状态栏上单击"从当前幻灯片开始播放"按钮▶，可从当前选中的幻灯片开始放映。

➢ 按快捷键 Shift+F5。

➢ 在"普通"视图中，将鼠标指针移到幻灯片缩略图上，单击"从当前开始"按钮▶。

➢ 单击"放映"选项卡中的"当页开始"按钮▶。

如果要从演示文稿的第一张幻灯片开始播放，单击"放映"选项卡中的"从头开始"按钮📄。

播放幻灯片时，就像打开一台真实的幻灯片放映机，在计算机屏幕上全屏呈现幻灯片。单击鼠标播放幻灯片的动画，如果没有动画，则进入下一页。在幻灯片上单击右键，在弹出的快捷菜单中选择"结束放映"命令，即可退出幻灯片放映视图。

三、应用幻灯片主题

对于初学者来说，在创建演示文稿时，如果没有特殊的构想，要创作出专业水平的演示文稿，使用设计模板是一个很好的开始。使用模板可使用户集中精力创建文稿的内容，而不用考虑文稿的配色、布局等整体风格。

1. 套用设计模板

设计模板决定了幻灯片的主要版式、文本格式、颜色配置和背景样式。

（1）如果要应用WPS内置的或在线的设计模板，在"设计"选项卡的"设计方案"下拉列表框中选择需要的模板，如图4-21所示。单击"更多设计"按钮，可打开在线设计方案库，在海量模板中搜索模板。

（2）单击模板图标，打开对应的设计方案对话框，显示该模板中的所有版式页面，如图4-22所示。

（3）如果仅在当前演示文稿中套用模板的风格，单击"应用美化"按钮；如果要在当前演示文稿中插入模板的所有页面，单击选中需要的版式页面，"应用美化"按钮显示为"应用并插入"，单击该按钮。插入并应用模板风格的幻灯片效果如图4-23所示。

图 4-21 选择设计模板

图 4-22 模板的设计方案

（4）如果要套用已保存的模板或主题，单击"设计"选项卡中的"导入模板"按钮 导入模板，打开如图 4-24 所示的"应用设计模板"对话框。

（5）在模板列表中选中需要的模板，单击"打开"按钮，选中的模板即可应用到当前演示文稿中的所有幻灯片。

（6）如果要取消当前套用的模板，在"设计"选项卡中单击"本文模板"按钮 本文模板，在如图 4-25 所示的对话框中单击"套用空白模板"图标按钮，然后单击"应用当前页"按钮或"应用全部页"按钮。

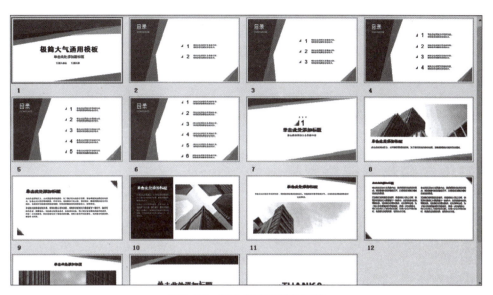

图 4-23　插入并应用模板风格

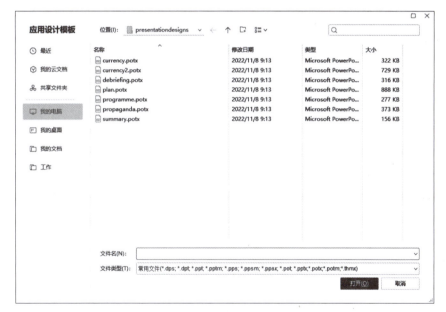

图 4-24　"应用设计模板"对话框

图 4-25　"本文模板"对话框

2. 修改背景和配色方案

套用模板后，还可以修改演示文稿的背景样式和配色方案。

（1）如果要修改文档的背景样式，单击"背景"下拉按钮，在如图 4-26 所示的背景颜色列表中单击需要的颜色。

（2）如果要对背景样式进行自定义设置，在"背景"下拉列表中选择"背景"命令，打开如图 4-27 所示的"对象属性"任务窗格进行设置。

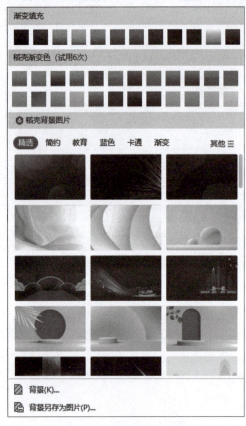

图 4-26　背景颜色列表

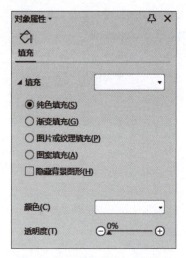

图4-27　"对象属性"任务窗格

在"对象属性"任务窗格中可以看到，幻灯片的背景样式可以是纯色、渐变色、纹理、图案和图片。在一张幻灯片或者母版上只能使用一种背景类型。

> **注意**：如果选中"隐藏背景图形"复选框，则母版的图形和文本不会显示在当前幻灯片中。在讲义的母版视图中不能使用该选项。

设置的背景默认仅应用于当前幻灯片，单击"全部应用"按钮，可以应用于当前演示文稿中的全部幻灯片和母版。单击"重置背景"按钮，取消背景设置。

（3）如果要修改整个文档的配色方案，单击"配色方案"下拉按钮，在如图 4-28 所示的颜色组合列表中单击需要的主题颜色。

选中的配色方案默认应用于当前演示文稿中的所有幻灯片，以及后续新建的幻灯片。

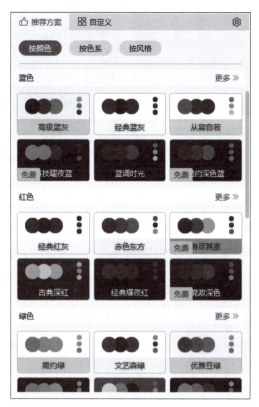

图 4-28　颜色组合列表

3. 更改幻灯片的尺寸

使用不同的放映设备展示幻灯片，对幻灯片的尺寸要求也会有所不同。在 WPS 演示中可以很方便地修改幻灯片的尺寸，但最好在制作幻灯片内容之前，就根据放映设备确定幻灯片的大小，以免后期修改影响版面布局。

图 4-29　"幻灯片大小"下拉列表

（1）单击"设计"选项卡中的"幻灯片大小"下拉按钮，在如图 4-29 所示的下拉列表中，根据放映设备的尺寸选择幻灯片的长宽比例。

（2）如果没有合适的尺寸，单击"自定义大小"命令，或单击"设计"选项卡中的"页面设置"按钮，打开如图 4-30 所示的"页面设置"对话框。

（3）在"幻灯片大小"下拉列表框中可以选择预设大小，如果选择"自定义"，可以在"宽度"和"高度"数值框中自定义幻灯片大小。

> **提示**：在"页面设置"对话框中，"纸张大小"下拉列表框用于设置打印幻灯片的纸张大小，并非幻灯片的尺寸。

（4）修改幻灯片尺寸后，单击"确定"按钮，打开如图 4-31 所示的"页面缩放选项"对话框。

（5）根据需要选择幻灯片缩放的方式，通常单击"确保适合"按钮。

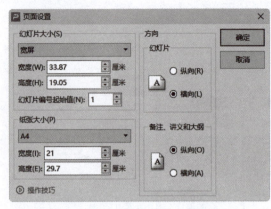

图 4-30 "页面设置"对话框   图 4-31 "页面缩放选项"对话框

四、设置幻灯片母版

母版存储演示文稿的配色方案、字体、版式等设计信息，以及所有幻灯片共有的页面元素，例如徽标、Logo、页眉页脚等。修改母版后，所有基于母版的幻灯片自动更新。

设计幻灯片母版通常遵循以下几个原则：

（1）几乎每一张幻灯片都有元素放在幻灯片母版中。如果有个别页面（如封面页、封底页和过渡页）不需要显示这些元素，可以隐藏母版中的背景图形。

（2）在特定的版式中需要重复出现且无须改变的内容，直接放置在对应的版式页。

（3）在特定的版式中需要重复，但是具体内容又有所区别的，可以插入对应类别的占位符。

1. 认识幻灯片母版

单击"视图"选项卡中的"幻灯片母版"按钮 ，进入幻灯片母版视图，如图 4-32 所示。

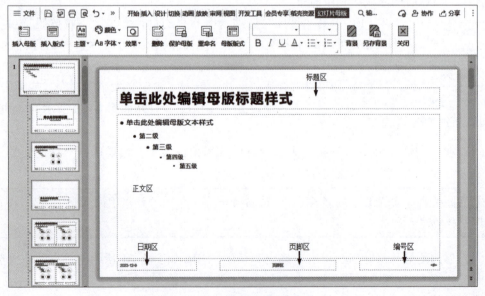

图 4-32 幻灯片母版视图

母版视图左侧窗格显示母版和版式列表，最顶端为幻灯片母版，控制演示文稿中除标题幻灯片以外的所有幻灯片的默认外观，例如文字的格式、位置、项目符号、配色方案及图形项目。

右侧窗格显示母版或版式幻灯片。在幻灯片母版中可以看到 5 个占位符：标题区、正文区、日期区、页脚区、编号区。修改它们可以影响所有基于该母版的幻灯片。

- ➢ 标题区：用于格式化所有幻灯片的标题。
- ➢ 正文区：用于格式化所有幻灯片的主体文字、项目符号和编号等。
- ➢ 日期区：用于在幻灯片上添加、定位和格式化日期。
- ➢ 页脚区：用于在幻灯片上添加、定位和格式化页脚内容。
- ➢ 编号区：用于在幻灯片上添加、定位和格式化页面编号，例如页码。

幻灯片母版下方是标题幻灯片，通常是演示文稿中的封面幻灯片。标题幻灯片下方是幻灯片版式列表，包含在特定的版式中需要重复出现且无须改变的内容。如果在特定的版式中需要重复，但是具体内容又有所区别的内容，可以插入对应类别的占位符。

> **注意**：最好在创建幻灯片之前编辑幻灯片母版和版式。这样，添加到演示文稿中的所有幻灯片都会基于指定版式。如果在创建各张幻灯片之后编辑幻灯片母版或版式，则需要在普通视图中将更改的布局重新应用到演示文稿中的现有幻灯片。

2. 设计母版主题

主题是一组预定义的字体、配色方案、效果和背景样式。使用主题可以快速格式化演示文稿的总体设计。

（1）打开一个演示文稿。可以是空白演示文稿，也可以是基于主题创建的演示文稿。

（2）单击"视图"选项卡中的"幻灯片母版"按钮，切换到"幻灯片母版"视图。

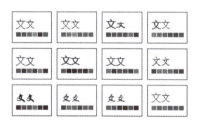

图 4-33　内置的主题列表

（3）如果要应用 WPS 内置的主题，单击"幻灯片母版"选项卡中的"主题"下拉按钮，在如图 4-33 所示的主题列表中单击需要的主题。应用主题后，整个演示文稿的总体设计，包括字体、配色和效果，都随之进行变化。

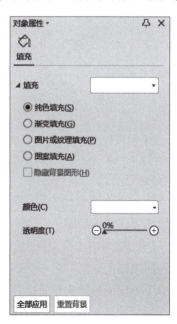

图 4-34　"对象属性"任务窗格

（4）如果要自定义文稿的总体设计，分别单击"颜色"按钮、"字体"按钮 Aa 和"效果"按钮，设置主题颜色、主题字体和主题效果。

（5）单击"背景"按钮，在编辑窗口右侧如图 4-34 所示的"对象属性"任务窗格中设置母版的背景样式。

与其他主题元素一样，设置幻灯片母版的背景样式后，所有幻灯片都自动应用指定的背景样式。

通常情况下，标题幻灯片的背景与内容幻灯片的背景会有所不同，所以需要单独修改标题幻灯片的背景。

（6）选中幻灯片母版下方的标题幻灯片，单击"幻灯片母版"选项卡中的"背景"按钮⬜，打开"对象属性"任务窗格，修改标题幻灯片的背景样式。修改标题幻灯片的背景样式后，其他幻灯片的背景样式不会改变。

3. 设计母版文本格式

母版的文本包括标题文本和正文文本。

（1）选中标题文本，利用打开的浮动工具栏，可以很方便地设置标题文本的字体、字号、字形、颜色和对齐方式等属性，如图 4-35 所示。

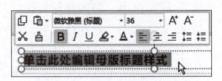

图 4-35　设置标题文本格式

幻灯片母版默认将正文区的文本显示为五级项目列表，用户可以根据需要设置各级文本的样式，修改文本的缩进格式和显示外观。

（2）在正文区选中要定义格式的文本，在打开的浮动工具栏中设置文本的字体、字号、字形、颜色和对齐方式。

4. 设计母版版式

幻灯片母版中默认设置了多种常见版式，用户还可以根据版面设计需要，添加自定义版式。在版式中插入页面元素，将自动调整为母版中指定的大小、位置和样式。

（1）在幻灯片母版视图的左侧窗格中确定要插入版式幻灯片的位置，然后单击"幻灯片母版"选项卡中的"插入版式"按钮⬜插入版式，即可在指定位置添加一个只有标题占位符的幻灯片，如图 4-36 所示。

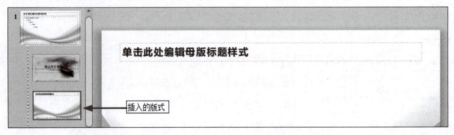

图 4-36　插入的版式幻灯片

WPS 演示中并不能直接插入新的占位符，如果要添加内容占位符，可复制其他版式中已有的占位符。

（2）在左侧窗格中定位到包含需要的占位符的版式，复制其中的占位符，然后粘贴到新建的版式中，如图 4-37 所示。

（3）拖动占位符边框上的圆形控制手柄，可以调整占位符的大小；将鼠标指针移到占位符的边框上，指针显示为四向箭头时，按下左键拖动，可以移动占位符；选中占位符，按 Delete 键可删除占位符。

（4）选中占位符，在"绘图工具"选项卡中可以设置占位符的外观样式。选中要设置格式的文本，利用浮动工具栏设置文本的格式。

图4-37　粘贴图片占位符

默认情况下，版式幻灯片"继承"幻灯片母版中的日期区、页脚区和编号区。

（5）如果不希望在当前版式中显示日期区、页脚区和编号区的内容，选中占位符后按Delete键，其他版式幻灯片不受影响。

> **注意**：格式化"幻灯片编号"占位符时，应选中占位符中的<#>设置格式，千万不能删除，然后用文本框输入"<#>"；也不能用格式刷将其格式化为普通文本，否则，会失去占位符的功能。

（6）设置完毕后，在"幻灯片母版"选项卡中单击"关闭"按钮⊠，退出幻灯片母版视图。

此时，在"开始"选项卡中单击"版式"下拉按钮，在打开的母版版式列表中可以看到自定义的版式。在版式下拉列表中单击自定义版式，当前的幻灯片版式即可更改为指定的版式。

五、添加文本

1. 在占位符中输入文本

在插入幻灯片时，WPS演示会自动套用一种母版版式。占位符是指幻灯片版式结构图中显示的矩形虚线框，左上角显示提示文本，可以用于添加不同类型的页面元素。

例如，图4-38所示的幻灯片包括三个占位符：一个是显示标题文本的标题占位符，一个是添加文本的文本占位符，一个是可容纳文本、表格、图表、图片和媒体等多种元素的内容占位符。

（1）单击占位符中的任意位置，虚线边框四周显示控制手柄，提示文本消失，在光标闪烁处可以输入文本。输入的文本到达占位符边界时自动转行。

> **提示**：在WPS幻灯片中输入文本时，只支持"插入"输入方式，不支持"改写"方式。

（2）单击占位符中的图标按钮，打开对应的插入对话框，可以插入表格、图表、图片和媒体元素。

（3）输入完毕后，单击幻灯片的空白区域。

（4）如果要设置占位符的文本格式，在占位符中双击，利用如图4-39所示的浮动工具栏修改文本格式。

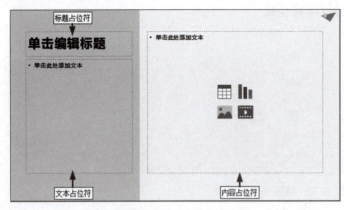

图4-38 幻灯片中的占位符

图4-39 浮动工具栏

如果要设置更多的格式，选中文本后，利用如图4-40所示的"文本工具"选项卡可以修改格式。

图4-40 "文本工具"选项卡

如果要更全面地设置文本格式，例如设置下划线和删除线的类型、指定上标和下标相对于文本中线的偏移量，可以在"文本工具"选项卡中单击"字体"功能组右下角的"扩展"按钮 ，打开如图4-41所示的"字体"对话框进行设置。

2. 使用文本框添加文本

如果要在占位符之外添加文本，例如给图片添加说明文字，可以使用文本框。文本框是一种显示文本的容器，可以自由灵活地移动、调整大小，创建风格各异的文本布局。

注意：文本框中的文本不显示在演示文稿的大纲中。

（1）单击"插入"选项卡中的"文本框"下拉按钮 ，在如图4-42所示的下拉列表中选择一种文本框样式。

两种文本框的不同点在于，横向文本框中的文本从左至右横向排列；竖向文本框中的文本从上到下、自右向左纵向排列。

图4-41 "字体"对话框

（2）鼠标指针变成十字形╋时，按下左键拖动到合适大小后释放鼠标，即可绘制指定宽度或高度的文本框，右侧显示对应的快速工具栏，如图 4-43 所示。

图 4-42　"文本框"下拉列表　　　　图 4-43　绘制文本框

（3）在光标闪烁的位置输入文本，完成输入后，单击文本框之外的任意位置或者按 Esc 键，退出文本输入状态。

（4）选中要设置格式的文本，利用浮动格式工具栏或菜单功能区的"文本工具"选项卡，设置文本的格式。

3. 添加备注

备注是对幻灯片内容进行解释、说明或补充的文字材料，不会显示在幻灯片中，用于提示并辅助演讲。

（1）切换到"普通"视图，在编辑窗口的右下窗格中单击"单击此处添加备注"，直接输入该页幻灯片的备注内容，如图 4-44 所示。

图 4-44　输入备注内容

备注内容可以是提示文字，也可以是幻灯片中不便完整显示的详细内容。如果想让备注窗格不显示，单击状态栏上的"备注"按钮 ‴ 备注 ▾。

> **注意**：在备注窗格中不能插入图片、表格等内容。如果要插入这些内容，应使用备注页视图。

（2）如果要调整备注窗格的高度，将鼠标指针移到备注窗格顶部的分隔线，指针变为纵向双向箭头时，按住左键拖动到合适的位置释放。

（3）如果要调整备注文本的格式，可选中文本，利用浮动工具栏进行设置。

> **提示**：有些格式设置在备注窗格中看不到效果，可以切换到"备注页"视图查看。如果在备注页中设置文本格式，则此格式只能应用于当前页的备注。如果要在每个备注页都添加相同的内容，或使用统一的文本格式，可以使用备注母版。

4. 设置文本段落格式

层次分明的段落格式，能够充分体现文本要表述的意图，激发观众的阅读兴趣。WPS 2022 在"开始"选项卡和"文本工具"选项卡中都提供了设置段落格式的工具按钮，如图 4-45 所示。使用这些工具按钮可以很方便地设置段落文本的对齐方式、行距和段间距，段落文本的方向，以及段落的缩进方式。

图 4-45　"段落"功能组

如果要指定具体的段落缩进、间距和行距值，可以单击"段落"功能组右下角的"扩展"按钮⌐，打开如图 4-46 所示的"段落"对话框进行设置。

图 4-46　"段落"对话框

该对话框中各个选项的意义与 WPS 文字中的"段落"对话框相同，在此不再赘述。

六、插入并编辑图片

1. 插入图片

在 WPS 演示中，使用"插入"选项卡中的"图片"下拉按钮，插入图片的方法与 WPS 文字相同，在此不再赘述。

下面简要介绍使用占位符中的图片图标插入图片的方法。

（1）在幻灯片的内容占位符中单击"插入图片"图标，打开"插入图片"对话框。

（2）选中需要的图片后，单击"打开"按钮，即可将指定图片插入幻灯片。

（3）如果要更换插入的图片，选中图片后，单击"图片工具"选项卡中的"替换图片"按钮，打开"更改图片"对话框，选择需要的图片后，单击"打开"按钮，即可替换图片。

除了可以很方便地在同一张幻灯片中插入多张图片外，WPS 2022 还支持将多张图片一次性分别插入多张幻灯片中。

单击"插入"选项卡中的"图片"下拉按钮，在打开的下拉列表中选择"分页插图"命令，在打开的"分页插入图片"对话框中，按住 Ctrl 键单击要插入的图片。如果要选中连续的图片，按住 Shift 键单击第一张和最后一张。然后单击"打开"按钮，即可自动新建幻灯片，并分页插入指定的图片。

2. 调整图片大小

通常情况下，插入的图片按原始大小显示，需要进行缩放以符合设计需要。

（1）选中插入的图片，在图片四周显示有 8 个圆形控制手柄和一个旋转控制手柄的变形框，如图 4-47 所示。

（2）将鼠标指针移到变形框中点的控制手柄上，指针变为双向箭头时，按下左键拖动，可以调整图片的宽度（或高度），而高度（或宽度）保持不比。将指针移到变形框角上的控制手柄上按下左键拖动，可以约束图片的宽高比进行缩放。

（3）将鼠标指针移到旋转手柄上，指针显示为。按下左键拖动，可以图片中心点为轴旋转图片。

如果幻灯片中有多张图片，缩放或移动其中一张图片时，会显示一条智能参考线，借助参考线可以很方便地对齐图片，或将图片缩放到等高或等宽。

如果不显示智能参考线，单击"视图"选项卡中的"网格和参考线"按钮，在打开的"网格线和参考线"对话框中选中"形状对齐时显示智能向导"复选框，如图 4-48 所示。

图 4-47　选中图片

图 4-48　"网格线和参考线"对话框

如果要精确调整图片的大小，可以利用"图片工具"选项卡中如图 4-49 所示的"大小和位置"功能组进行设置。单击右下角的"扩展"按钮 ⌐，可展开如图 4-50 所示的"对象属性"窗格详细设置图片的大小和旋转角度。

图 4-49　"大小和位置"功能组

图 4-50　"对象属性"窗格

如果要恢复图片的原始尺寸，单击"图片工具"选项卡中的"重设大小"按钮 重设大小。

（4）如果要裁剪掉图片的某些区域，单击"图片工具"选项卡中的"裁剪"按钮 裁剪，图片四周出现裁剪标记，如图 4-51 所示。将鼠标指针移到裁剪标记上，按下左键拖动，标记要保留的区域。

图 4-51　裁剪标记

> **提示：** 如果插入的是 GIF 图片，不能进行裁剪操作。

（5）标记完成后，单击图片之外的区域，即可得到裁剪结果。

（6）如果要将图片裁剪为某种形状，在"裁剪"面板的"按形状裁剪"选项卡中单击需要的形状，例如"心形"，此时可以看到裁剪效果，如图 4-52 所示。单击图片之外的区域，即可得到裁剪效果。

图 4-52　将图片裁剪为"心形"效果

（7）除了可以裁剪图片区域和裁剪为形状以外，WPS 2022 还提供了一项很强大、实用的裁剪功能，不需要专业的图片编辑技巧，就可一键创建设计感十足的图片裁剪效果。操作方法为：选中要裁剪的图片，单击"图片工具"选项卡中的"裁剪"下拉按钮▯，在打开的下拉列表中选择"创意裁剪"按钮，在打开的裁剪效果下拉列表中选择需要的效果，选中的图片即可裁剪为指定的艺术效果。

3. 设置图片样式

选中图片，在"图片工具"选项卡中，利用如图 4-53 所示的"形状格式"功能组可以校正图片的亮度、对比度和颜色，透明化图片中的特定颜色，为图片添加轮廓和阴影、发光、倒影和三维等视觉效果。具体操作与 WPS 文字的相关操作相同，不再赘述。

图 4-53　"形状格式"功能组

【任务实施】

制作美文赏析演示文稿

1. 设计母版外观

（1）在首页左侧窗格中单击"新建"命令，系统将打开一个标签名称为"新建"的界面选项卡，单击"新建演示"按钮▯ 新建演示，在模板列表中单击"新建空白演示"按钮，新建一个空白的演示文稿。

（2）单击"视图"选项卡中的"幻灯片母版"按钮▤，切换到幻灯片母版视图。

（3）选中幻灯片母版，单击"幻灯片母版"选项卡中的"背景"按钮▨，打开"对象属性"窗格，选择"纯色填充"选项，设置填充颜色为"矢车菊蓝，着色 2，浅色 40%"，如图 4-54 所示。

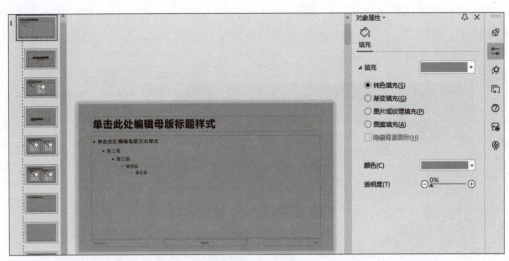

图 4-54　设置幻灯片母版的背景颜色

2. 设计内容页版式

（1）单击"幻灯片母版"选项卡中的"插入版式"按钮 ▤，新建一个版式。然后单击"插入"选项卡"形状"下拉列表中的"矩形"按钮，按下鼠标左键拖动，绘制一个长条矩形。然后选中绘制的矩形，在"对象属性"窗格的"填充"选项组中选择"纯色填充"选项，设置颜色为"热情的粉红，着色 6，浅色 80%"，在"线条"选项组中选择"无线条"选项，效果如图 4-55 所示。

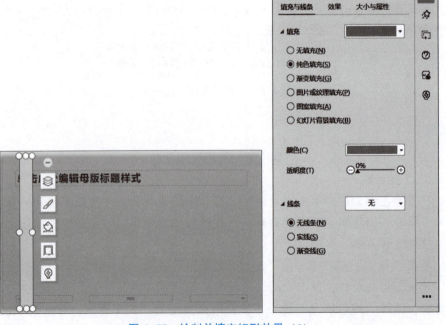

图 4-55　绘制并填充矩形效果（1）

（2）单击"插入"选项卡"形状"下拉列表中的"矩形"按钮，再次绘制一个矩形，在"对象属性"任务窗格的"填充"选项组中选择"纯色填充"选项，设置颜色为"白色"，在"线条"选项组中选择"无线条"选项，效果如图4-56所示。

图4-56　绘制并填充矩形效果（2）

（3）选取上步绘制的矩形，在"对象属性"窗格中切换到"效果"选项卡，设置阴影效果为右下斜偏移，模糊值为15磅，距离为18磅，如图4-57所示。

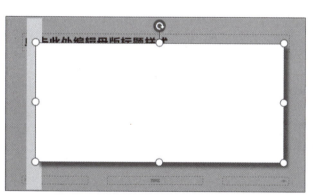

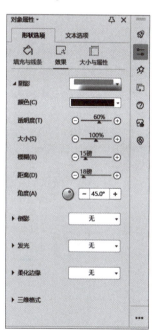

图4-57　设置矩形的阴影效果

（4）选中"标题"和"页脚"文本框将其删除，效果如图4-58所示。

3. 设计目录页版式

（1）单击"幻灯片母版"选项卡中的"插入版式"按钮，新建一个版式。然后按照制作内容页版式的方法绘制三个矩形，并填充颜色、设置阴影效果，如图4-59所示。

图 4-58　删除标题和页脚的效果

图 4-59　绘制三个矩形并填充颜色、设置阴影效果

（2）在母版窗格中定位到"图片与标题"版式，选中其中的图片占位符，然后复制粘贴到新建的版式中，调整大小，如图 4-60 所示。

图 4-60　添加图片占位符

（3）在母版窗格中定位到"比较"版式，选中其中的文本占位符，然后复制粘贴到新建的版式中，调整大小，如图 4-61 所示。

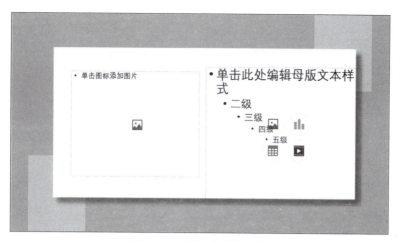

图 4-61　添加文本占位符

（4）选中文本占位符中的一级文本，单击"开始"选项卡"项目符号"下拉列表中的"其他项目符号"命令，打开"项目符号与编号"对话框。在项目符号列表中选择大圆形，然后设置项目符号的大小为 150% 字高，如图 4-62 所示。单击"确定"按钮，修改后的项目符号效果如图 4-63 所示。

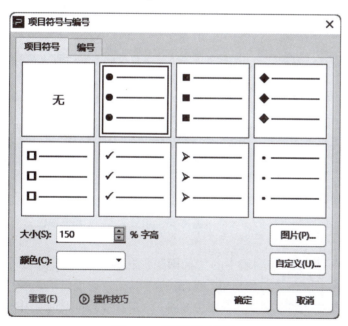

图 4-62　设置项目符号

图 4-63　修改后的项目符号效果

（5）选中文本占位符，单击"文本工具"选项卡"对齐文本"下拉列表中的"垂直居中"命令，效果如图 4-64 所示。

（6）单击"关闭"按钮 ⊠ ，返回普通视图。

4. 制作标题幻灯片

（1）在标题幻灯片上右击，弹出快捷菜单，选择"设置背景格式"命令，打开"对象属性"窗格。在"填充"区域选中"图片或纹理填充"选项，在"图片填充"下拉列表中选择"本地图片"，打开"选择纹理"对话框，选择"背景"图片，单击"打开"按钮，插入背景图片。效果如图4-65所示。

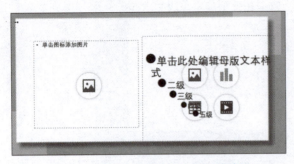

图 4-64　设置文本垂直居中对齐的效果

图 4-65　设置标题幻灯片的背景样式

（2）将幻灯片中的文本框删除。单击"插入"选项卡"文本框"下拉列表中的"竖向文本框"命令，绘制一个文本框，并输入文本。选中输入的文本，设置字体为"等线"，字号为48，效果如图4-66所示。

（3）选中文本框，在"对象属性"窗格的"填充"选项组中选择"纯色填充"选项，设置颜色为"热情的粉红，着色6，浅色80%"，在"线条"选项组中选择"无线条"选项，并调整其位置，效果如图4-67所示。

图 4-66　输入文本并设置格式

图 4-67　设置文本框的填充颜色

（4）单击"插入"选项卡"形状"下拉列表中的"椭圆"形状，按住 Shift 键的同时，按下鼠标左键拖动，绘制一个正圆形。在"对象属性"窗格的"填充"选项组中选择"纯色填充"选项，设置颜色为"热情的粉红，着色6，浅色80%"，在"线条"选项组中选择"无线条"选项，效果如图4-68所示。

（5）单击"插入"选项卡"文本框"下拉列表中的"竖向文本框"命令，绘制一个文本框，并输入文本。选中输入的文本，设置字体为"等线"，字号为14。然后调整文本框的位置，效果如图4-69所示。

5. 制作目录页

（1）单击"开始"选项卡"新建幻灯片"下拉按钮，在打开的下拉列表中选择自定义的目录页版式，新建一个目录页，如图4-70所示。

图4-68　绘制并填充正圆形

图4-69　设置文本格式的效果

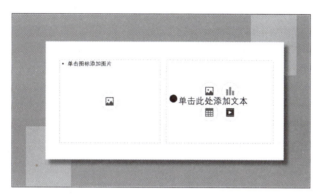

图4-70　基于自定义版式新建的幻灯片

（2）单击图片占位符中间的图标，弹出"插入图片"对话框，选择需要的图片后，单击"打开"按钮插入图片。然后选中图片，在"图片工具"选项卡的"效果"下拉列表框中选择"柔化边缘"→"10磅"，效果如图4-71所示。

图4-71　插入图片并设置样式

（3）在文本占位符中输入导航目录，完成一项后，按 Enter 键输入第二项，设置字号为28，效果如图4-72所示。

6. 制作内容页

（1）单击"开始"选项卡"新建幻灯片"下拉按钮，在打开的下拉列表中选择自定义的内容页版式，新建一个内容页。

（2）单击"插入"选项卡"文本框"下拉列表中的"绘制横排文本框"命令，在幻灯片上绘制一个文本框，并输入文本。设置字体为"等线"，字号为40。效果如图4-73所示。

图4-72　输入导航目录

图4-73　在文本框中输入文本并格式化

（3）单击"插入"菜单选项卡"插图"区域的"形状"命令按钮，在弹出的形状列表中选择"矩形"，然后按下鼠标左键拖动，绘制一个长条矩形。设置矩形的填充颜色和轮廓颜色为深灰色，效果如图4-74所示。

（4）单击"插入"选项卡"文本框"下拉列表中的"绘制横排文本框"命令，在幻灯片上绘制一个文本框，并输入文本，设置字体为"等线"，字号为18；单击"文本工具"选项卡中的"增大段落行距"按钮 ↕☰，调整行距，效果如图4-75所示。

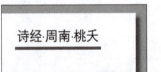

图4-74　绘制并填充矩形

图4-75　输入文本并格式化

（5）单击"插入"选项卡"图片"下拉列表中的"本地图片"命令，在弹出的"插入图片"对话框中选择需要的插图，单击"打开"按钮插入图片。然后调整图片的大小和位置，效果如图4-76所示。

（6）选中上一步制作完成的幻灯片，按 Ctrl+C 和 Ctrl+V 组合键复制、粘贴幻

图4-76　插入图片的效果

灯片，然后修改文本内容和插图，还可以调整文本框的位置，制作其他内容页。效果如图 4-77 所示。

图 4-77　制作其他幻灯片

7. 制作结束页

（1）单击"开始"选项卡"新建幻灯片"下拉按钮，在弹出的下拉菜单中选择"空白"版式，新建一张幻灯片。

（2）单击"插入"选项卡"形状"下拉列表中的"矩形"形状，绘制一个矩形，并设置矩形的填充颜色和边框为白色，如图 4-78 所示。

（3）单击"插入"选项卡"图片"下拉列表中的"本地图片"命令，打开

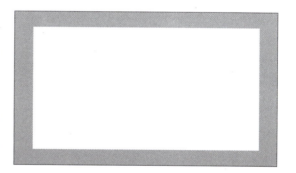

图 4-78　绘制矩形

"插入图片"对话框，选择需要的插图，单击"打开"按钮插入图片。然后调整图片的大小和位置，效果如图 4-79 所示。

（4）单击"插入"选项卡"艺术字"下拉列表中的"填充-珊瑚红，着色 5，轮廓-背景 1，清晰阴影-着色 5"样式，插入带有艺术字效果的文本框，输入文本。设置字体为"等线"，字号为 60，效果如图 4-80 所示。

（5）单击快速工具栏上的"保存"按钮，打开"另存文件"对话框，指定保存位置，输入文件名为"美文赏析"，单击"保存"按钮，保存文档。

图 4-79　插入图片

图 4-80　插入艺术字效果

【任务评价】

评价类型	序号	任务内容	分值	自评	师评
学习态度	1	主动学习	5		
	2	学习时长、进度	20		
操作能力	3	新建演示文稿	5		
	4	设计版式	25		
	5	添加文本和图片	20		
	6	保存文稿	5		
课程素养	7	完成课程素养学习	20		
总分			100		

【课后练习】

一、选择题

1. 演示文稿的基本组成单元是（　　　）。

A. 文本　　　　　　　B. 图形　　　　　C. 超链点　　　　　D. 幻灯片

2. 在 WPS 演示中，可以对幻灯片进行移动、删除、添加、复制、设置切换效果，但不能编辑幻灯片中具体内容的视图是（　　　）。

A. 阅读视图　　　　　　　　　　　B. 幻灯片浏览视图

C. 普通视图　　　　　　　　　　　D. 以上三项均不能

3. 在 WPS 演示中打开文件时，下列说法正确的是（　　　）。

A. 一次只能打开一个文件　　　　B. 最多能打开三个文件

C. 能打开多个文件，但不能同时打开　　D. 能同时打开多个文件

4. 在（　　　）视图中，编辑窗口显示为上、下两部分，上部分是幻灯片，下部分是文本框，用于记录讲演时所需的一些提示要点。

A. 备注页　　　　　　B. 幻灯片浏览　　　C. 普通　　　　　　D. 阅读

5. 演示文稿中每张幻灯片都是基于某种（　　）创建的，它预定义了新建幻灯片中各种占位符的布局。

A. 视图　　　　B. 版式　　　　C. 母版　　　　D. 模板

6. 可以通过（　　）在讲义中添加页眉和页脚。

A. 标题母版　　　B. 幻灯片母版　　　C. 讲义母版　　　D. 备注母版

7. 如果在母版中加入了公司 Logo 图片，每张幻灯片都会显示此图片。如果不希望在某张幻灯片中显示此图片，可以（　　）。

A. 在母版中删除图片

B. 在幻灯片中删除图片

C. 在幻灯片中设置不同的背景颜色

D. 在幻灯片中进入"对象属性"任务窗格，选中"隐藏背景图形"复选框

8. 关于 WPS 演示的母版，以下说法错误的是（　　）。

A. 可以自定义幻灯片母版的版式

B. 可以对母版进行主题编辑

C. 可以对母版进行背景设置

D. 在母版中插入图片对象后，在幻灯片中可以根据需要进行编辑

9. 选中一个项目列表项，按 Shift+Tab 组合键可以（　　）。

A. 进入正文　　　B. 使段落升级　　　C. 使段落降级　　　D. 交换正文位置

10. 如果要选定多个图形，应先按住（　　），然后单击要选定的图形对象。

A. Alt 键　　　B. Home 键　　　C. Shift 键　　　D. Ctrl 键

11. 在 WPS 演示中，下列关于表格的说法，错误的是（　　）。

A. 可以在表格中插入新行和新列　　　B. 可以合并不相邻的单元格

C. 可以改变列宽和行高　　　D. 可以修改表格的边框

12. 在 WPS 演示中，关于在幻灯片中插入图表的说法中，错误的是（　　）。

A. 可以直接通过复制和粘贴的方式将图表插入幻灯片中

B. 在不含图表占位符的幻灯片中也可以插入图表

C. 只能通过包含图表占位符的幻灯片插入图表

D. 单击图表占位符可以插入图表

13. 在幻灯片中，如果生成图表的数据发生了变化，图表（　　）。

A. 会发生相应的变化　　　B. 会发生变化，但与数据无关

C. 不会发生变化　　　D. 必须进行编辑后才会发生变化

14. 在 WPS 幻灯片中，移动图表的方法是（　　）。

A. 将鼠标指针放在绘图区边线上，按鼠标左键拖动

B. 将鼠标指针放在图表变形手柄上，按鼠标左键拖动

C. 将鼠标指针放在图表内，按鼠标左键拖动

D. 将鼠标指针放在图表内，按鼠标右键拖动

二、操作题

1. 使用 WPS 2022 的在线模板新建一个演示文稿。

2. 打开一个完成的演示文稿，将其另存为模板。

3. 新建一个空白的演示文稿，自定义母版主题颜色、背景和字体，然后自定义两种内容版式。

4. 打开一个演示文稿，设置版式、颜色，插入幻灯片编号。

任务 2　设计幻灯片动画

【任务描述】

通过对本任务相关知识的学习和实践，要求学生掌握幻灯片的切换和动画的设置、交互式演示文稿的创建、音频和视频的添加，并完成"员工入职培训"幻灯片的制作。幻灯片的最终效果如图 4-81 所示。

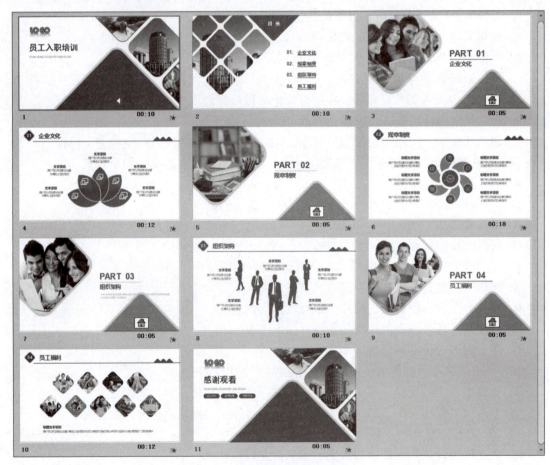

图 4-81　幻灯片的最终效果

【任务分析】

本任务练习为幻灯片对象添加动画效果和超链接，以及设置幻灯片的转场效果。通过对操作步骤的详细讲解，读者可进一步掌握通过设置幻灯片的动画特效和过渡效果来实现动态切换、通过添加超链接和动作按钮来进行页面导航，以及添加背景音乐的操作方法。

【知识准备】

一、设置幻灯片动画

　　设置幻灯片动画，是指为幻灯片中的页面元素（例如文本、图片、图表、动作按钮、多媒体等）添加出现或消失的动画效果，并指定动画开始播放的方式和持续的时间。如果在母版中设置动画方案，整个演示文稿将有统一的动画效果。

1. 添加动画效果

　　WPS 演示在"动画"选项卡中内置了丰富的动画方案。使用内置的动画方案可以将一组预定义的动画效果应用于所选幻灯片对象。

　　（1）在"普通"视图中，选中要添加动画效果的页面对象。

　　（2）切换到"动画"选项卡，在"动画"下拉列表框中可以看到如图 4-82 所示的动画方案列表。

图 4-82　内置的动画方案列表

　　从图 4-82 中可以看到，WPS 2022 预置了五大类动画效果：进入、强调、退出、动作路径以及绘制自定义路径。前三类用于设置页面对象在不同阶段的动画效果；动作路径通常用于设置页面对象按指定的路径运动；绘制自定义路径则用于自定义页面对象的运动轨迹。

（3）单击需要的动画方案，幻灯片编辑窗口播放动画效果，播放完成后，应用动画效果的页面对象左上方显示淡蓝色的效果标号，如图4-83所示。

此时，单击"动画"选项卡中的"预览效果"按钮 ☆，可以在幻灯片编辑窗口再次预览动画效果。

如果应用动画效果的对象是包含多个段落的占位符或文本框，则所有的段落都自动添加同样的效果。

（4）重复步骤（1）~（3），为幻灯片上的其他页面对象添加动画效果。

（5）如果要为同一个页面对象添加多种动画效果，单击"动画"选项卡中的"动画窗格"按钮 ☆，打开如图4-84所示的动画窗格。单击"添加效果"按钮，在打开的动画列表中选择需要的效果。

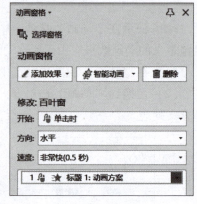

图 4-84　动画窗格

> **注意**：如果利用"动画"选项卡中的"动画"下拉列表框为同一个页面对象多次添加动画效果，后添加的动画将替换之前添加的动画。

（6）如果要删除幻灯片中的某个动画效果，在幻灯片中单击动画对应的效果标号，然后按 Delete 键。

（7）如果要删除当前幻灯片中的所有动画，单击"动画"选项卡中的"删除动画"下拉列表中的"删除选中幻灯片的所有动画"命令，在打开的提示对话框中单击"确定"按钮。

除了丰富的内置动画，使用 WPS 2022 还能轻松地为页面对象添加创意十足的智能动画，即便不懂动画制作，或是办公新手，也能制作出酷炫的动感效果。

（8）选中要添加动画的页面对象。单击"动画"选项卡中的"智能动画"按钮 ，打开"智能动画"列表，如图4-85所示。将鼠标指针移到一种效果上，可预览动画的效果。单击需要的效果，即可应用到选中的页面对象。

2. 设置效果选项

添加幻灯片动画之后，还可以修改动画的使用开始时间、方向和速度等选项，以满足设计需要。

（1）在幻灯片中单击要修改动画的页面对象，或直接单击动画对应的效果标号，当前选中的效果标号显示颜色变浅。

（2）单击"动画"选项卡中的"动画窗格"按钮 ☆，打开动画窗格。

在动画列表框中，最左侧的数字表明动画的次序；序号右侧的鼠标图标 或时钟图标 表示动画的计时方式为"单击时"或"在上一动画之后"。动画计时方式右侧为动画类型标记，绿色五角星 表示"进入动画"，黄色五角星 表示"强调动画"（在触发器中显示为黄色五角星），红色五角星 表示"退出动画"。动画类型标记右侧为应用动画的对象。将鼠标指针移到某一个动画上，可以查看该动画的详细信息。

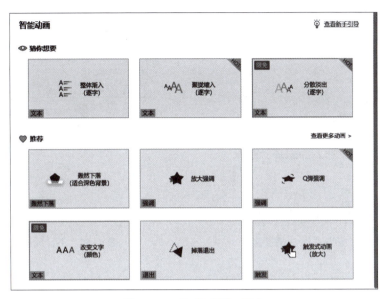

图 4-85　"智能动画"列表

（3）在"开始"下拉列表框中选择动画的开始方式，如图 4-86 所示。默认为单击鼠标时开始播放。"与上一动画同时"是指与上一动画同时播放；"在上一动画之后"是指在上一动画播放完成之后开始播放。对于包含多个段落的占位符，该选项设置将作用于占位符中所有的子段落。

（4）设置动画的属性。如果选中的动画有"方向"属性，在"方向"下拉列表框中选择动画的方向，如图 4-87 所示。

图 4-86　设置动画开始方式　　　　　　图 4-87　设置动画的方向

（5）设置动画的播放速度。在"速度"下拉列表框中选择动画的播放速度，如图 4-88 所示。

除了开始方式和速度等属性外，WPS 2022 还允许用户自定义更多的效果选项。

（6）在动画窗格的效果列表框中，单击要修改选项设置效果的下拉按钮，打开如图 4-89 所示的下拉列表。

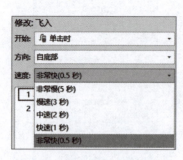

图 4-88　设置动画的播放速度

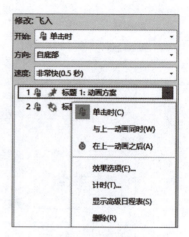

图 4-89　下拉列表

（7）在下拉列表中选择"效果选项"命令，打开对应的效果选项对话框，如图 4-90 所示。

（8）在"效果"选项卡的"设置"区域设置效果的方向和平稳程序；在"增强"区域设置动画播放时的声音效果、动画播放后的颜色变化效果和可见性。如果动画应用的对象是文本，还可以设置动画文本的发送单位。

（9）切换到"计时"选项卡，设置动画播放的开始方式、延迟、速度和重复方式，如图 4-91 所示。

图 4-90　效果选项对话框

图4-91　"计时"选项卡

（10）如果选中的对象包含多级段落，切换到"正文文本动画"选项卡，设置多级段落的组合方式，如图 4-92 所示。

（11）设置完毕后，单击"确定"按钮关闭对话框。

（12）如果要调整同一张幻灯片上的动画顺序，选中动画效果，单击"向前移动"按钮或"向后移动"按钮。

提示：在"自定义动画"窗格的效果列表框中按住 Ctrl 键或 Shift 键单击，可以选中多个动画效果。

（13）设置完成后，单击"播放"按钮 ⊙播放，可在幻灯片编辑窗口中预览当前幻灯片的动画效果；单击"幻灯片播放"按钮 ▷幻灯片播放，可进入全屏放映模式，播放当前幻灯片的动画效果。

3. 利用触发器控制动画

默认情况下，幻灯片中的动画效果在单击鼠标或到达排练计时开始播放，并且只播放一次。使用触发器可控制指定动画开始播放的方式，并能重复播放动画。触发器的功能相当于按钮，可以是一张图片、一个形状、一段文字或一个文本框等页面元素。

（1）选中一个已添加动画效果的页面对象对应的效果标号，作为被触发的对象。

注意：只有当前选中的对象添加了动画效果，才能使用触发器触发动画。

（2）单击"动画"选项卡中的"动画窗格"按钮 ✿，打开动画窗格，然后在动画列表框中单击选定动画右侧的下拉按钮，在打开的下拉列表中选择"计时"命令。

（3）在打开的对话框中单击"触发器"按钮，展开对应的选项，如图 4-93 所示。

图 4-92　"正文文本动画"选项卡

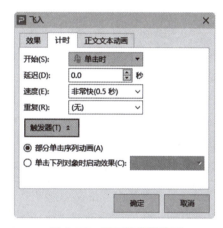

图 4-93　显示触发器选项

（4）选中"单击下列对象时启动效果"单选按钮，然后在右侧的下拉列表框中选择触发动画效果的对象，如图 4-94 所示。

触发器的作用是单击某个页面对象，播放步骤（1）中选定的页面对象应用的动画效果。

（5）设置完毕后，单击"确定"按钮关闭对话框。

在幻灯片中单击一个触发器标志，在动画窗格的动画列表框顶部可以看到该动画对应的触发器，如图 4-95 所示。

此时单击动画窗格底部的"幻灯片播放"按钮 ▷幻灯片播放 预览动画，可以看到，只有单击指定的触发器，才会播放对应的动画效果；多次单击触发器，对应的动画将反复播放。如果单击触发器以外的对象，将跳过该动画效果的播放。利用触发器的这一特点，演讲者可以在放映演示文稿时决定是否显示某一对象。

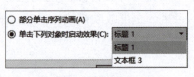

图4-94　选择触发对象

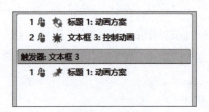

图4-95　动画列表框

（6）如果要删除某个触发器，可以选中触发器标志之后，直接按 Delete 键。或者打开效果对应的"计时"选项卡，在触发器选项中选中"部分单击序列动画"单选按钮，即可取消指定动画的触发器。

4. 用高级日程表

在 WPS 2022 中，利用高级日程表可以很直观地修改动画的开始时间、持续时间，从而控制动画的播放流程。

（1）单击"动画"选项卡中的"动画窗格"按钮☆，打开动画窗格。

（2）在动画列表框中，单击任意一个动画右侧的下拉按钮，在打开的下拉列表中选择"显示高级日程表"命令。

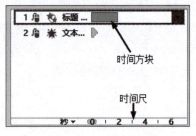

图4-96　高级日程表

此时，选中的动画对象右侧显示一个灰色的方块，称为时间方块，可以精细地设置每项效果的开始时间和结束时间；效果列表框右下角显示时间尺，如图4-96所示。各个动画对象的时间方块与时间尺组成高级日程表。

> **提示**：显示高级日程表之后，将鼠标指针移到效果列表框中的任一个动画对象上，可查看对应的时间方块。

（3）将鼠标指针移到时间方块的右边线上，指针显示为↔，按下左键拖动，可以修改动画效果的结束时间。

如果时间方块太小或太大，不便于查看，单击时间尺左侧的"秒"下拉按钮，在打开的下拉列表中可以放大或缩小时间尺的标度。

（4）将鼠标指针移到时间方块的中间或左边线上，指针显示为↔，按下左键拖动，可以在保持动画持续时间不变的同时，改变动画的开始时间。

二、设置幻灯片切换动画

设置幻灯片的切换动画可以很好地将主题或画风不同的幻灯片进行衔接、转场，增强演示文稿的视觉效果。

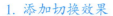

1. 添加切换效果

切换效果是添加在相邻两张幻灯片之间的特殊效果，在放映幻灯片时，以动画形式退出上一张幻灯片，切入当前幻灯片。

（1）切换到"普通"视图或"幻灯片浏览"视图。

在幻灯片浏览视图中，可以查看多张幻灯片，十分方便地在整个演示文稿的范围内编辑幻灯片的切换效果。

（2）选择要添加切换效果的幻灯片。

如果要选择多张幻灯片，按住 Shift 键或 Ctrl 键单击需要的幻灯片。

（3）在"切换"选项卡中的"切换效果"下拉列表中选择需要的效果，如图 4-97 所示。

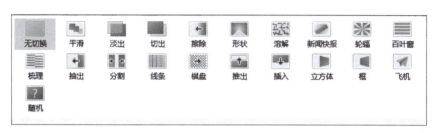

图 4-97　"切换效果"下拉列表

（4）设置切换效果后，在"普通"视图的幻灯片编辑窗口中可以看到切换效果；在幻灯片浏览视图中，每张幻灯片的下方左侧为幻灯片编号，右侧显示效果图标 ★，如图 4-98 所示。

图 4-98　预览切换效果

（5）在"普通"视图的"切换"选项卡中单击"预览效果"按钮 ，或单击状态栏上的"从当前幻灯片开始播放"按钮 ，可以预览从前一张幻灯片切换到该幻灯片的切换效果以及该幻灯片的动画效果。

2. 设置切换选项

（1）添加切换效果之后，用户可以修改切换效果的选项，如进入的方向和形态，以及切换速度、声音效果和换片方式等。

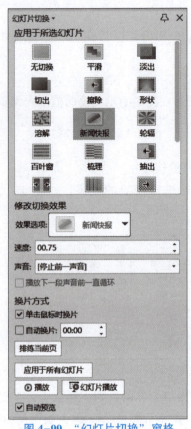

图 4-99 "幻灯片切换"窗格

（2）选中要设置切换参数的幻灯片，在"切换"选项卡中可以设置切换选项，或者单击窗口右侧的"幻灯片切换"按钮，显示"幻灯片切换"窗格，如图 4-99 所示。

（3）在"效果选项"下拉列表框中选择效果的方向或形态。

（4）在"速度"数值框中输入切换效果持续的时间。

（5）在"声音"下拉列表框中选择切换时的声音效果。

除了内置的音效外，还可以从本地计算机上选择声音效果。

（6）在"换片方式"区域选择切换幻灯片的方式。默认单击鼠标时切换，也可以指定每隔特定时间后，自动切换到下一张幻灯片。

（7）如果要将切换效果和计时设置应用于演示文稿中所有的幻灯片，单击"应用于所有幻灯片"按钮，否则，仅应用于当前选中的幻灯片。如果希望将切换效果应用于与当前选中的幻灯片版式相同的所有幻灯片，则单击"应用于母版"按钮。

（8）单击"播放"按钮 ⊙播放 ，在当前编辑窗口中预览切换效果；单击"幻灯片播放"按钮 ⊡幻灯片播放 ，可进入全屏放映模式预览切换效果。

三、插入超链接

"超链接"是广泛应用于网页的一种浏览机制，在演示文稿中使用超链接，可在幻灯片之间进行导航，或跳转到其他文档或者应用程序。

（1）选中要建立超链接的对象。超链接的对象可以是文字、图标、各种图形等。

（2）单击"插入"选项卡中的"超链接"按钮 ，打开如图 4-100 所示的"插入超链接"对话框。

（3）在"链接到："列表框中选择要链接的目标文件所在的位置，可以是原有文件或网页、本文档中的位置，也可以是电子邮件地址。

如果要通过超链接在当前演示文稿中进行导航，选择"本文档中的位置"，然后在幻灯片列表中选择要链接到的幻灯片，"幻灯片预览"区域显示幻灯片缩略图，如图 4-101 所示。

（4）在"要显示的文字"文本框中输入要在幻灯片中显示为超链接的文字。默认显示为在文档中选定的内容。

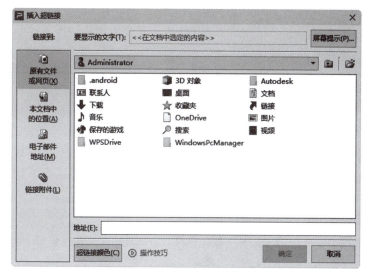

图 4-100　"插入超链接"对话框

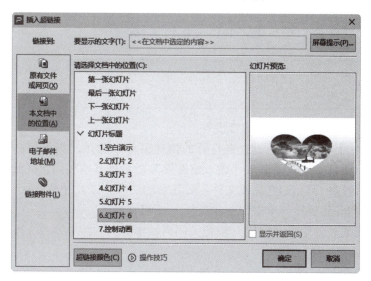

图 4-101　显示幻灯片缩略图

注意：只有当要建立超链接的对象为文本时，"要显示的文字"文本框才可编辑。如果选择的是形状或文本框，该文本框不可编辑。

（5）单击"屏幕提示"按钮，在如图 4-102 所示的"设置超链接屏幕提示"对话框中输入屏幕提示文本。放映幻灯片时，将鼠标指针移动到超链接上时，将显示指定的文本。

（6）单击"确定"按钮关闭对话框，即可创建超链接。

此时在幻灯片编辑窗口中可以看到，超链接文本

图 4-102　"设置超链接
屏幕提示"对话框

默认显示为主题颜色，且带有下划线。单击状态栏上的"阅读视图"按钮 📖 预览幻灯片，将鼠标指针移到超链接对象上，指针显示为手形 👆，并显示指定的屏幕提示，如图 4-103 所示。单击即可跳转到指定的链接目标。

图 4-103　查看建立的超链接

注意：如果选择的超链接对象为文本框、形状或其他占位符，则其中的文本不显示为超链接文本。

创建超链接后，可以随时修改链接设置。

（7）在超链接上单击鼠标右键，在打开的快捷菜单中选择"编辑超链接"命令，打开"编辑超链接"对话框。该对话框与"插入超链接"对话框基本相同，在此不再赘述。

（8）修改要链接的目标幻灯片或文件、要显示的文字，以及屏幕提示。

（9）如果要删除超链接，单击"删除链接"按钮。

（10）设置完成后，单击"确定"按钮关闭对话框。

四、添加交互动作

与超链接类似，在 WPS 演示中还可以给当前幻灯片中所选对象设置鼠标动作，当单击或鼠标移动到该对象上时，执行指定的操作。

（1）在幻灯片中选中要添加动作的页面对象。

（2）单击"插入"选项卡中的"动作"按钮 🔘，打开如图 4-104 所示的"动作设置"对话框。

（3）在"鼠标单击"选项卡中设置单击选定的页面对象时执行的动作。

各个选项的意义简要介绍如下。

➢ 无动作：不设置动作。如果已为对象设置了动作，选中该项可以删除已添加的动作。

➢ 超链接到：链接到下一张幻灯片、URL、其他演示文稿或文件、结束放映、自定义放映。

➢ 运行程序：运行一个外部程序。单击"浏览"按钮可以选择外部程序。

➢ 运行 JS 宏：运行在"宏列表"中制定的宏。

> 对象动作：打开、编辑或播放在"对象动作"列表内选定的嵌入对象。

> 播放声音：设置单击鼠标执行动作时播放的声音，可以选择一种预定义的声音，也可以从外部导入，或者选择结束前一声音。

（4）切换到如图4-105所示的"鼠标移过"选项卡，设置鼠标移到选中的页面对象上时执行的动作。

图4-104　"动作设置"对话框

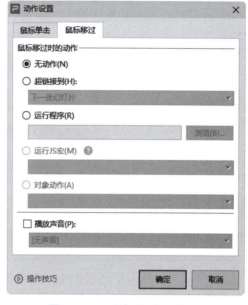

图4-105　"鼠标移过"选项卡

（5）设置完成后，单击"确定"按钮关闭对话框。

此时单击状态栏上的"阅读视图"按钮🔲预览幻灯片，将鼠标指针移到添加了动作的对象上，指针显示为手形🖑，单击即可执行指定的动作。

（6）如果要修改设置的动作，在添加了动作的对象上单击右键，在弹出的右键菜单中选择"动作设置"命令，打开"动作设置"对话框进行修改。修改完成后，单击"确定"按钮关闭对话框。

> **提示：** 在右键菜单中选择"编辑超链接"命令或"超链接"命令也可以修改动作设置。

除了文本超链接，为其他页面对象创建超链接或设置动作后并不醒目。使用动作按钮可以明确表明幻灯片中存在可交互的动作。动作按钮是实现导航、交互的一种常用工具，常用于在放映时激活另一个程序、播放声音或影片、跳转到其他幻灯片/文件或网页。

（1）在"插入"选项卡中单击"形状"下拉按钮🔲，在打开的形状列表底部可以看到 WPS 2022 内置的动作按钮，如图4-106所示。将鼠标指针移到动作按钮上，可以查看按钮的功能提示。

图4-106　内置的动作按钮

（2）单击需要的按钮，鼠标指针显示为十字形十，按下左键在幻灯片上拖动到合适大小，释放鼠标，即可绘制一个指定大小的动作按钮，并打开"动作设置"对话框，如图4-107所示。

图 4-107　绘制动作按钮

> **提示**：选中动作按钮后，直接在幻灯片上单击，可以添加默认大小的动作按钮。

（3）在"鼠标单击"选项卡中设置单击动作按钮时执行的动作；切换到"鼠标移过"选项卡设置鼠标移到动作按钮上时执行的动作。

该对话框与添加动作时的"动作设置"对话框相同，各个选项的意义不再赘述。

（4）设置完成后，单击"确定"按钮关闭对话框。

（5）选中添加的动作按钮，在"绘图工具"选项卡中修改按钮的填充、轮廓和效果外观。将指针移到动作按钮上时，指针显示为手形🖑，如图 4-108 所示。

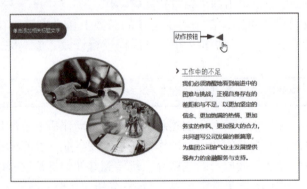

图 4-108　添加动作按钮的效果

（6）按照上面相同的步骤，添加其他动作按钮，并设置动作按钮的动作。

与超链接类似，创建动作按钮之后，可以随时修改按钮的交互动作。

（7）如果要修改动作按钮的动作，在动作按钮上单击右键，在弹出的快捷菜单中选择"动作设置"命令，打开"动作设置"对话框进行修改。完成后，单击"确定"按钮关闭对话框。

五、添加多媒体

如果幻灯片中需要讲解的内容比较多，不便于在幻灯片中完整展示，使用音频、视频或Flash动画不仅能简化页面，增强视觉效果，还能使讲解内容更直观易懂。

1. 插入音频

在文字内容较多的幻灯片中，为避免枯燥乏味，可以在幻灯片中添加背景音乐，或为演示文本添加配音讲解。

（1）打开要插入音频的幻灯片，单击"插入"选项卡中的"音频"下拉按钮，打开如图4-109所示的下拉列表。

（2）选择要插入音频的方式。

WPS 2022不仅可以直接在幻灯片中嵌入音频，还能链接到音频。这两种方式的不同之处在于，将演示文稿复制到其他计算机上放映时，嵌入音频能正常播放；链接的音频必须将音频文件一同复制，并存放到相同的路径下才能播放。

单击"嵌入音频"或"链接到音频"命令，打开"插入音频"对话框，在本地计算机或WPS云盘中选择音频文件。

单击"嵌入背景音乐"和"链接背景音乐"命令，打开"从当前页插入背景音乐"对话框，在本地计算机或WPS云盘中选择音频文件。

图4-109　"音频"下拉列表

（3）单击"插入音频"或"从当前页插入背景音乐"对话框中的"打开"按钮，即可在幻灯片中显示音频图标和播放控件，如图4-110所示。

（4）将鼠标指针移到音频图标变形框顶点位置的变形手柄上，指针变为双向箭头时按下左键拖动，可以调整图标的大小；指针变为四向箭头时，按下左键拖动，可以移动图标的位置。

> **提示：** 如果不希望在幻灯片中显示音频图标，可以将音频图标拖放到幻灯片之外。

此时，单击音频图标或播放控件上的"播放/暂停"按钮，可以试听音频效果。利用播放控件还可以前进、后退、调整播放音量。

音频图标实质是一张图片，可利用"图片工具"选项卡更改音频图标、设置音频图标的样式和颜色效果，以贴合幻灯片风格。

（5）选中音频图标，在"图片工具"选项卡中单击"替换图片"按钮，在打开的"更改图片"对话框中更换音频图标，效果如图4-111所示。

（6）利用"图片轮廓"和"图片效果"按钮修改音频图标的视觉样式。

图 4-110　插入音频

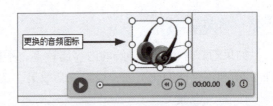

图 4-111　更换音频图标

2. 编辑音频

在幻灯片中插入音频后，如果只希望播放其中的一部分，不需要启用专业的音频编辑软件对音频进行裁剪，在 WPS 演示中就可以轻松截取部分音频。此外，还可以对音频进行一些简单的编辑，例如设置播放音量和音效。

（1）选中幻灯片中的音频图标，打开如图 4-112 所示的"音频工具"选项卡。

图 4-112　"音频工具"选项卡

（2）单击"音频工具"选项卡中的"裁剪音频"按钮，打开如图 4-113 所示的"裁剪音频"对话框。

（3）将绿色的滑块拖放到开始音频的位置；将红色的滑块拖动到结束音频的位置。指定音频的起始点时，单击"上一帧"按钮或"下一帧"按钮，可以对起、止时间进行微调。

（4）确定音频的起、止点后，单击"播放"按钮，试听音频效果。

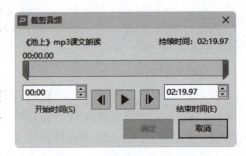

图 4-113　"裁剪音频"对话框

（5）单击"音频工具"选项卡中的"音量"下拉按钮，在如图 4-114 所示的下拉列表中选择设置放映幻灯片时音频文件的音量等级。

（6）在"音频工具"选项卡的"淡入"数值框中输入音频开始时淡入效果持续的时间；在"淡出"数值框中输入音频结束时淡出效果持续的时间。

默认情况下，在幻灯片中插入的音频仅在当前页播放。如果希望插入的音频跨幻灯片播放，或单击时播放，就要设置音频的播放方式。

（7）单击"音频工具"选项卡中的"开始"下拉按钮，在打开的下拉列表中选择幻灯片放映时音频的播放方式，如图 4-115 所示。

（8）如果希望插入音频的幻灯片切换后，音频仍然继续播放，选中"跨幻灯片播放"单选按钮，并指定在哪一页幻灯片停止播放。

（9）如果希望插入的音频循环播放，直到停止放映，勾选"循环播放，直到停止"复选项。

（10）如果希望幻灯片在放映时自动隐藏其中的音频图标，勾选"放映时隐藏"复选项。

图4-114　设置音量等级　　　　　**图4-115　设置音频播放方式**

（11）如果希望音频播放完成后，自动返回到音频开头，勾选"播放完返回开头"复选项，否则，停止在音频结尾处。

3. 插入视频

随着网络技术的飞速发展，视频凭借其直观的演示效果越来越多地应用于辅助展示和演讲。在 WPS 2022 中，可以很轻松地在幻灯片中插入视频，并对视频进行一些简单的编辑操作。

（1）选中要插入视频的幻灯片，单击"插入"选项卡中的"视频"下拉按钮，打开如图4-116所示的下拉列表。

（2）在"视频"下拉列表中选择插入视频的方式，打开"插入视频"对话框。

➢ 嵌入本地视频：在本地计算机上查找视频，并将其嵌入幻灯片中。

➢ 链接到本地视频：将本地计算机上的视频以链接的形式插入幻灯片中。

➢ 网络视频：通过输入网络视频的地址插入指定 URL 的视频。

（3）选中需要的视频文件后，单击"打开"按钮，即可在幻灯片中显示插入的视频和播放控件，如图4-117所示。

图4-116　"视频"下拉列表　　　　　**图4-117　插入视频**

（4）将鼠标指针移到视频顶点位置的变形手柄上，指针变为双向箭头时按下左键拖动，调整视频文件的显示尺寸；指针变为四向箭头时，按住左键拖动调整视频的位置。

> **注意**：视频图标的大小决定观看视频文件的屏幕大小。因此，调整视频尺寸时，应尽量保持视频的长宽比一致，以免影像失真。

此时，单击播放控件上的"播放/暂停"按钮，可以预览视频。利用播放控件还可以前进、后退、调整播放音量。

4. 编辑视频

在 WPS 2022 中，可以像编辑图片样式一样修改视频剪辑的外观，根据需要截取视频片断，设置视频封面，以及设置视频的播放方式。

（1）选中插入的视频剪辑，打开如图 4-118 所示的"视频工具"选项卡。

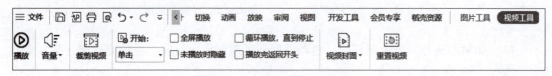

图 4-118 "视频工具"选项卡

（2）单击"视频工具"选项卡中的"裁剪视频"按钮 ，打开如图 4-119 所示的"裁剪视频"对话框，分别拖动绿色滑块和红色滑块设置视频的起始点和结束点。

如果要精确定位时间，单击"上一帧"按钮 或"下一帧"按钮 。裁剪完成后，单击"播放"按钮 预览裁剪后的视频效果，然后单击"确定"按钮关闭对话框。

（3）如果要修改视频封面，单击"视频工具"选项卡中的"视频封面"下拉按钮 ，在打开的下拉列表中选择封面的来源，如图 4-120 所示。

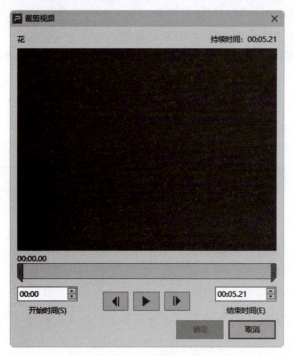

图 4-119 "裁剪视频"对话框

图 4-120 "视频封面"下拉列表

视频封面是指视频还没有播放时显示的图片，默认封面为视频第一帧的图像，并显示播放按钮。选择"来自文件…"命令，在打开的"选择图片"对话框中选择视频封面。暂停视频时，还可将视频的当前画面设置为视频封面。

（4）插入的视频剪辑默认按照单击顺序播放，幻灯片切换时，视频停止。如果希望幻灯片切入时视频自动播放，单击"视频工具"选项卡中的"开始"下拉按钮，在打开的下拉列表中选择"自动"命令。

（5）单击"音量"下拉按钮，在打开的下拉列表中选择视频播放的音量级别。

（6）如果希望视频播放时全屏显示，选中"全屏播放"复选框。

（7）如果希望视频播放前处于隐藏状态，选中"未播放时隐藏"复选框。

（8）如果希望视频重复播放，直到幻灯片切换或人为中止，选中"循环播放，直到停止"复选框。

（9）如果希望视频播放完毕后，返回到第一帧停止，而不是停止在最后一帧，选中"播放完毕返回开头"复选框。

【任务实施】

制作员工入职培训演示文稿

1. 创建封面动画

（1）打开已创建的员工入职培训演示文稿，定位到标题幻灯片，如图4-121所示。

图4-121　标题幻灯片

（2）选中幻灯片底部的三角形状，切换到"动画"菜单选项卡，在"动画"下拉列表框中选择"飞入"效果。然后单击"动画窗格"按钮，打开"窗格动画"窗格，设置动画开始时间为"与上一动画同时"，方向为"自底部"，速度为"快速"，如图4-122所示。

预览动画，可以看到三角形自幻灯片下方快速向上运动进入幻灯片。

（3）按住Shift键选中右侧的圆角矩形和三角形，在"自定义动画"窗格中单击"添加效果"按钮，设置动画效果为"切入"，然后设置开始时间为"之前"，方向为"自右侧"，速度为"非常快"，如图4-123所示。

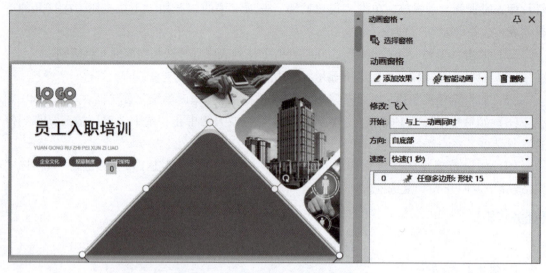

图 4-122　设置底部三角形的动画选项

（4）选中顶部的三角形，在"自定义动画"窗格中单击"添加效果"按钮，设置动画效果为"切入"，然后设置开始时间为"与上一动画同时"，方向为"自顶部"，速度为"非常快"，如图 4-124 所示。

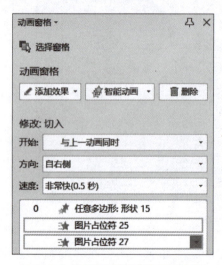

图 4-123　设置右侧形状的动画选项

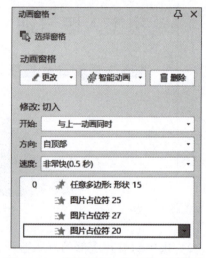

图 4-124　设置顶部三角形的动画选项

预览动画时，可以看到三个形状同时以指定的动画方式进入幻灯片，不同的是方向不同。

（5）按住 Shift 键选中幻灯片左侧的 Logo、标题和拼音标题三个文本框，在"自定义动画"窗格中单击"添加效果"按钮，设置动画效果为"擦除"，然后设置开始时间为"在上一动画之后"，方向为"自左侧"，速度为"快速"，如图 4-125 所示。

在预览时，可以看到三个文本框依次以"擦除"的方式出现。

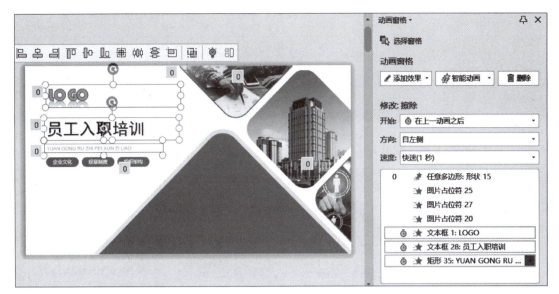

图 4-125 设置文本框的动画选项

（6）将形状组合"企业文化"拖放到幻灯片左侧，在"动画"下拉列表框中选择"绘制自定义路径"列表中的"直线"，按下左键拖动到合适位置释放，绘制一条运动路径。然后设置开始时间为"与上一动画之后"，速度为"快速"，如图 4-126 所示。

图 4-126 设置"企业文化"的动画路径和选项

提示：绘制路径时，按住 Shift 键拖动鼠标，可使路径保持水平。

预览动画，可以看到形状组合"企业文化"从幻灯片左侧沿指定的路径进入幻灯片。

（7）将形状组合"规章制度"拖放到幻灯片左侧，在"动画"下拉列表框中选择"绘制自定义路径"列表中的"直线"，按下左键拖动到合适位置释放，绘制一条运动路径。然后设置开始时间为"与上一动画同时"，速度为"快速"，如图4-127所示。

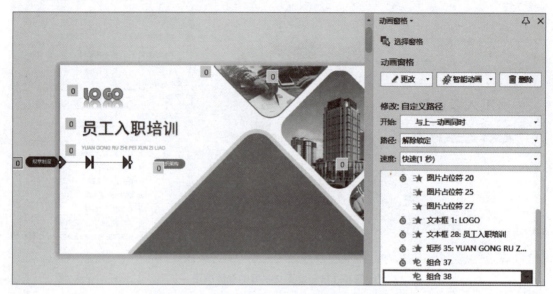

图4-127　设置"规章制度"的动画路径和选项

（8）将形状组合"组织架构"拖放到幻灯片左侧，在"动画"下拉列表框中选择"绘制自定义路径"列表中的"直线"，按下左键拖动到合适位置释放，绘制一条运动路径。然后设置开始时间为"与上一动画同时"，速度为"快速"，如图4-128所示。

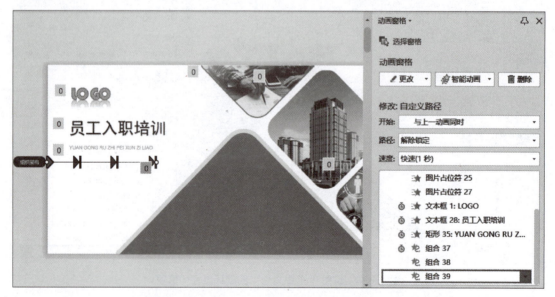

图4-128　设置"组织架构"的动画路径和选项

此时预览动画，可以看到三个形状组合同时从幻灯片左侧沿指定路径进入幻灯片。至此，封面动画制作完成。

（9）在"自定义动画"窗格底部单击"播放"按钮 ⊙播放 ，即可预览封面动画的效果。

2. 添加背景音乐

（1）定位到标题幻灯片，在"插入"菜单选项卡中单击"音频"下拉按钮，在弹出的下拉列表中选择"嵌入背景音乐"命令，打开"从当前页插入背景音乐"对话框。选中需要的音频文件后，单击"打开"按钮，即可在幻灯片中显示音频图标和播放控件。将音频图标拖放到幻灯片底部，如图4-129所示。

图4-129　插入音频

（2）选中音频图标，在"图片工具"菜单选项卡中单击"色彩"下拉按钮，在弹出的下拉菜单中选择"黑白"。单击"效果"下拉按钮 效果▾，在下拉列表中选择"阴影"命令，然后在级联菜单中选择"右下斜偏移"，效果如图4-130所示。

图4-130　设置音频图标的样式效果

（3）切换到"音频工具"菜单选项卡，单击"音量"下拉按钮，在下拉菜单中设置音量级别为"低"。

由于在插入音频文件时，选择的插入方式是"嵌入背景音乐"，因此，在"音频工具"菜单选项卡中可以看到，音频的播放时间自动被设置为"自动"，跨幻灯片循环播放直到停止，且放映时隐藏音频图标，如图4-131所示。

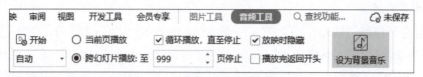

图4-131 "音频工具"菜单选项卡

3. 制作目录、导航

（1）定位到目录幻灯片，如图4-132所示。

图4-132 目录幻灯片

（2）选中要添加超链接的文本"企业文化"，在"插入"菜单选项卡中单击"超链接"按钮，打开"插入超链接"对话框。在"链接到"列表框中选择"本文档中的位置"，在"请选择文档中的位置"列表框中选择要链接到幻灯片，本例选择"幻灯片3"，然后单击"屏幕提示"按钮，在弹出的对话框中输入提示文字"企业文化"，如图4-133所示。设置完成后，单击"确定"按钮关闭对话框。

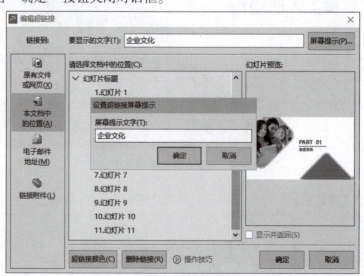

图4-133 设置超链接选项

（3）按照上一步同样的方法，为其他三个目录项创建超链接。可以看到超链接文本下方显示下划线，效果如图4-134所示。

图4-134　创建超链接的效果

（4）选中第一张过渡页（幻灯片3），在"插入"菜单选项卡中单击"形状"下拉按钮，在弹出的形状列表中选择"动作按钮：第一张"，按下左键绘制形状。释放鼠标后，在弹出的"动作设置"对话框的"鼠标单击"选项卡中，设置单击鼠标时的动作为"超链接到"，然后在下拉列表框中选择"幻灯片"，在弹出的"超链接到幻灯片"对话框中选择要链接到的"幻灯片2"（即目录页），如图4-135所示。

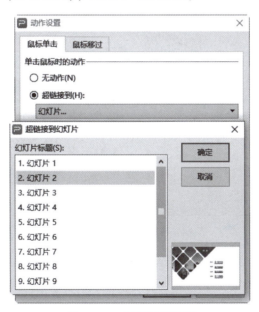

图4-135　设置动作按钮

（5）单击"确定"按钮关闭对话框。选中绘制的动作按钮，在"绘图工具"菜单选项卡的"形状样式"下拉列表框中选择第一行最后一列的样式"彩色轮廓-暗石板灰，强调颜色6"，效果如图4-136所示。

图 4-136　设置动作按钮的样式的效果

（6）选中格式化后的动作按钮，按 Ctrl+C 组合键复制按钮，然后分别粘贴到其他三张过渡页上，如图 4-137 所示。

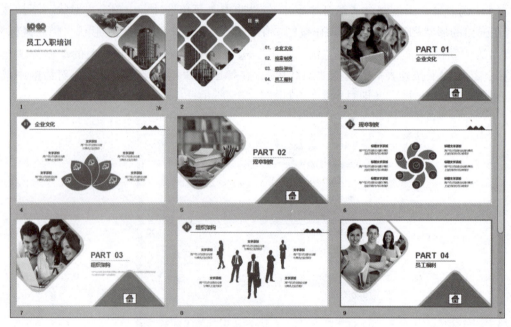

图 4-137　粘贴动作按钮

（7）切换回"普通"视图，定位到目录页，单击状态栏上的"阅读视图"按钮预览超链接的效果。将鼠标指针移到超链接上时，指针显示为手形，指针右下方显示屏幕提示文字，如图 4-138 所示。

（8）单击超链接，即可跳转到指定的幻灯片页面。将鼠标指针移到过渡页上的动作按钮上时，指针显示为手形，如图 4-139 所示。单击动作按钮，即可跳转到指定的目录页。

（9）预览完成，按 Esc 键返回"普通"视图。

图 4- 138　预览超链接的效果

图 4-139　动作按钮的预览效果

4. 设置换片效果

（1）选中标题幻灯片，在右侧任务窗格中单击"幻灯片切换"按钮 ，打开"幻灯片切换"窗格。在"应用于所选幻灯片"列表框中选择"溶解"，速度为 0.70，然后在"换片方式"选项区域选中"自动换片"复选框，并设置时间为 10 秒，如图 4-140 所示。

（2）选中目录页，在"幻灯片切换"窗格中设置切换动画为"淡出"，效果选项为"平滑"，速度为 1.25，然后在"换片方式"选项区域选中"自动换片"复选框，并设置时间为 10 秒，如图 4-141 所示。

（3）选中第 3 张幻灯片，然后按住 Shift 键单击倒数第二张幻灯片，选中除封面页、目录页和结束页的所有内容幻灯片。在"幻灯片切换"窗格中设置切换动画为"抽出"，效果选项为"从右"，速度为 1.25，如图 4-142 所示。

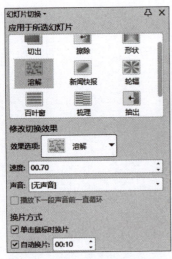
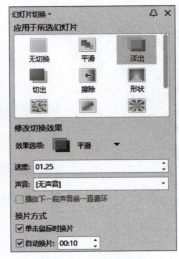
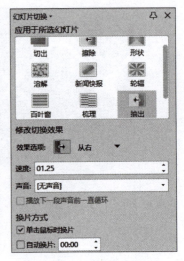

图 4-140　设置标题幻灯片
的切换方式

图 4-141　设置目录页
的切换方式

图 4-142　设置内容幻灯片
的切换方式

由于各张幻灯片的播放时长不一样，因此没有选中"自动换片"复选框，统一设置各张幻灯片的切换时间。

（4）根据各张幻灯片的播放时间，分别设置自动换片的时间间隔。

（5）切换到幻灯片浏览视图，可以查看各张幻灯片的播放时长，如图 4-121 所示。

【任务评价】

评价类型	序号	任务内容	分值	自评	师评
学习态度	1	主动学习	5		
	2	学习时长、进度	20		
操作能力	3	打开文稿	5		
	4	添加动画	20		
	5	添加超链接	20		
	6	添加背景音乐	20		
课程素养	7	完成课程素养学习	10		
总分			100		

【课后练习】

一、选择题

1. 在一个包含多个对象的幻灯片中，选定某个对象设置"擦除"效果后，则（　　）。

A. 该幻灯片的放映效果为"擦除"　　　B. 该对象的放映效果为"擦除"

C. 下一张幻灯片放映效果为"擦除"　　D. 上一张幻灯片放映效果为"擦除"

2. 有关动画出现的时间和顺序的调整，以下说法不正确的是（　　）。

A. 动画必须依次播放，不能同时播放

B. 动画出现的顺序可以调整

C. 有些动画可设置为满足一定条件时再出现，否则不出现

D. 如果使用了排练计时，则放映时无须单击鼠标控制动画的出现时间

3. 在 WPS 幻灯片中建立超链接有两种方式：通过把某对象作为超链接载体和（　　）。

A. 文本框　　　　　B. 文本　　　　　C. 图片　　　　　D. 动作按钮

4. 在 WPS 演示中，激活动作的操作可以是鼠标单击和（　　）。

A. 悬停　　　　　B. 拖动　　　　　C. 双击　　　　　D. 右击

5. 在播放时，要实现幻灯片之间的跳转，不可以采用的方法是（　　）。

A. 设置超链接　　B. 设置动作　　C. 设置动画效果　　D. 添加动作按钮

6. 在 WPS 演示中，可对按钮设置多种动作，以下不正确的是（　　）。

A. 链接到自定义放映　　　　　　　B. 运行外部程序

C. 不能打开网址　　　　　　　　　D. 结束放映

二、操作题

1. 新建一张幻灯片，输入标题文本后，再输入一个段落文本，并插入一张图片。然后执行以下操作：

（1）设置文本动画，使标题文本逐字飞入幻灯片，完全显示后，文本颜色显示为红色。

（2）设置段落文本淡入效果，动画播放后隐藏。

（3）在幻灯片中添加一个"笑脸"形状，单击"笑脸"形状播放图片的动画效果。

（4）经过 10 秒后，以"擦除"方式显示下一张幻灯片。

2. 在幻灯片中创建一个动作按钮，放映幻灯片时单击该按钮可以打开一个文本文件。

3. 在幻灯片中插入一个影片剪辑，设置视频的预览图和外观样式。然后剪裁视频，并设置视频的播放方式，在放映幻灯片时，视频剪辑自动全屏播放，并且播放完成后停止在第一帧。

4. 新建一张幻灯片，插入一段音频作为演示文稿的背景音乐。

任务3　放映、输出演示文稿

【任务描述】

通过对本任务相关知识的学习和实践，要求学生掌握演示文稿放映前的准备工作，掌握控制放映流程以及演示文稿的导出，并将"美文赏析"演示文稿输出为 PDF，方便以后使用。

【任务分析】

要使用 WPS 放映和导出演示文稿，首先打开已经制作好的演示文稿；然后设置幻灯片的放映内容和展示方式；接下来根据需要使用指针和画笔圈画要点，或根据演示需要暂停和结束放映；最后将演示文稿导出，可以将演示文稿打包，还可以将其输出为 PDF 文档。

【知识准备】

一、设置幻灯片的放映方式

在正式展示幻灯片之前，有时还需要对演示文稿进行一些设置，例如，面向不同需要的观众，展示不同的幻灯片内容；根据演讲进度控制幻灯片的播放节奏。

1. 自定义放映内容

演示文稿制作完成后，有时需要针对不同的受众放映不同的幻灯片内容。使用 WPS 演示的自定义放映功能，不需要删除部分幻灯片或保存多个副本，就可以基于同一个演示文稿生成多种不同的放映序列，且各个序列版本相对独立，互不影响。

（1）打开演示文稿，单击"放映"选项卡中的"自定义放映"按钮▦，打开如图 4-143 所示的"自定义放映"对话框。

如果当前演示文稿中还没有创建任何自定义放映，窗口显示为空白；如果创建过自定义放映，则显示自定义放映列表。

（2）单击"新建"按钮，打开如图 4-144 所示的"定义自定义放映"对话框。

图 4-143 "自定义放映"对话框

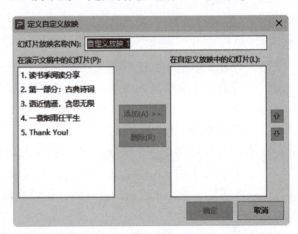

图 4-144 "定义自定义放映"对话框

对话框中左侧的列表框中显示当前演示文稿中的幻灯片列表；右侧窗格显示添加到自定义放映的幻灯片列表。

（3）在"幻灯片放映名称"文本框中输入一个意义明确的名称，以便区分不同的自定义放映。

（4）在左侧的幻灯片列表框中单击选中要加入自定义放映队列的幻灯片，按住 Shift 键或 Ctrl 键可在列表框中选中连续或不连续的多张幻灯片。然后单击"添加"按钮 添加(A)>> 。右侧的列表框中将显示添加要展示的幻灯片，如图 4-145 所示。

> **提示**：在 WPS 演示中，可以将同一张幻灯片多次添加到同一个自定义放映中。

（5）在右侧的列表框中选中不希望展示的幻灯片，单击"删除"按钮 删除(R) ，可在自定义放映中删除指定的幻灯片，左侧的幻灯片列表不受影响。

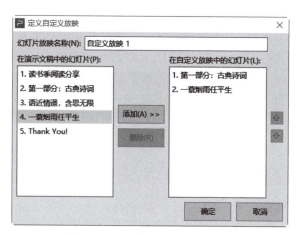

图 4-145　添加要展示的幻灯片

（6）在右侧的列表框中选中要调整顺序的幻灯片，单击"向上"按钮⬆或"向下"按钮⬇，可以调整幻灯片在自定义放映中的放映顺序。

（7）设置完成后，单击"确定"按钮关闭对话框，返回到"自定义放映"对话框。此时，在窗口中可以看到已创建的自定义放映。

（8）如果要修改自定义放映，单击"编辑"按钮打开"定义自定义放映"对话框进行修改；单击"删除"按钮可删除当前选中的自定义放映；单击"复制"按钮可复制当前选中的自定义放映，并保存为新的自定义放映；单击"放映"按钮，可全屏放映当前选中的自定义放映。

（9）设置完毕后，单击"关闭"按钮关闭对话框。

2. 放映设置

WPS 2022 针对常用的演示用途提供两种放映模式，并提供对应的放映操作，可在不同的演示场景达到最佳的放映效果。

（1）打开演示文稿，在"放映"选项卡中单击"放映设置"按钮，打开如图 4-146 所示的"设置放映方式"对话框。

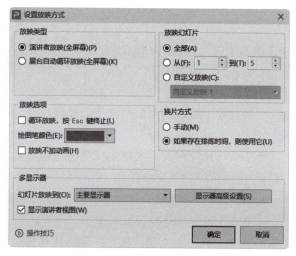

图 4-146　"设置放映方式"对话框

（2）在"放映类型"区域选择放映模式。

➢ 演讲者放映（全屏幕）：通常适用于将幻灯片投影到大屏幕或召开文稿会议。演讲者对演示文档具有完全的控制权，可以干预幻灯片的放映流程。

➢ 展台自动循环放映（全屏幕）：适用于展览会场循环播放无人管理的幻灯片。在这种模式下，观众不能使用鼠标控制放映流程，除非单击超链接。

> **注意**：使用"展台自动循环放映（全屏幕)"模式放映幻灯片时，演示文稿严格按照排练计时设置的时间放映，鼠标几乎毫无用处，无论是单击左键还是右键，均不会影响放映，除非单击超链接或动作按钮。

（3）设置放映选项。

➢ 循环放映，按 Esc 键终止：幻灯片循环播放，直到按 Esc 键退出。

➢ 绘图笔颜色：设置绘图笔的颜色。在放映时可使用绘图笔在幻灯片上圈注。

➢ 放映不加动画：勾选此复选框，在播放幻灯片时，不能添加动画。

（4）在"放映幻灯片"区域设置放映的范围。

默认从第一张播放到最后一张，也可以指定幻灯片编号进行播放。如果创建了自定义放映，还可以仅播放指定的幻灯片队列。

（5）在"换片方式"区域选择幻灯片的切换方式。

➢ 手动：通过鼠标或键盘控制放映进程。

➢ 如果存在排练时间，则使用它：按预定的时间或排练计时切换幻灯片。

（6）如果使用双屏扩展模式放映幻灯片，在"多显示器"区域设置放映幻灯片的显示器与放映演讲者视图的显示器，并根据需要选择是否显示演示者视图。

显示演示者视图时，演示者可以在屏幕上看到下一张幻灯片预览、备注等信息，方便控制幻灯片的放映进程，或运行其他程序，而观众只能看到放映的幻灯片。

（7）设置完成后，单击"确定"按钮关闭对话框。

3. 添加排练计时

所谓排练计时，就是预演幻灯片时，系统自动记录每张幻灯片的放映时间。在放映幻灯片时，幻灯片严格按照记录的时间间隔自动运行放映，从而使演示变得有条不紊。

（1）打开演示文稿。

（2）单击"放映"选项卡中的"排练计时"按钮，即可全屏放映第一张幻灯片，并在屏幕左上角显示排练计时工具栏，如图 4-147 所示。

工具栏上各个按钮的功能简要介绍如下：

➢ "下一项"按钮：单击该按钮结束当前幻灯片的放映和计时，开始放映下一张幻灯片，或播放下一个动画。

➢ "暂停"按钮：暂停幻灯片计时。再次单击，该按钮继续计时。

➢ 第一个时间框：显示当前幻灯片的放映时间。

➢ "重复"按钮：返回到刚进入当前幻灯片的时刻，重新开始计时。

➢ 第二个时间框：显示排练开始的总计时。

（3）排练完成后，单击计时工具栏右上角或按 Esc 键终止排练，此时将打开如图 4-148 所示的对话框询问是否保存本次排练时间。单击"是"按钮，保存排练的时间；单击"否"

按钮，取消本次排练计时。

图 4-147　排练计时工具栏　　　　　　　　图 4-148　对话框

此时切换到幻灯片浏览视图，在幻灯片右下方可以看到计时时间。

二、放映幻灯片

设置好幻灯片的放映内容和展示方式之后，就可以正式放映幻灯片，查看播放效果了。在放映过程中，用户还可以使用指针和画笔圈画要点，根据演示需要暂停和结束放映。

1. 启动放映

（1）打开要放映的演示文稿。

（2）如果要从第一张幻灯片开始放映，单击"放映"选项卡中的"从头开始"按钮 ，或直接按快捷键 F5。

（3）如果要从当前幻灯片开始放映，在状态栏上单击"从当前幻灯片开始播放"按钮 ，或在"幻灯片放映"选项卡中单击"当页开始"按钮 ，或直接按 Shift+F5 组合键。

在"普通"视图的幻灯片窗格中，单击幻灯片缩略图左下角的"当页开始"按钮 ，也可以从当前页幻灯片开始放映。

（4）如果要播放自定义放映，在"幻灯片放映"选项卡中单击"自定义放映"按钮 ，在打开的"自定义放映"对话框中选择一个自定义放映，然后单击"放映"按钮。

2. 切换幻灯片

（1）在演示者全屏放映模式下放映幻灯片时，利用如图 4-149 所示的右键快捷菜单可以很方便地切换幻灯片。

（2）单击"下一页"或"上一页"命令，可以在相邻的幻灯片之间进行切换；单击"第一页"或"最后一页"命令，可跳转到演示文稿第一页或最后一页进行播放。

如果要跳转到指定编号的幻灯片，或最近查看过的幻灯片开始播放，可以单击"定位"命令，在如图 4-150 所示的级联菜单中选择需要的幻灯片。

（3）单击"幻灯片漫游"命令，在如图 4-151 所示的"幻灯片漫游"对话框中选择要播放的幻灯片，然后单击"定位至"按钮，即可跳转到指定的幻灯片进行放映。

图 4-149　右键快捷菜单

（4）单击"按标题"命令，在打开的幻灯片标题列表中也可以定位需要的幻灯片，如图 4-152 所示。

图 4-150 "定位"级联菜单

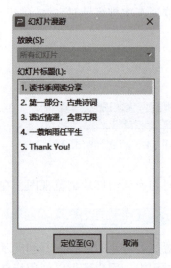

图 4-151 "幻灯片漫游"对话框

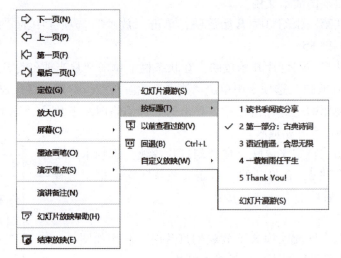

图 4-152 按标题定位

(5) 单击"以前查看过的"命令,可以跳转到最近查看过的幻灯片;单击"回退"命令,可以返回到最近一次放映的幻灯片。

(6) 单击"自定义放映"命令,在级联菜单中可以选择需要的自定义放映进行播放。

此外,单击"幻灯片放映帮助"命令,打开"幻灯片放映帮助"对话框,可以查看切换幻灯片的一些快捷键,如图 4-153 所示。

3. 暂停与结束放映

在幻灯片演示过程中,演示者可以随时根据演示进程暂停播放,临时增添讲解内容,讲解完成后继续播放。

如果要暂停放映幻灯片,常用的方法有以下三种:

➢ 按键盘上的 S 键。

> 同时按大键盘上的 Shift 键和+键。
> 按小键盘上的+键。

注意：并非所有幻灯片都能暂停/继续播放，前提是当前幻灯片的换片方式为经过一定时间后自动换片。

如果要继续放映幻灯片，单击右键，在弹出的快捷菜单中选择"屏幕"命令，然后在级联菜单中选择"继续执行"命令，如图 4-154 所示。

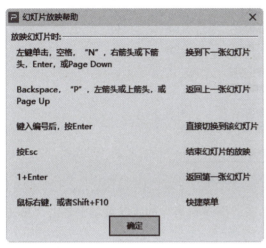

图 4-153　"幻灯片放映帮助"对话框　　　图 4-154　选择"继续执行"命令

如果要结束放映，单击右键，在快捷菜单中选择"结束放映"命令，或直接按键盘上的 Esc 键。

4. 使用黑屏和白屏

在放映过程中，除了可以利用快捷键暂停放映，使用黑屏或白屏也可以暂停放映，而且能像屏保一样隐藏放映的内容。

（1）在放映的幻灯片上单击右键，在弹出的快捷菜单中单击"屏幕"命令，然后在其级联菜单中选择"黑屏"或"白屏"。

提示：在放映模式下，按键盘上的 W 键或，键，可进入白屏模式；按键盘上的 B 键或.键，可进入黑屏模式。

（2）如果要退出黑屏或白屏，按键盘上的任意一个键，或者单击鼠标即可。

5. 使用画笔圈画重点

在放映演示文稿时，为了更好地表述讲解的内容，可以使用指针工具在幻灯片中书写或圈画重点。

（1）放映幻灯片时单击鼠标右键，在弹出的快捷菜单中单击"墨迹画笔"命令，在其级联菜单中选择墨迹画笔形状，如图 4-155 所示。墨迹画笔形状默认为箭头，用户可以根据需要选择圆珠笔、水彩笔或荧光笔。

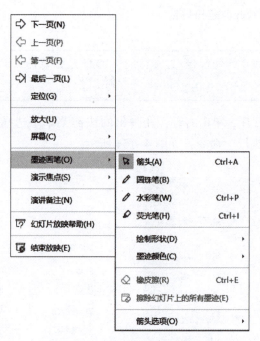

图 4-155　"墨迹画笔"级联菜单

（2）再次打开如图 4-155 所示的级联菜单，在"墨迹画笔"的级联菜单中单击"墨迹颜色"命令，设置墨迹颜色，如图 4-156 所示。

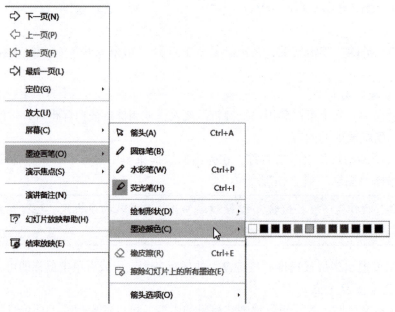

图 4-156　设置墨迹颜色

（3）按下鼠标左键在幻灯片上拖动，即可绘制墨迹，如图 4-157 所示。

（4）如果要修改或删除幻灯片上的笔迹，在"墨迹画笔"级联菜单中选择"橡皮擦"选项。指针显示为 ，在创建的墨迹上单击，即可擦除绘制的墨迹。如果要删除幻灯片上添加的所有墨迹，在"指针选项"的级联菜单中选择"擦除幻灯片上的所有墨迹"命令。

（5）擦除墨迹后，按 Esc 键退出橡皮擦的使用状态。

（6）退出放映状态时，WPS 演示会打开一个对话框，询问是否保存墨迹，如图 4-158 所示。如果不需要保存墨迹，单击"放弃"按钮，否则，单击"保留"按钮。

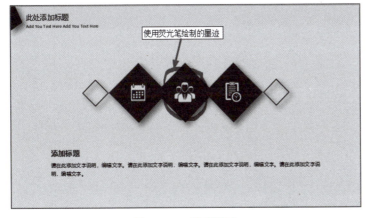

图 4-157　绘制墨迹

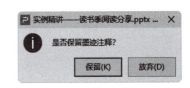

图 4-158　提示对话框

保留的墨迹可以在幻灯片编辑窗口中查看，在放映时也会显示。如果不希望在幻灯片上显示墨迹，单击"审阅"选项卡中的"显示/隐藏标记"按钮，即可隐藏。

注意：隐藏墨迹并不是删除墨迹，再次单击该按钮将显示幻灯片上的所有墨迹。

如果要删除幻灯片中的墨迹，单击选中的墨迹后，按 Delete 键。

三、输出演示文稿

WPS 2022 提供了多种输出演示文稿的方式，除了保存为 WPS 演示文件（＊.dps）和 PowerPoint 演示文件（＊.pptx 或＊.ppt）外，还可以转换为 PDF 文档、视频、PowerPoint 放映文件和图片等多种广泛应用的文档格式，满足不同用户的需求。

1. 转换为 PDF 文档

PDF 是 Adobe 公司用于存储与分发文件而发展起来的一种文件格式，能跨平台保留文件原有布局、格式、字体和图像，还能避免他人对文件进行更改。PDF 文件可以利用 Adobe Acrobat Reader 软件，或安装了 Adobe Reader 插件的网络浏览器进行阅读。

（1）打开演示文稿，单击"文件"→"输出为 PDF"命令，打开如图 4-159 所示的"输出为 PDF"对话框。

（2）选中要输出为 PDF 的文件，并指定保存 PDF 文件的目录。

（3）如果要设置输出内容和 PDF 文件的权限，单击"设置"选项，打开如图 4-160 所示的"设置"对话框。

（4）在"输出内容"选项区域选择要输出为 PDF 的幻灯片内容。如果选择"讲义"，还可以指定每一页上显示的幻灯片数量，以及幻灯片的排列方向。

（5）如果要设置输出的 PDF 文件的权限，选中"权限设置"右侧的复选框，并设置密码，然后设置文件的编辑权限，如图 4-161 所示。

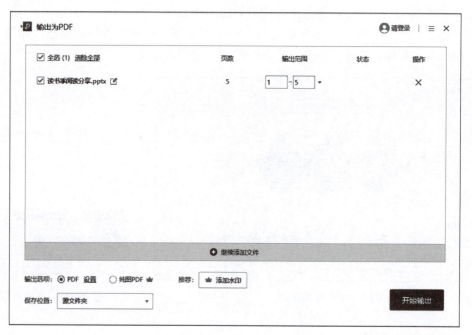

图 4-159 "输出为 PDF" 对话框

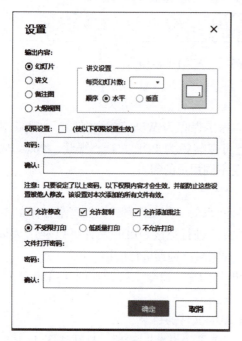

图 4-160 "设置" 对话框

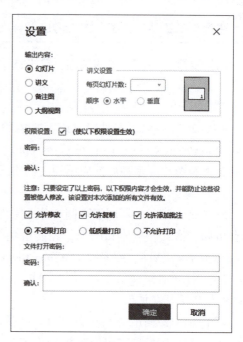

图 4-161 设置权限

（6）设置完成后，单击"确定"按钮返回"输出为 PDF"对话框。然后单击"开始输出"按钮，开始创建 PDF 文档。创建完成后，默认自动启动相应的阅读器查看创建的 PDF 文档。

2. 输出为视频

在 WPS 2022 中，将演示文稿输出为 WEBM 视频，可以很方便地与他人共享。即便对方的计算机上没有安装演示软件，也能流畅地观看演示效果。输出的视频保留所有动画效果和切换效果、插入的音频和视频，以及排练计时和墨迹画笔。

（1）打开演示文稿，单击"文件"→"另存为"→"输出为视频"命令，打开如图 4-162 所示的"另存文件"对话框。

图 4-162　"另存文件"对话框

（2）指定视频保存的路径和名称，然后单击"保存"按钮，即可关闭对话框，并开始创建视频文件。

3. 包演示文稿

如果要查看演示文稿的计算机上没有安装 PowerPoint，或缺少演示文稿中使用的某些字体，可以将演示文档和与之链接的文件一起打包成文件夹或压缩文件。

（1）打开要打包的演示文稿，单击"文件"→"文件打包"命令，然后在级联菜单中选择打包演示文稿的方式，如图 4-163 所示。

（2）如果选择"将演示文档打包成文件夹"命令，打开如图 4-164 所示的"演示文件打包"对话框。输入文件夹名称与文件夹位置，如果要同时生成一个压缩包，选中"同时打包成一个压缩文件"复选框，然后单击"确定"按钮。

打包完成后，打开如图 4-165 所示的"已完成打包"对话框。单击"打开文件夹"按钮，可查看打包文件。

（3）如果选择"将演示文稿打包成压缩文件"命令，打开如图 4-166 所示的"演示文件打包"对话框。设置压缩文件名和位置后，单击"确定"按钮即可。

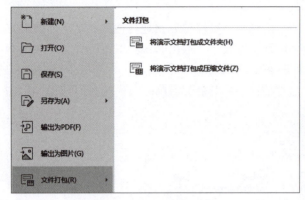

图 4-163 "文件打包"级联菜单

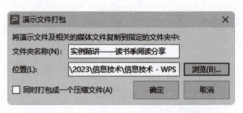

图 4-164 "演示文件打包"对话框

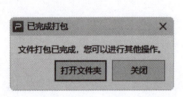

图 4-165 "已完成打包"对话框

图 4-166 "演示文件打包"对话框

4. 保存为放映文件

将制作好的演示文稿分发给他人观看时，如果不希望他人修改文件，或担心演示软件版本不同的原因影响放映效果，可以将演示文稿保存为 PowerPoint 放映。PowerPoint 放映文件不可编辑，双击即可自动进入放映状态。

（1）打开演示文稿，单击"文件"→"另存为"→"PowerPoint 97-2003 放映文件（*.pps）"命令，打开"另存为"对话框。

（2）在打开的"另存为"对话框中指定保存文件的路径和名称，然后单击"保存"按钮。

此时，双击保存的放映文件，即可开始自动放映。

> **注意**：如果要在其他计算机上播放放映文件，应将演示文稿链接的音频、视频等文件一起复制，并放置在同一个文件夹中。否则，放映文件时，链接的内容可能无法显示。

5. 转为文字文档

将演示文稿转为文字文档，可作为讲义辅助演讲。

（1）打开要进行转换的演示文稿。

（2）单击"文件"→"另存为"→"转为 WPS 文字文档"命令，打开如图 4-167 所示的"转为 WPS 文字文档"对话框。

（3）选择要进行转换的幻灯片范围，可以是演示文稿中的全部幻灯片、当前幻灯片或选定的幻灯片，还可以通过输入幻灯片编号指定幻灯片范围。

（4）在"转换后版式"选项区域选择幻灯片内容转换到文字文件中的版式，在"版式预览"区域可以看到相应的版式效果。

图 4-167 "转为 WPS 文字文档"对话框

（5）在"转换内容包括"选项区域设置要转换到文字文件中的内容。

注意：将演示文稿导出为文字文档时，只能转换占位符中的文本，不能转换文本框中的文本。

（6）设置完成后，单击"确定"按钮关闭对话框。

【任务实施】

输出美文赏析演示文稿

（1）单击"文件"→"打开"命令，打开"打开文件"对话框，选择"美文赏析.pptx"文件，单击"打开"按钮，打开文件。

（2）单击"文件"→"文件打包"→"将演示文档打包成文件夹"命令，打开"演示文件打包"对话框，设置文件夹位置，输入文件夹名称为"美文赏析"，如图 4-168 所示，单击"确定"按钮。

（3）打包完成后，打开如图 4-169 所示的"已完成打包"对话框。单击"打开文件夹"按钮，可查看打包文件，单击"关闭"按钮，关闭对话框。

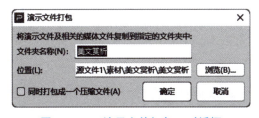

图 4-168 "演示文件打包"对话框

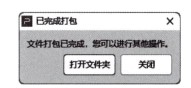

图 4-169 "已完成打包"对话框

（4）单击"文件"→"输出为 PDF"命令，打开如图 4-170 所示的"输出为 PDF"对话框。

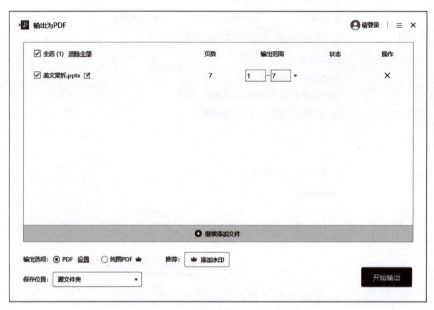

图 4-170 "输出为 PDF"对话框

（5）单击"设置"字样，打开"设置"对话框，如图 4-171 所示，设置输出内容为"讲义"，每页幻灯片数为 2，其他采用默认设置，单击"确定"按钮。

图 4-171 "设置"对话框

（6）返回到"输出为 PDF"对话框，单击"开始输出"按钮，输出成 PDF 文件，然后关闭对话框。

【任务评价】

评价类型	序号	任务内容	分值	自评	师评
学习态度	1	主动学习	5		
	2	学习时长、进度	20		
操作能力	3	打开文稿	15		
	4	打包文档	20		
	5	输出为 PDF	20		
课程素养	6	完成课程素养学习	20		
总分			100		

【课后练习】

一、选择题

1. 从当前幻灯片开始放映的快捷键是（　　）。

A. Shift+F5　　　　　　B. Shift+F4　　　　　　C. Shift+F3　　　　　　D. Shift+F2

2. 从第一张幻灯片开始放映幻灯片的快捷键是（　　）。

A. F2　　　　　　B. F3　　　　　　C. F4　　　　　　D. F5

3. 要使幻灯片在放映时能够自动播放，需要设置（　　）。

A. 动画效果　　　B. 排练计时　　　C. 动作按钮　　　D. 切换效果

4. 使用"在展台浏览（全屏幕）"模式放映幻灯片时，（　　）。

A. 不能用鼠标控制，可以用 Esc 键退出　B. 自动循环播放，可以看到菜单

C. 不能用鼠标键盘控制，无法退出　　　D. 鼠标右击无效，但双击可以退出

5. 下面有关播放演示文稿的说法，不正确的是（　　）。

A. 可以针对不同的受众播放不同的幻灯片序列

B. 在播放时按 W 键可以隐藏鼠标指针

C. 可以保留在播放时绘制的墨迹

D. 输入编号后按 Enter 键，可以直接跳转到该幻灯片

6. 制作演示文稿之后，不知道用来进行演示的计算机是否安装了 WPS 演示或 PowerPoint，将演示文稿（　　）比较安全。

A. 另存为自动放映文件　　　　　　　B. 设置为"在展台浏览"

C. 输出为视频　　　　　　　　　　　D. 输出为 PDF 文档

二、操作题

1. 通过设置排练计时，使演示文稿自动播放。

2. 自定义一个幻灯片放映序列，并在放映时使用画笔圈注标题文字，然后设置黑屏。

项目总结

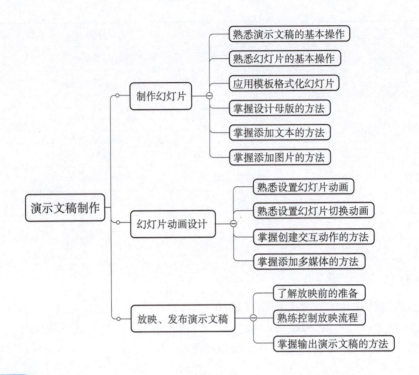

演示文稿制作
- 制作幻灯片
  - 熟悉演示文稿的基本操作
  - 熟悉幻灯片的基本操作
  - 应用模板格式化幻灯片
  - 掌握设计母版的方法
  - 掌握添加文本的方法
  - 掌握添加图片的方法
- 幻灯片动画设计
  - 熟悉设置幻灯片动画
  - 熟悉设置幻灯片切换动画
  - 掌握创建交互动作的方法
  - 掌握添加多媒体的方法
- 放映、发布演示文稿
  - 了解放映前的准备
  - 熟练控制放映流程
  - 掌握输出演示文稿的方法

项目实战

实战 企业宣传画册

首先新建一个空白的演示文稿，在母版中设置背景图片、绘制形状修饰幻灯片；然后绘制形状、对图片进行创意裁剪制作标题幻灯片；接下来在新建的幻灯片中输入标题文本，插入图片，为图片添加边框和阴影效果，并调整图片的旋转角度；最后在新建幻灯片中插入智能图形、图片和饼图，并设置图形图表的样式。演示文稿的最终效果如图 4-172 所示。

1. 设计母版

（1）新建一个空白的演示文稿，单击"视图"选项卡中的"幻灯片母版"按钮▦，切换到幻灯片母版视图。

（2）选中幻灯片母版，单击"幻灯片母版"选项卡中的"背景"按钮▨，打开"对象属性"窗格，选择"渐变填充"选项，设置渐变颜色和渐变样式，如图 4-173 所示。

（3）删除幻灯片母版中的内容占位符，然后选中标题占位符中的文本，利用浮动工具栏设置字体为"微软雅黑"，字号为 32，字形加粗，颜色为黑色，对齐方式为居中，如图 4-174 所示。

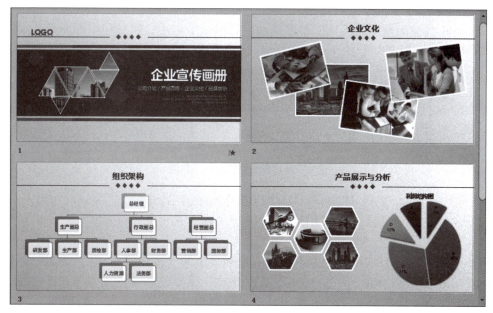

图 4-172　企业宣传画册的最终效果

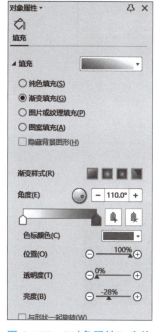

图 4-173　"对象属性"窗格

图 4-174　设置标题文本的格式

（4）单击"插入"选项卡"形状"下拉列表中的"直线"命令，绘制一条线段。选中线条，设置线条样式为单实线，颜色为黑色，宽度为1磅，然后选中绘制的线条，按 Ctrl+C 组合键和 Ctrl+V 组合键复制、粘贴一条线段，并调整线条的位置。

（5）单击"形状"下拉列表中的"菱形"命令，绘制一个菱形。然后选中菱形，在

"填充"下拉列表框中选择"红色-栗色渐变"。

（6）选中绘制的菱形，按住 Ctrl 键拖动，制作三个副本，然后利用智能参考线调整菱形的对齐和分布，效果如图 4-175 所示。

图 4-175　形状的排列分布效果

（7）单击"插入版式"按钮▤，新建的版式自动套用指定的文本格式和布局。

（8）在"幻灯片母版"菜单选项卡中单击"关闭"按钮返回普通视图。

2. 制作标题幻灯片

（1）单击"插入"选项卡"文本框"下拉列表中的"横向文本框"，绘制一个横向文本框，并输入文本"LOGO"。选中文本，在"文本工具"选项卡的文本样式下拉列表框中选择一种有倒影效果的样式，然后利用浮动工具栏修改字体、字号（32）和颜色（深红色），如图 4-176 所示。

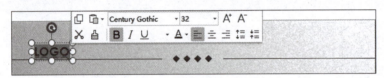

图 4-176　设置文本格式

（2）单击"插入"选项卡"形状"下拉列表中选择"矩形"命令，绘制一个矩形。选中矩形，设置填充颜色为深红色，效果如图 4-177 所示。

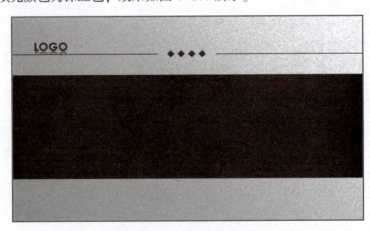

图 4-177　矩形的填充效果

（3）再次绘制矩形，按住 Ctrl 键拖动复制三个矩形。然后拖动矩形排列成一行，并分别修改矩形的填充颜色，效果如图 4-178 所示。

（4）按住 Shift 键选中上一步排列成行的四个矩形，然后按住 Ctrl 键拖动到大矩形下方释放，复制矩形，效果如图 4-179 所示。

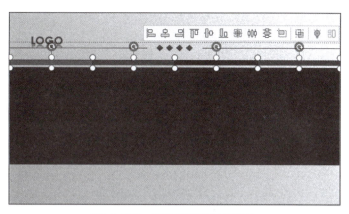

图 4-178　复制并排列矩形效果

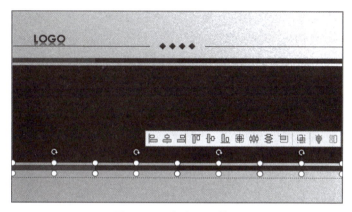

图 4-179　复制矩形效果

（5）在"插入"选项卡"形状"下拉列表中选择"菱形"命令，按下左键拖动绘制一个菱形。选中菱形，设置菱形无轮廓颜色，填充色为红色。然后按住 Ctrl 键复制四个菱形，并分别调整菱形的大小和位置，效果如图 4-180 所示。

图 4-180　菱形的排列效果

（6）单击"插入"选项卡"图片"下拉列表中的"本地图片"命令，选择一幅图片插入，然后调整图片的大小和位置，如图 4-181 所示。

图 4-181 插入图片

（7）选中图片，单击"图片工具"选项卡"创意裁剪"下拉列表中需要的样式，即可将图片进行裁剪，效果如图 4-182 所示。

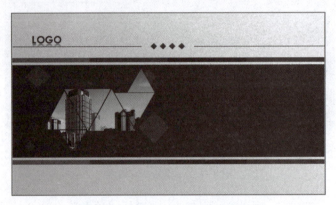

图 4-182 对图片进行创意裁剪效果

（8）选中裁剪后的图片，在"绘图工具"选项卡中设置轮廓颜色为白色，线型为 2.25磅。然后拖动裁剪图片中的各个形状，调整形状之间的间距，效果如图 4-183 所示。

图 4-183 设置形状轮廓

（9）插入一个横向文本框，并输入文本。选中文本，设置字体为"微软雅黑"，字号为54，字形加粗，颜色为白色，对齐方式为右对齐，如图 4-184 所示。

图 4-184　设置文本格式

（10）按照上一步的方法插入其他两个文本框，输入文本后调整文本格式，效果如图 4-185 所示。

图 4-185　添加文本框并设置文本格式效果

（11）在标题幻灯片的缩略图上单击右键，在弹出的快捷菜单中选择"复制"命令，然后在标题幻灯片下方单击插入定位点，单击右键，在快捷菜单中选择"粘贴"命令。修改占位符中的标题文本，完成结束页，效果如图 4-186 所示。

图 4-186　结束页效果

3. 制作"企业文化"幻灯片

（1）新建一张幻灯片，幻灯片自动套用自定义的版式。在标题占位符中输入标题文本，然后单击"插入"选项卡"图片"下拉列表中的"本地图片"命令，在本地计算机上选择四张图片插入，并调整图片的大小和位置，如图 4-187 所示。

图 4-187　插入图片

（2）按住 Shift 键选中所有图片，在"图片工具"选项卡中设置图片轮廓颜色为白色，轮廓粗细为 6 磅，效果如图 4-188 所示。

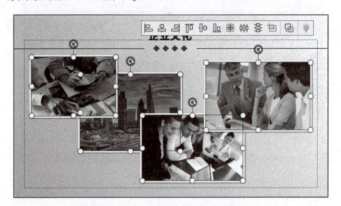

图 4-188　设置图片轮廓的效果

（3）分别将鼠标指针移到图片的旋转手柄上，按下左键拖动，调整图片的旋转角度，效果如图 4-189 所示。

图 4-189　调整图片的旋转角度

4. 制作"组织架构"幻灯片

（1）新建一张幻灯片，单击标题占位符，输入标题文本"组织架构"。

（2）单击"插入"选项卡中的"智能图形"按钮，在打开的"选择智能图形"对话框中选择"层次结构"分类中的"层次结构"图，单击"确定"按钮，即可插入对应的智能图形布局，如图4-190所示。

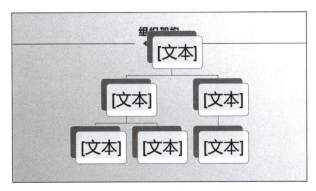

图 4-190　插入智能图形布局

（3）选中最顶层的项目，单击"设计"选项卡"添加项目"下拉列表中的"在下方添加项目"命令；使用同样的方法在第二层和第三层的项目下方添加项目，效果如图4-191所示。

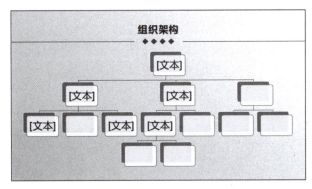

图 4-191　添加项目效果

（4）单击项目中的文本占位符，输入文本内容，效果如图4-192所示。

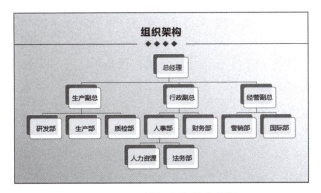

图 4-192　输入文本内容效果

（5）选中智能图形，在"设计"选项卡"更改颜色"下拉列表的"彩色"面板中选中最后一种配色方案，然后在"形状样式"下拉列表框中选择最后一种样式，效果如图4-193所示。

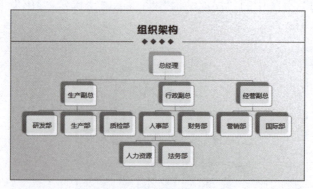

图4-193　智能图形的最终效果

5. 制作"产品展示与分析"幻灯片

（1）新建一张幻灯片，单击标题占位符，输入标题文本"产品展示与分析"。

（2）单击"插入"选项卡"形状"下拉列表中的"六边形"命令，按下左键拖动绘制一个六边形。设置轮廓颜色为白色，线型为6磅；设置形状效果为"右下斜偏移"阴影，效果如图4-194所示。

（3）单击"填充"下拉列表中的"图片或纹理"命令，然后在本地计算机上选择一幅图片填充六边形，效果如图4-195所示。

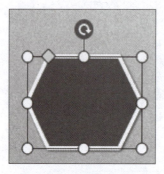

图4-194　设置形状轮廓

图4-195　形状的填充效果

（4）选中六边形，按住Ctrl键拖动，复制四个六边形。分别选中各个六边形，在"填充"下拉列表中选择"图片或纹理"命令，在本地计算机上选择一幅图片填充六边形。然后拖动六边形，利用智能参考线对齐、排列各个形状，效果如图4-196所示。

（5）单击"插入"选项卡中的"图表"按钮，在打开的"插入图表"对话框中选择图表类型为"饼图"，单击"预设图表"插入一个示例饼图，如图4-197所示。

（6）选中图表，单击"图表工具"选项卡中的"编辑数据"按钮，启动WPS表格并打开一个工作表显示示例数据。根据需要修改类别名称和示例数据，如图4-198所示。

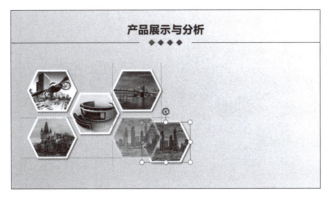

图4-196　排列形状效果

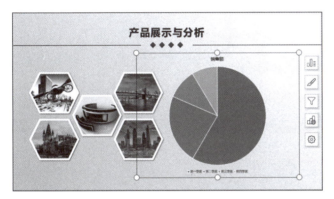

图4-197　插入一个示例饼图

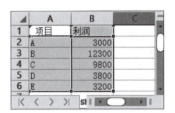

图4-198　编辑数据

（7）数据编辑完成后，在幻灯片中可以看到自动更新的饼图。将图表标题修改为"利润结构图"，然后在图表右侧的快速工具栏中单击"图表样式"按钮 ✐，在打开的样式列表中单击"样式5"，套用内置样式的效果如图4-199所示。

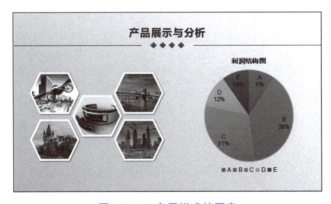

图4-199　套用样式的图表

（8）选中图表标题，在浮动工具栏中设置字号为24，字形加粗，颜色为深红色。然后调整绘图区的大小，拖动各个扇形分区调整位置，最终效果如图4-200所示。

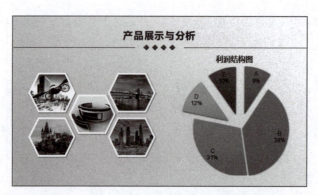

图 4-200　幻灯片最终效果

（9）单击"视图"选项卡中的"幻灯片浏览"按钮，即可查看演示文稿的整体效果，如图 4-172 所示。

项目五

认识信息检索

➢ 在了解信息检索的过程中，学生应培养关于信息筛选和判断的能力，学生需要学会如何快速、准确地找到所需信息，同时对信息的真实性、时效性和价值取向进行合理的评估。

➢ 使用信息检索技能时，学生应学会如何高效地管理海量信息，并从中提取出对个人成长和专业发展有益的内容。

【知识及技能目标】

➢ 了解信息检索的概念、要素及步骤。

➢ 掌握信息检索方法。

➢ 掌握通过网页和期刊等平台进行信息检索的方法。

【项目导读】

信息检索是人们进行信息查询和获取的主要方式，是查找信息的方法和手段。掌握网络信息的高效检索方法，是现代信息社会对高素质技术技能人才的基本要求。本项目包含信息检索基础知识、搜索引擎使用技巧、专用平台信息检索等内容。

任务 1　了解信息检索

【任务描述】

通过对本任务相关知识的学习和实践，要求学生理解信息检索的概念、信息检索的要素；了解信息检索的基本流程；掌握信息检索方法。

【任务分析】

要进行信息检索，首先要知道信息检索的概念、信息检索的要素以及信息检索的基本流程；然后掌握各种信息检索方法。

【知识准备】

一、信息检索概念

信息检索（Information Retrieval）是指信息按一定的方式组织起来，并根据信息用户的需要找出有关的信息的过程和技术。狭义的信息检索仅指信息查询（Information Search）。

即用户根据需要，采用一定的方法，借助检索工具，从信息集合中找出所需信息的查找过程。广义的信息检索是信息按一定的方式进行加工、整理、组织并存储起来，再根据信息用户特定的需要将相关信息准确地查找出来的过程。又称为信息的存储与检索。一般情况下，信息检索指的就是广义的信息检索。

随着计算机技术、通信技术和高密度存储技术的迅猛发展，利用计算机进行信息检索已成为人们获取文献或信息的重要手段。计算机信息检索能够跨越时空，在短时间内查阅各种数据库，还能快速地对几十年前的文献资料进行回溯检索，而且大多数检索系统数据库中的信息更新速度很快，检索者随时可以检索到所需的最新信息资源。科学研究工作过程中的课题立项论证、技术难题攻关、跟踪前沿技术、成果鉴定和专利申请的科技查新等都离不开查询大量的相关信息，计算机检索是目前最快速、最省力、最经济的信息检索手段。

计算机信息检索包括信息存储和信息查找两个过程，计算机信息存储过程的具体做法是将收集到的原始文献进行主题概念分析，根据一定的检索语言抽取出主题词、分类号及文献的其他特征进行标识或写出文献的内容摘要。然后把这些经过"前处理"的数据按一定格式输入计算机中存储起来，计算机在程序指令的控制下对数据进行处理，形成机读数据库，存储在存储介质（如磁带、磁盘或光盘）上，完成信息的加工存储过程。计算机信息查找的过程是：用户对检索课题进行分析，明确检索范围，弄清主题概念，然后用系统检索语言来表示主题概念，形成检索标识及检索策略，输入计算机中进行检索。计算机按照用户的要求将检索策略转换成一系列提问，在专用程序的控制下进行高速逻辑运算，选出符合要求的信息并输出。计算机检索的过程实际上是一个比较、匹配的过程，检索提问只要与数据库中的信息的特征标识及其逻辑组配关系相一致，则属"命中"，即找到了符合要求的信息。

二、信息检索的要素

随着技术的发展，信息检索的方式和工具也在不断进步，例如，人工智能和机器学习技术的应用正在改变信息检索的方法和效率。因此，了解和掌握信息检索的基本要素，对提高个人的信息素养和解决实际问题具有重要意义。

1. 信息检索的前提——信息意识

所谓信息意识，是人们利用信息系统获取所需信息的内在动因，具体表现为对信息的敏感性、选择能力和消化吸收能力，从而判断该信息是否能为自己或某一团体所利用，是否能解决现实生活实践中某一特定问题等一系列的思维过程。信息意识包含信息认知、信息情感和信息行为倾向等内容。

2. 信息检索的基础——信息源

个人为满足其信息需要而获得信息的来源，称为信息源

（1）信息源按照表现方式划分：口语信息源、体语信息源、实物信息源和文献信息源。

（2）信息源按照数字化记录形式划分：书目信息源、普通图书信息源、工具书信息源、报纸/期刊信息源、特种文献信息源、数字图书馆信息源、搜索引擎信息源。

（3）信息源按文献载体划分：印刷型、缩微型、机读型、声像型。

（4）信息源按文献内容和加工程度划分：一次信息、二次信息、三次信息。

（5）信息源按出版形式划分：图书、报刊、研究报告、会议信息、专利信息、统计数据、政府出版物、档案、学位论文、标准信息（它们被认为是十大信息源，其中，后8种被称为特

种文献。教育信息资源主要分布在教育类图书、专业期刊、学位论文等不同类型的出版物中)。

3. 信息检索的核心——信息获取能力

信息获取能力是指个人在最短时间内找到最相关信息的能力，包括以下几个方面：

1）了解各种信息来源

要能够识别和理解不同类型的信息资源，如图书、期刊、报告、数据集、网站和其他多媒体资源。了解这些信息来源的特点和适用场景，能够帮助个人快速定位到所需信息的大致范围。

2）掌握检索语言

检索语言是信息检索中用于描述信息需求和信息资源的语言，包括关键词、分类语言、主题语言等。掌握检索语言能够使个人更加精准地表达信息需求，提高检索的准确率。

3）熟练使用检索工具

能够熟练操作各种检索系统和工具，如搜索引擎、数据库、目录等。了解不同检索工具的功能和特点，能够根据不同的信息需求选择合适的工具，从而高效地获取所需信息。

能对检索效果进行判断和评价判断检索效果的两个指标：

$$查全率(\%)=被检出相关信息量/相关信息总量$$
$$查准率(\%)=被检出相关信息量/被检出信息总量$$

除了上述方面，信息获取能力还涉及信息的筛选、评估、组织和管理等多个方面。例如，个人需要具备辨别信息真伪的能力，避免被错误或虚假信息所误导。同时，还需要有效地组织和管理获取的信息，以便日后的使用和引用。

4. 信息检索的关键——信息利用

社会进步的过程就是一个知识不断的生产—流通—再生产的过程。为了全面、有效地利用现有知识和信息，在学习、科学研究和生活过程中，信息检索的时间比例逐渐增高。

获取学术信息的最终目的是通过对所得信息的整理、分析、归纳和总结，根据自己学习、研究过程中的思考和思路，将各种信息进行重组，创造出新的知识和信息，从而达到信息激活和增值的目的。

三、信息检索的步骤

信息检索是一个动态且可能需要反复迭代的过程，它要求检索者具备分析问题、选择合适的检索工具和策略，以及评估和调整检索结果的能力。其基本步骤如下：

1. 分析问题

这是信息检索流程的起始点，需要明确要解决的问题是什么，包括确定问题的主题内容、研究要点、学科范围、语种范围、时间范围和文献类型等。这一步骤对于后续检索的准确性至关重要。

2. 选择检索工具

在明确了检索需求后，接下来需要选择合适的信息检索系统，这可能包括图书馆的目录系统、学术数据库、在线搜索引擎等。选择合适的检索工具是高效获取信息的关键。

3. 制订检索方案

根据分析问题的结果，制订出合适的检索方案。这个方案应该包括选择哪些检索字段、检索词以及它们之间的逻辑关系（如 AND、OR、NOT 等）。

4. 执行检索

根据制订的检索方案，在选定的检索工具中输入检索词，执行检索操作。

5. 检查检索结果

检索后，需要检查返回的结果是否符合预期，是否满足先前分析问题时确定的需求。如果检索结果不尽如人意，可能需要返回前面的步骤进行调整。

6. 做好检索记录

在获得满意的检索结果后，应该记录下检索的过程和结果，以便未来的回顾和引用。

7. 调整检索策略

如果初步的检索结果不够理想，可能需要调整检索策略，比如更换关键词、使用不同的逻辑算符或者更改检索字段等，以便更精确地找到所需信息。

8. 获取全文

根据检索到的文献线索，获取全文资源，完成整个信息检索过程。

四、信息检索技术

信息检索的技术有很多种，常用的有布尔逻辑检索、限定检索、截词检索、位置检索等，分别适用于不同的检索目的和检索要求。下面介绍常用的信息检索技术。

1. 布尔逻辑检索

布尔逻辑检索是计算机检索的基本技术，用布尔逻辑算符表示两个检索词之间的逻辑关系，然后由计算机进行相应的集合运算，以筛选出所需要的记录。

1）逻辑或

用"OR"或"+"表示。用于连接并列关系的检索词。用 OR 连接检索词 A 和检索词 B，则检索式为：A OR B（或 A+B）。表示让系统查找含有检索词 A、B 之一，或同时包括检索词 A 和检索词 B 的信息。例如，查找"肿瘤"的检索式为：癌 OR 瘤。

2）逻辑与

用"AND"与"＊"表示。可用来表示其所连接的两个检索项的交叉部分，也即交集部分。如果用 AND 连接检索词 A 和检索词 B，则检索式为：A AND B（或 A＊B），表示让系统检索同时包含检索词 A 和检索词 B 的信息集合 C。例如，查找"胰岛素治疗糖尿病"的检索式为：胰岛素 AND 糖尿病。

3）逻辑非

用"NOT"或"−"号表示。用于连接排除关系的检索词，即排除不需要的和影响检索结果的概念。用 NOT 连接检索词 A 和检索词 B，检索式为：A NOT B（或 A−B）。表示检索含有检索词 A 而不含检索词 B 的信息，即将包含检索词 B 的信息集合排除掉。例如，查找"动物的乙肝病毒（不要人的）"的检索式为：乙肝 NOT 人类。

检索中布尔逻辑运算符是使用最频繁的，但若一个检索式中含有多个逻辑运算符，一般来说，它们是有运算顺序的。优先级为：NOT−AND−OR。可以用括号改变它们之间的运算顺序。例如，（A OR B）AND C，表示先执行 A OR B 的检索，再与 C 进行 AND 运算。

2. 限定检索

1）字段限定检索

字段限定检索指把检索词限定在某个/某些字段中，如果记录的相应字段中含有输入的检索词，则为命中记录，否则，检不中。

在进行字段限定检索时，计算机只对限定字段进行匹配运算，以提高检索效率和查准率。不同数据库所包含的字段数目不尽相同，字段名称也有所区别。常见的检索字段有主题、篇名、关键词、摘要、作者、作者单位、刊名、分类号、全文等。

搜索引擎提供了许多带有典型网络检索特征的字段限制类型，如主机名（host）、域名（domain）、链接（link）、URL（site）、新闻组（newsgroup）和 E-mail 限制等。这些字段限制功能限定了检索词在数据库记录中出现的区域。由于检索词出现的区域对检索结果的相关性有一定的影响，因此，字段限制检索可以用来控制检索结果的相关性，以提高检索效果。

2）二次检索

二次检索又称"在结果中检索"，是指在前一次检索的结果中运用逻辑与、逻辑或、逻辑非进行另一概念的再限制检索，其主要作用是进一步精选文献，以达到理想的检索结果。一次检索中检索结果不理想，往往进一步设定检索条件，进行二次检索。

3. 截词检索

截词检索是预防漏检，提高查全率的一种常用检索技术，大多数系统都提供截词检索的功能。截词是指在检索词的合适位置进行截断，然后使用截词符进行处理，这样既可节省输入的字符数目，又可达到较高的查全率。尤其在西文检索系统中，使用截词符处理自由词，对提高查全率的效果非常显著。截词检索一般是指右截词，部分支持中间截词。截词检索能够帮助提高检索的查全率。

不同的系统所用的截词符也不同，常用的有？、＄、＊等。分为有限截词（即一个截词符只代表一个字符）和无限截词（一个截词符可代表多个字符）。如：comput？表示computer、computers、computing 等。而在搜索引擎中，多只提供右截法。搜索引擎中的截词符通常采用星号（＊）。如 educat＊，相当于 education+educational+educator。

4. 位置检索

位置检索也叫临近检索，记录中词语的相对位置或次序不同，所表达的意思可能不同，而同样一个检索表达式中词语的相对次序不同，其表达的检索意图也不一样。

位置检索是检索词之间使用位置算符来规定算符两边的检索词出现在记录中的位置，从而获得不仅包含有指定检索词，而且这些词在记录中的位置也符合特定要求的记录，能够提高检准率，相当于词组检索。

在搜索引擎中，能提供位置检索的较少。如 AltaVista，而且它能提供的位置运算也只有一种，即临近位置运算（Near 运算），不如常见数据库检索丰富。

【课后练习】

选择题

1. 信息检索的主要目的是（　　　）。

A. 存储信息　　　　　B. 删除信息　　　　　C. 查找相关信息　　　D. 加密信息

2. 信息检索的基础是（　　　）。

A. 信息意识　　　　　B. 信息源　　　　　C. 检索策略　　　　　D. 检索工具

3. 下列不是信息源的分类方式的是（　　　）。

A. 按表现方式划分　　　　　　　　　B. 按出版形式划分

C. 按地理位置划分　　　　　　　　D. 按文献内容和加工程度划分

4. 在信息检索中，（　　）是信息获取能力的体现。

A. 了解各种信息来源　　　　　　　B. 熟练掌握编程语言

C. 精通外语翻译　　　　　　　　　D. 擅长绘画设计

5. 在信息检索过程中，（　　）是关键步骤。

A. 信息存储　　　　B. 信息查找　　　　C. 信息利用　　　　D. 信息删除

任务 2　使用信息检索

【任务描述】

通过对本任务相关知识的学习和实践，要求学生掌握使用网页中的搜索引擎进行信息检索的方法，掌握通过期刊数据库进行信息检索的方法。

【任务分析】

要快速检索出需要的信息，首先要掌握搜索引擎的使用方法和期刊数据库的检索方法。

【知识准备】

一、搜索引擎的使用

搜索引擎是一种用于帮助互联网用户查询信息的搜索工具，它以一定的策略在互联网中搜集、发现信息，对信息进行理解、提取、组织和处理，并为用户提供检索服务，从而起到信息导航的目的。

为获取资源，人们往往根据资源的关键字，通过搜索引擎来搜索到大量与资源相关的数据，然后从中筛选自己想要的资源。目前著名的搜索引擎主要有百度、谷歌、必应以及各大网站的内嵌引擎等。

各大搜索引擎的使用方法大致相同，即在搜索引擎的搜索栏输入搜索词，单击"搜索"按钮就可得到大量数据的相关链接，然后在这些链接中选取最接近的链接单击查询。图 5-1所示为使用百度搜索引擎搜索网页。

平时在搜索信息时，大多都是在搜索引擎中直接输入关键词，然后在搜索结果里一个个点开查找。有时搜索结果里的无用内容太多，翻了很多页也不一定能找到满意的结果。其中，百度、谷歌、搜狗等搜索引擎都支持一些高级搜索技巧和语法，可以对搜索结果进行限制和筛选，缩小检索范围，让搜索结果更加准确。下面以"百度"搜索引擎为例，介绍其高级搜索方法。

1. 关键词加上双引号

如果输入的关键词很长，搜索引擎经过分析后，给出的搜索结果中的关键词可能是拆分的，如图 5-2 所示。如果在关键词上加上双引号，搜索引擎将会进行精确搜索，完全匹配引号内的关键词，搜索结果中必须包含和引号中完全相同的内容，如图 5-3 所示。

图 5-1　使用百度搜索引擎搜索网页

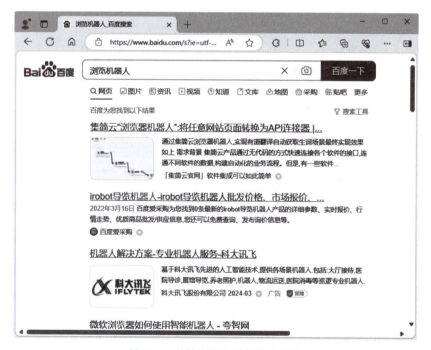

图 5-2　关键字很长时的搜索结果

2. 搜索指定格式的文件

如果要查找的关键词是某一类型的文件，则可以使用 filetype 语法查找，如 pdf、doc、xls、ppt、rtf 格式的文件。

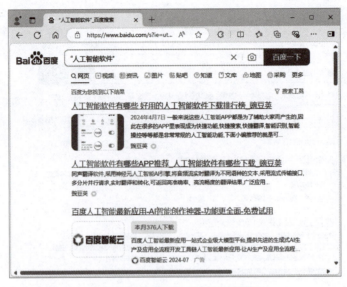

图 5-3　关键词加上双引号搜索

例如，搜索"人工智能"方面的演示文稿，输入"filetype：ppt 人工智能"，搜索结果如图 5-4 所示，都是"演示文稿"类的网页文件。

图 5-4　搜索指定格式的文件

3. 指定域名搜索

如果知道某个站点中有要搜寻的信息，或者只想在某个站点中搜索相关信息，就可以把搜索范围限定在这个站点中，以提高查准率。方法是在查询内容的前面加上"site：站点域名"。注意，"site："后面跟的站点域名，不需要写"http://www."。

例如，要在"北京市人民政府"网站中查找关于"故宫"的网页，输入"故宫 site：beijing.gov.cn"，则查询到关于故宫的网页均来自北京市人民政府网站。

4. 搜索范围限定在标题中

如果要将搜索关键词限定在"网页标题"中，可用"intitle：引领关键词"。

例如，要查找标题中含有"人工智能"的网页，输入"intitle：人工智能"，搜索结果如图5-5所示，所有搜索结果的标题中均含有"人工智能"。

图5-5　搜索范围限定在标题中

5. 搜索范围限定在 URL 链接中

在搜索引擎中输入"inurl：+关键词"，可以限制搜索结果只显示那些 URL 中包含该关键词的网页。例如，如果想找到包含"example"这个词的网站链接，可以输入"inurl：example"。

如果对搜索语法不熟悉，也可以使用搜索引擎自带的高级搜索，单击"百度"搜索引擎首页上的"设置"按钮，在打开下拉菜单中单击"高级搜索"选项，打开如图5-6所示的"高级搜索"界面，可以用简单的填写完成上述各种搜索查询。

图5-6　"高级搜索"界面

二、期刊数据库检索

期刊数据库是集中收录学术期刊内容的电子资源库，它们通常由图书馆、学术机构或商业公司提供，旨在为研究人员、学生和学者提供便捷的学术资源检索和获取服务。下面介绍一些常见的期刊数据库。

中国知网（CNKI）：这是一个综合性的学术信息资源平台，涵盖了中国学术研究、出版、标准和文化等多个领域。它提供了高级搜索、引文和评价工具，覆盖了自然科学、医药卫生、工程技术、人文社会科学等多个学科领域。

万方数据知识服务平台：提供了丰富的中文学术期刊资源，用户可以通过期刊导航功能查找到最新的期刊更新情况。它的分类包括哲学政法、社会科学、经济财政等多个领域。

维普网：这是一个包含中文科技期刊全文的数据库，内容涵盖多个学科领域，适合进行学术研究和资料查询。

龙源期刊网：主要提供中文期刊的全文阅读服务，涉及时政、经济、文化等多个方面。

超星期刊：以提供中文图书和期刊为主，内容广泛，包括但不限于文学、历史、教育等领域。

国外数据库：如 JSTOR 和 ScienceDirect，这些数据库收录了大量的国际学术期刊，对于需要获取国际视野的研究尤为重要。

下面以在中国知网上搜索与"人工智能"主题有关的论文为例，介绍期刊数据库的检索步骤。

（1）打开浏览器，在地址栏中输入网址 https://www.cnki.net，或者在搜索引擎中搜索"中国知网"，单击带"官方"的超链接，打开"中国知网"首页，如图 5-7 所示。

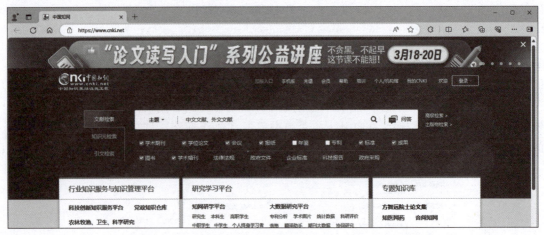

图 5-7 "中国知网"首页

（2）根据需求选择不同的检索范围，例如学术论文、期刊、博硕士论文等。

（3）知网提供的检索项包括主题、篇关摘（篇名、关键词、摘要）、作者、第一作者、通讯作者、作者单位、基金、摘要、小标题、参考文献、分类号、文献来源、DOI 等。可以根据自己的检索需求，选择合适的检索项进行检索，这里选择"主题"为检索项。

（4）在确定了检索项后，可以在检索框内输入相应的检索词，这里输入"人工智能"为检索词。如果是多个检索词，可以使用逻辑运算符（如"AND""OR""NOT"）来组合它们，以便进行更精确的检索。在检索过程中，还可以利用专业词典、主题词表、中英对照词典、停用词表等工具来提高检索的准确性。此外，知网还采用了关键词截断算法，帮助用户过滤掉低相关或微相关的文献。

（5）输入检索词后，单击"检索按钮"或按键盘上的 Enter 键，系统便会根据检索条件执行检索，检索完成后，系统会显示相关的检索结果，如图 5-8 所示。

图 5-8　检索结果

（6）可以浏览这些结果，进一步筛选或查看详细信息，例如，在学科中勾选"中等教育"学科，则筛选出与中等教育相关的"人工智能"论文，如图 5-9 所示。

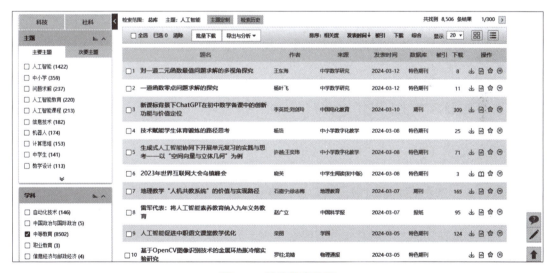

图 5-9　筛选检索结果

（7）在检索结果中找到需要下载的文献，单击文献标题，如"人工智能促进中职语文课堂教学优化"，打开该文献，如图 5-10 所示。

（8）中国知网提供了"手机阅读""HTML 阅读"和"AI 辅助阅读"三种在线阅读方式，以及".caj"和".pdf"两种格式下载。如果用户拥有该数据库的访问权限，可以下载全文进行阅读。

中国知网还提供了一些高级功能，如批量下载、文献传递服务等，这些功能可以帮助用户更方便地管理和获取文献资源。

【课后练习】

选择题

1. 在搜索引擎中，如果想精确搜索某个长关键词，确保搜索结果中完全包含这个关键词，应该（　　）。

A. 直接输入关键词进行搜索　　　　　B. 在关键词前后加上星号（＊）

C. 在关键词前后加上双引号（""）　　D. 在关键词前后加上括号（()）

2. 如果想在中国知网上搜索与"人工智能"主题相关的论文，并限定在某一特定时间段内发表的，应该（　　）。

A. 在搜索栏中输入关键词"人工智能"，然后选择时间范围

B. 直接输入"人工智能 时间范围"进行搜索

C. 选择高级搜索，在关键词和时间范围分别进行限定

D. 无法直接在知网上限定时间范围搜索

3. 在搜索引擎中使用"site:站点域名"语法的主要目的是（　　）。

A. 限定搜索结果的格式为特定类型

B. 限定搜索结果的标题中包含关键词

C. 限定搜索结果的 URL 链接中包含关键词

D. 限定搜索结果只来自某个特定的网站

4. 在中国知网上，如果想要搜索某篇论文的详细信息，例如摘要和关键词，应该（　　）。

A. 在搜索结果列表中单击论文标题　　B. 在搜索结果列表中单击作者姓名

C. 在搜索结果列表中单击下载链接　　D. 在搜索结果列表中单击引用次数

5. 期刊数据库检索中，为了提高检索效率和准确性，（　　）是不建议的做法。

A. 使用高级搜索语法进行限定和筛选

B. 根据需求选择合适的检索项和逻辑关系

C. 随意输入关键词，不进行任何限定

D. 根据相关度、发表时间等排序方式对结果进行筛选

项目总结

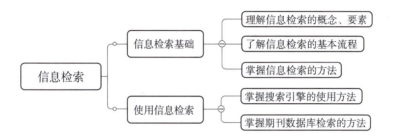

项目实战

实战一　通过搜索引擎进行信息检索

在百度网页中搜索"五一"最新的旅游信息。

实战二　在期刊数据库中检索信息

在中国知网中检索相关"机器人"的论文，并将其下载。

项目六

理解信息素养与社会责任

【素养目标】

➢ 在认识信息素养的过程中，学生应培养出对信息的敏感度和处理信息的能力。

➢ 通过了解职业理念与信息安全，学生应认识到在职业生涯中坚持正确的价值导向和保障信息安全的重要性。

➢ 通过了解信息伦理与职业行为自律，引导学生建立正确的信息伦理观念，培养他们在职业生涯中自觉遵守法律法规，维护网络道德，促进职业行为的自律。

【知识及技能目标】

➢ 了解信息素养的基本概念、主要要素以及提高信息素养的途径。

➢ 了解职业理念，树立正确的职业理念。

➢ 了解信息安全的威胁，掌握防护信息安全的方法。

➢ 掌握信息伦理知识并有效辨别虚假信息，了解有关法律法规与职业行为自律的要求。

【项目导读】

信息素养与社会责任是指在信息技术领域，通过对信息行业相关知识的了解，内化形成的职业素养和行为自律能力。信息素养与社会责任对个人在各自行业内的发展起着重要作用。本项目包含信息素养、职业理念与信息安全、信息伦理与职业行为自律等内容。

任务 1　认识信息素养

【任务描述】

通过对本任务相关知识的学习和实践，要求学生了解信息素养的概念、信息素养的主要要素以及提高信息素养的途径。

【任务分析】

要培养学生的信息素养，首先要了解信息素养的概念，然后了解信息素养的主要要素，最后掌握提高信息素养的方法。

【知识准备】

一、信息素养的定义

信息素养（Information Literacy，IL）也译成信息素质，此概念最早是由美国信息产业协会主席保罗·泽考斯基（Paul Zurkowski）在 1974 年提出的。简单的定义来自 1989 年美国图书协会（American Library Association，ALA），它包括文化素养、信息意识和信息技能三个层面。

美国教育技术 CEO 论坛 2001 年第 4 季度报告提出 21 世纪的能力素质，包括基本学习技能（指读、写、算）、信息素养、创新思维能力、人际交往与合作精神、实践能力。信息素养是其中一个方面，它涉及信息的意识、信息的能力和信息的应用。

我国关于信息素养的概念主要由著名教育技术专家李克东教授和徐福荫教授分别提出。

李克东教授认为，信息素养应该包含信息技术操作能力、对信息内容的批判与理解能力，以及对信息的有效运用能力。

徐福荫教授认为，从技术学视角看，信息素养应定位在信息处理能力；从心理学视角看，信息素养应定位在信息问题解决能力；从社会学视角看，信息素养应定位在信息交流能力；从文化学视角看，信息素养应定位在信息文化的多重建构能力。

尽管不同时期、不同国家的专家和学者对信息素养的概念赋予了不同的内涵，但信息素养概念一经提出，便得到广泛传播和使用。随着人们对信息素养内涵认识的不断深入、充实和丰富，业界对于信息素养的概念已基本达成共识。目前，人们将信息素养作为一种综合能力来认识。

二、信息素养的主要要素

信息素养主要包括四个方面的内容：信息意识、信息知识、信息能力和信息道德。

1. 信息意识

信息意识是指对信息的洞察力和敏感程度，体现的是捕捉、分析、判断信息的能力。判断一个人有没有信息素养、有多高的信息素养，首先就要看他具备多高的信息意识。

2. 信息知识

信息知识是信息活动的基础，它既包括信息基础知识，又包括信息技术知识。

前者主要是指信息的概念、内涵、特征，信息源的类型、特点，组织信息的理论和基本方法，搜索和管理信息的基础知识，分析信息的方法和原则等理论知识。

后者则主要是指信息技术的基本常识、信息系统结构及工作原理、信息技术的应用等知识。

3. 信息能力

信息能力是指人们有效利用信息知识、技术和工具来获取信息、分析与处理信息，以及创新和交流信息的能力。它是信息素养最核心的组成部分，主要包括以下 5 个方面。

1）信息获取能力

指的是个体能够根据自身需求，通过各种途径有效地找到所需信息。这包括使用搜索引擎、大语言模型问答、图书馆资源、社交媒体等多种方式。在信息时代，如何从海量的信息中快速、准确地找到所需信息，是一项非常重要的技能。

2）信息处理能力

信息处理涉及对收集到的信息进行整理、分类、分析、综合等操作。这需要对信息的可靠性和相关性等进行取舍判断。良好的信息处理能力可以帮助我们更好地理解和把握信息的本质与规律，为决策和解决问题提供有力支持。

3）信息评价能力

这是指个体能够对信息的来源和质量、真实性、价值等进行判断和评估的能力。在信息纷繁复杂的网络环境中，具备信息评价能力可以帮助我们辨别信息的真伪，避免受到不良信息的干扰和误导。

4）信息利用能力

信息利用是将处理后的信息应用于解决实际问题的能力。这包括将信息与他人分享、交流，以及利用信息进行创新、处理问题等。这需要将信息与实际情况相结合，进行深入的分析和思考，进行新的组合、加工和创新，产生新的价值。信息利用能力是信息素养的最终体现，也是衡量个体信息素养水平高低的重要标志。

5）信息传播能力

信息传播能力包括选用适当的方式、平台和渠道分享、发布或交流信息的能力，以及理解并遵守与信息相关的伦理和政策法规，如版权法、隐私保护等，负责任地使用和传播信息。

4. 信息道德

信息技术为我们的生活、学习和工作带来改变的同时，个人信息隐私、软件知识产权、网络黑客等问题也层出不穷，这就涉及信息道德。一个人的信息素养的高低，与其信息伦理、道德水平的高低密不可分。

大学生的信息道德具体包括以下几方面的内容。

（1）遵守信息法律法规。大学生应了解与信息活动有关的法律法规，培养遵纪守法的观念，养成在信息活动中遵纪守法的意识与行为习惯。

（2）抵制不良信息。大学生应提高判断是非、善恶和美丑的能力，能够自觉地选择正确信息，抵制垃圾信息、黄色信息、反动信息和封建迷信信息等。

（3）批评与抵制不道德的信息行为。通过培养大学生的信息评价能力，使其认识到维护信息活动的正常秩序是每个大学生应担负的责任，对不符合社会信息道德规范的行为坚决予以批评和抵制，从而营造积极的舆论氛围。

（4）不损害他人利益。大学生的信息活动应以不损害他人的正当利益为原则，要尊重他人的财产权、知识产权，不使用未经授权的信息资源，尊重他人的隐私，保守他人的秘密，信守承诺，不损人利己。

（5）不随意发布信息。大学生应对自己发出的信息承担责任，应清楚自己发布的信息可能产生的后果，应慎重表达自己的观点和看法，不能不负责任地发布信息，更不能有意传播虚假信息、流言等误导他人。

信息道德作为信息管理的一种手段，与信息政策、信息法律有密切的关系，它们从不同的角度各自实现对信息及信息行为的规范和管理。信息道德以巨大的约束力在潜移默化中规范人们的信息行为，使其符合信息化社会基本的价值规范和道德准则，从而使社会信息活动中个人与他人、个人与社会的关系变得和谐与完善，并最终对个人和组织等信息行为主体的各种信息行为产生约束或激励作用。

三、提高信息素养的途径

在信息技术日新月异的今天，信息素养已经成为每个人必备的基本能力之一。具备良好的信息素养，不仅能够帮助我们更好地适应信息社会的发展，还能够提高我们的学习效率和工作能力，促进个人全面发展，那么怎么才能提高自身的信息素养呢？

1. 学习相关课程

通过参加信息素养相关的课程学习，可以系统地掌握信息素养的基本知识和技能。这些课程包括图书馆利用、信息检索、大语言模型问答、数据分析等，可以帮助我们全面提升信息素养水平。

2. 参与实践活动

实践是检验和提高信息素养的有效途径。通过参与各种信息实践活动，如制作自媒体信息发布、网络调研、数据分析项目等，可以将所学知识应用于实际中，不断积累经验和提升信息素养实践能力。

3. 培养信息意识

提高信息素养首先要从培养信息意识开始。在日常学习和工作中，始终保持对信息的敏感性和警觉性，主动关注和收集与自身学习、工作相关的信息。同时，通过与他人进行信息交流和合作，分享信息资源和经验；关注信息技术的发展动态，了解信息社会的变化趋势，不断增强自身的信息意识。

4. 养成良好的信息习惯

良好的信息习惯是提高信息素养的重要保障。要养成定期整理信息、分类存储信息的习惯，避免信息的混乱和丢失；同时，还要注重信息的保密和安全，防止个人信息泄露和侵权行为的发生。

5. 利用在线资源

充分利用各种在线资源，如学术数据库、电子期刊、开放课程等，拓宽信息获取渠道，大语言模型问答等提升信息处理能力。

【课后练习】

选择题

1. 信息素养这一概念最初是（　　　）提出的。

A. 李克东　　　　　B. 徐福荫　　　　　C. 保罗·泽考斯基　D. 美国图书协会

2. 下列不属于信息素养的主要要素的是（　　　）。

A. 信息意识　　　　B. 信息知识　　　　C. 信息能力　　　　D. 信息速度

3. 信息能力中最核心的部分包括（　　　）。（多选）

A. 信息获取能力　　B. 信息处理能力　　C. 信息评价能力

D. 信息利用能力　　E. 信息传播能力

4. 信息素养中的信息道德要求大学生做到（　　　）。（多选）

A. 遵守信息法律法规　　　　　　　B. 抵制不良信息

C. 随意发布信息　　　　　　　　　D. 尊重他人的知识产权

E. 尊重他人隐私

任务 2　了解职业理念与信息安全

【任务描述】

通过对本任务相关知识的学习和实践，要求学生了解职业理念的作用，树立正确的职业理念；了解信息安全的概念、信息安全面临的威胁，掌握信息安全的防护。

【任务分析】

要了解职业理念与信息安全，首先要知道职业理念的作用、怎样树立正确的职业理念；然后了解信息安全的概念，了解信息安全面临哪些威胁、防护的方法；最后了解信息安全相关的法律法规。

【知识准备】

一、职业理念

职业理念是指由职业人员形成和共有的观念与价值体系，是一种职业意识形态。职业理念是为保护和加强职业地位而起作用的精神力量，是在其职业内部运行的职业道德规范。

1. 职业理念的作用

职业理念可以指导我们的职业行为，让我们感受到工作带来的快乐，使我们在职场上不断进步。

（1）职业理念为我们提供了行为准则和方向，帮助我们在职场中做出正确的决策和行动。这种指导作用对企业管理构成实质性的影响，有助于形成积极的工作环境和企业文化。

（2）通过正确的职业理念，我们能够发现并感受到工作的价值和乐趣，这不仅有助于提高工作满意度，还能促进我们的身心健康。

（3）良好的职业理念能够激励我们不断自我提升，追求卓越，从而在职业生涯中实现更高的成就。

2. 树立正确的职业理念

职业理念能产生如此积极的作用，那么什么样的职业理念才是正确的呢？

（1）职业理念应当合时宜。

一定的职业理念要和一定的社会经济发展水平相适宜，要适合企业所在区域的社会文化。脱离了企业所在区域的社会文化价值观，生搬硬套所谓某种"先进"的理念，一定会碰个"头破血流"。一定的职业理念一定要和一定的社会实际相结合。

（2）职业理念应当是适时的。

任何超越或滞后的职业理念都会影响员工的职业发展。任何人的职业理念都应该是与时俱进的。企业处在什么样发展阶段上，员工就应该奉行什么样的适合企业发展阶段的职业理念。当企业管理提升时，如果员工的职业理念仍停留在原来的阶段上，不学习也不改变，这样的员工不是被企业所淘汰，就是被自己所淘汰，因为他会感到与企业格格不入，他会厌倦工作。当然，员工的职业理念也不能太超前，脱离了企业发展的现实，而对企业提出许多苛求，其结果也是一样的，要么是不得志，要么被企业所谢绝。

（3）职业理念必须符合企业管理的目标。

企业的成长过程，实际上是企业管理目标的实现过程。作为企业的员工，必须充分了解企业管理目标，构建并适应企业管理目标一致的职业理念。企业在管理过程中，会强调纪律，也会强调质量、强调技术，作为企业的员工，应该不断地接受企业的教育与培训，加强学习，适应企业管理的要求。

二、信息安全与可控

1. 信息安全概念

信息安全主要是指信息被破坏、更改、泄露的可能。其中，破坏涉及的是信息的可用性，更改涉及的是信息的完整性，泄露涉及的是信息的机密性。

1）信息的可用性

可以保证合法用户在需要时可以访问信息及相关资产。在坚持严格的访问控制机制的条件下，为用户提供方便和快速的访问接口，提供安全性的访问工具。即使在突发事件下，依然能够保障数据和服务的正常使用。例如，可防范病毒及各种恶意代码攻击，包括 DDos 攻击，可进行灾难备份。

2）信息的完整性

严格控制对系统中数据的写访问。只允许许可的当事人进行更改。

3）信息的机密性

信息加密、解密；信息划分密级，对用户分配不同权限，对不同权限的用户访问的对象进行访问控制；防止硬件辐射泄露、网络截获、窃听等。

2. 信息安全面临的威胁

随着信息技术的飞速发展，信息技术为我们带来更多便利的同时，也使我们的信息堡垒变得更加脆弱。就目前来看，信息安全面临的威胁主要有以下几点。

（1）信息泄露：这是信息安全中最常见的威胁之一，指的是保护的信息被泄露或透露给未经授权的实体。信息泄露可能会导致个人隐私、商业机密或其他敏感数据的暴露，给个人或组织带来损害。

（2）破坏信息完整性：数据在没有授权的情况下被增删、修改或破坏，从而影响数据的准确性和可靠性。这种威胁可能会导致数据失去原有价值，甚至造成错误的决策和评估。

（3）拒绝服务攻击：这种攻击旨在阻止合法用户访问信息或资源，通常通过大量无效流量使系统过载来实现。这会导致服务中断，影响用户体验和业务运营。

（4）网络钓鱼和社会工程学：通过伪装成可信实体来欺骗用户，获取他们的敏感信息，如用户名、密码和信用卡详情等。

（5）恶意软件：包括计算机病毒、蠕虫、木马和间谍软件等，这些恶意软件可以损坏系统、窃取信息或控制受害者的计算机进行不法活动。

（6）垃圾邮件和广告软件：这些不仅干扰正常使用，还可能携带恶意软件，对用户的设备和数据安全构成威胁。

（7）网络安全技术风险：基础信息网络和重要信息系统的安全防护能力不足，容易受到攻击和破坏。

（8）针对新技术和新场景的安全威胁：随着科技的发展，新的技术和应用场景不断涌现，这些新领域往往存在未知的安全漏洞，成为攻击者的目标。

（9）全球网络安全形势的不确定性：在全球化的背景下，跨国网络攻击和数据泄露事件频发，增加了信息安全的复杂性。

（10）人为错误：用户的误操作或缺乏安全意识也可能导致信息泄露或系统损坏。

3. 信息安全防护措施

如今网络技术发展日新月异，给人们带来便利的同时，危险也不可避免，只要连接上了网络，任何网络服务都存在着风险。那么我们如何将这些风险降到最低呢？

1）创建安全的网络环境

营造一个安全的网络环境十分重要，依靠网络公司监控用户、设置权限、进行身份识别、设置访问控制、监控路由器等，震慑对网络安全形成威胁的行为。同时，需要国家制定相关法律法规，对利用网络进行犯罪的行为坚决打击，肃清网络中的歪风邪气，保障广大人民群众的切身利益。只要大家共同努力，便可将网络变成安全、干净的网络。

2）计算机病毒防治

计算机病毒是利用系统或者应用软件的漏洞编写出来的，加之现在计算机与网络技术快速发展，病毒出现的数量、频率、危害程度及传播的速度都呈上升趋势。现在最常见防范措施就是安装杀毒软件，对计算机进行杀毒、排查漏洞，在一定程度上治疗与防范病毒感染。另外，使用计算机时，注意不安装来历不明或者盗版软件，不登录未知网站，不打开陌生人的邮件，不使用陌生人的 U 盘等。做到这两点双管齐下，感染病毒的概率就会大大减小。

下面介绍如何使用防毒软件查杀计算机病毒。

① 单击"开始"菜单→"360 安全中心"→"360 杀毒"，进入如图 6-1 所示界面。

② 在下拉列表中选择"全盘扫描"选项，进入如图 6-2 所示界面，为计算机系统全面扫描查毒与杀毒。

③ 另外，用户也可对单个目录或文件进行快速查杀，即选中所需查杀病毒的目录或文件，右击，在弹出的快捷菜单中选择"使用 360 杀毒扫描"命令，即可快速对该目录或文件进行查毒与杀毒。

图 6-1　360 杀毒主界面

3）设置防火墙

防火墙是由软件和硬件设备组合而成的，它位于内部网络系统与外部网络之间的交换机和路由器上，主要由服务访问规则、验证工具、包过滤和应用网关 4 个部分组成。通过防火墙可以监控外网与内网之间的数据交换信息，隔离入侵者与有威胁的数据信息，放行对网络无威胁的信息。它是一种将内网与外网分开的方法，实际上是一种隔离技术，防止内网系统内部的漏洞被外来病毒或者黑客入侵。

下面将介绍 Windows 防火墙的开启与基本配置。

① 单击"开始"→"设置"菜单命令，打开 Windows 设置；在"查找设置框"中输入"控制面板"，搜索并打开"控制面板"窗口，并将"查看方式"设置为小图标，选择"Windows Defender 防火墙"选项，打开如图 6-3 所示的"Windows Defender 防火墙"对话框。

图 6-2 使用 360 杀毒软件全盘扫描杀毒界面

图 6-3 "Windows Defender 防火墙"对话框

② 单击"启用或关闭 Windows Defender 防火墙"选项，打开 Windows 防火墙"自定义设置"对话框，如图 6-4 所示。

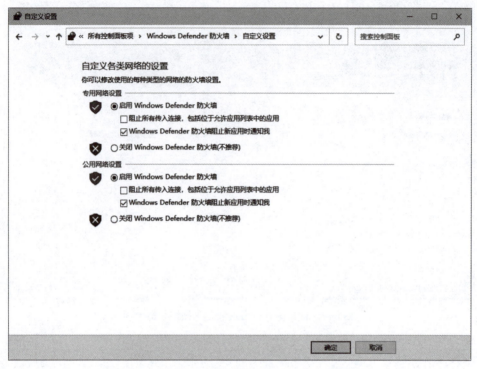

图 6-4　Windows 防火墙"自定义设置"对话框

③ 在 Windows 防火墙"自定义设置"对话框中选择网络位置，并选中"启用 Windows-Defender 防火墙"单选按钮。

④ 勾选"Windows 防火墙阻止新应用时通知我"复选框，如有应用被防火墙阻止，系统即会通知用户。

⑤ 单击"确定"按钮，即设置好 Windows 防火墙。

4）数据加密

这是计算机的最后一道防护措施。当网络病毒、黑客入侵计算机后，会对计算机内部系统文件造成损害，许多重要的资料文档可能会随之被破坏或者盗用，从而给人们带来巨大的损失。数据加密技术就像给数据加上了一个保护罩，阻止非正常渠道调用数据或者破坏数据的完整性。

4. 信息安全威胁的根源

1）信息保护意识欠缺

网络上个人信息的肆意传播、电话推销源源不绝等情况时有发生，从其根源来看，这与公民欠缺足够的信息保护意识密切相关。公民在个人信息层面的保护意识相对薄弱，给信息被盗取创造了条件。比如，随便点进网站便需要填写相关资料，有的网站甚至要求精确到身份证号码等信息。很多公民并未意识到上述行为是对信息安全的侵犯。此外，部分网站基于公民意识薄弱的特点公然泄露或者是出售相关信息。再者，日常生活中随便填写传单等资料也存在信息被违规使用的风险。

2）信息采集缺乏规范

现阶段，虽然生活方式呈现出简单和快捷性，但其背后也伴有诸多信息安全隐患。例如，诈骗电话、大学生"裸贷"问题、推销信息以及人肉搜索信息等均对个人信息安全造成影响。不法分子通过各类软件或者程序来盗取个人信息，并利用信息来获利，严重影响了公民生命、财产安全。此类问题多是集中于日常生活，比如无权、过度或者是非法收集等情况。除了政府和得到批准的企业外，还有部分未经批准的商家或者个人对个人信息实施非法采集，甚至部分调查机构建立调查公司，并肆意兜售个人信息。

3）信息安全监管不足

从监管层面来看，各级政府部门在针对广大公民以及各类组织、机构进行信息保护和监管的过程中，可能会由于管辖范围的差异造成管理边界模糊、管理边界交叉等问题，因此，需要建立针对经济社会各参与主体信息活动与信息行为全方位保护的动态统筹协调体制机制。针对一些信息孤岛问题，应设立专业化、跨领域、跨部门的监管部门。在我国，针对信息安全监督管理的各项法律法规逐渐完善，特别是保护我国公民个人信息安全相关法律法规正式实施的背景下，我国信息社会各个领域的信息安全监管情况将得到持续改善，针对境外各类恶意网络攻击行为，我国近年来正在持续开展有针对性的防御体系构建。

在我国针对信息安全监督管理的各项法律法规逐渐完善、特别是保护我国公民个人信息安全相关法律法规正式实施的背景下，我国信息社会各个领域的信息安全监管情况将得到持续改善。针对境外各类恶意网络攻击行为，我国近年来正在持续开展有针对性的防御体系构建。

5. 与信息安全相关的法律法规

网络信息安全行业属于国家鼓励发展的高新技术产业和战略性新兴产业，受到国家政策的大力扶持，近年来，我国政府颁布了《中华人民共和国国家安全法》《中华人民共和国网络安全法》《中华人民共和国密码法》等重要法规，并制定了一系列政策及标准，从制度、法规、政策、标准等多个层面促进国内工业控制信息安全行业的发展，提高对政府、企业等网络信息安全的合规要求，我国网络信息安全政策的逐步实施，将带动政府、企业在网络信息安全方面的投入，在网络信息安全政策法规驱动下，我国网络信息安全行业将持续保持较快的增长，构建了坚实的网络安全保护体系来保护国家与个人信息的安全。

【课后练习】

选择题

1. 关于职业理念，下列说法正确的是（　　　）。

A. 职业理念只与个人的职业发展相关，与企业无关

B. 职业理念应当一成不变，不应随时代变化

C. 职业理念应与企业管理的目标相符合

D. 职业理念的作用仅限于提供行为准则，与工作满意度无关

2. 信息安全中的"信息的完整性"主要指的是（　　　）。

A. 信息被破坏的可能性

B. 信息被更改或破坏后仍能恢复的能力

C. 严格控制对系统中数据的写访问，只允许许可的当事人进行更改

D. 信息在传输过程中的速度

3. 在信息安全防护措施中，（　　　）不属于常规措施。

A. 使用防火墙和入侵检测系统来过滤恶意流量

B. 对所有数据和系统不进行定期备份

C. 加强员工的安全培训和意识提升

D. 建立信息安全管理制度，明确各部门和个人的信息安全责任

任务 3 了解信息伦理与职业行为自律

【任务描述】

通过对本任务相关知识的学习和实践，要求学生了解信息伦理的概念、了解与信息伦理相关的法律法规，掌握培养职业行为自律的途径。

【任务分析】

要了解信息伦理与职业行为自律，首先要知道信息理论的概念、与之相关的法律法规；然后了解如何培养职业行为自律。

【知识准备】

一、信息伦理概述

信息伦理，是指涉及信息开发、信息传播、信息的管理和利用等方面的伦理要求、伦理准则、伦理规约，以及在此基础上形成的新型的伦理关系。信息伦理又称信息道德，它是调整人们之间以及个人和社会之间信息关系的行为规范的总和。

信息伦理不是由国家强行制定和强行执行的，而是在信息活动中以善恶为标准，依靠人们的内心信念和特殊社会手段维系的。

伦理和道德是密不可分的，尽管两者提法不同，但从根本上来说，两者的内涵和目的是一致的。因此，信息伦理也只是在信息活动中被普遍认同的道德规范。它主要由信息生产者、信息服务者、信息使用者的共同道德规范组成。

二、与信息伦理相关的法律法规

信息伦理虽然为信息社会提供了道德指导和行为准则，但伦理本身并没有强制力。为了保障信息领域的健康有序发展，法律法规的支撑是不可或缺的。

全球主要国家关于信息安全与伦理法律法规的汇总见表 6-1。

表 6-1 全球主要国家关于信息安全与伦理法律法规的汇总

国家	政策法规	实施时间
中国	《中华人民共和国网络安全法》	2017 年 6 月
	《中华人民共和国个人信息保护法》	2021 年 11 月
美国	《隐私法》	1974 年
	《中网络安全信息共享法》	2015 年 10 月
欧盟	《电子通信领域个人数据处理和隐私保护的指令》	2017 年 1 月
	《一般数据保护条例》	2018 年 5 月
俄罗斯	《俄罗斯联邦信息、信息技术与信息保护法》	2006 年

2021年8月20日，十三届全国人大常委会第三十次会议表决通过的《中华人民共和国个人信息保护法》自2021年11月1日起施行，此法律法规是根据《宪法》，为了保护个人信息权益，规范个人信息处理活动，促进个人信息合理利用而制定的法律法规。此前，我国对个人信息安全的规定主要散见于《民法》《刑法》《消费者权益保护法》《征信业管理条例》等法律条文中，《个人信息保护法》的颁布是对《网络安全法》的重要补充，弥补了我国法律体系中的一大空白。

法律法规为信息伦理提供了实施的基础，是维护信息社会正常运行的重要保障。通过不断完善法律法规体系，可以更好地应对信息时代的挑战，保护公民权益，促进社会的和谐发展。

三、职业行为自律

在数字化时代，每位个体都受益于新一代信息技术的进步和变革，享受其带来的便利与优势。与此同时，我们也必须履行作为新时代公民的责任与义务。本质上，作为社会成员的我们，扮演着信息创造者、接收者和传播者的多重角色，而每种角色都要求我们遵循相应的信息道德和信息伦理标准。

作为信息的创造者，我们应当筛选和整合对社会有益、对他人有助益、对自己有利的积极信息，从而在信息产生的初期就形成一个正向循环。

作为信息的接收者，我们会遭遇各种质量不一的信息。对于那些可能带来负面影响的信息，我们必须坚决拒绝，防止不良信息侵蚀我们的心灵。

作为信息的传播者，我们有责任先行筛选信息，再分享给他人，尽可能保障我们的家人、朋友和公众的心理健康，同时帮助他们更好地选择、判断和评价信息的价值，共同营造一个积极向上的社会主义信息传播环境。

在当前我国社会主义法治信息社会的背景下，我们必须遵守六项基本原则。第一，不得通过网络手段窃取国家机密、非法获取他人密码或传播和复制色情内容。第二，不应滥用网络便利进行人身攻击、诽谤或诬陷他人。第三，应尊重他人计算机系统资源，避免进行破坏。第四，严禁制造或散播计算机病毒。第五，应当尊重软件资源产权，不从事盗窃行为。第六，坚决反对使用或传播盗版软件。遵循这些原则，我们可以共同维护一个健康、安全的数字环境。

职业行为自律是一个行业自我规范、自我协调的行为机制，同时也是维护市场秩序、保持公平竞争、促进行业健康发展、维护行业利益的重要措施。职业行为自律的培养途径主要有以下几个方面。

1. 树立正确的人生观

反思个人的价值观和生活目标，确保它们与职业道德和社会期望相一致。认识到个人行为对他人和行业的影响，从而理解自律的重要性。

2. 培养良好的行为习惯

从小事做起，比如守时、遵守承诺、认真完成任务等，逐步形成稳定的行为模式。通过日常的自我管理和自我监督，养成良好的工作习惯和生活习惯。

3. 发挥榜样的激励作用

学习行业内外的先进模范人物，他们的行为标准和职业道德可以作为学习的典范。通过阅读成功人士的传记、听取他们的演讲或直接与他们交流，吸取他们的经验和教训。

4. 不断激励自己

设定个人职业目标，并追踪进度，这可以帮助保持动力和专注。为自己的行为设定奖励机制，当达到某个自律标准时，给予自我奖励。

5. 持续教育和自我提升

参加职业道德和职业行为自律相关的培训和研讨会，不断提升自己的认识水平。学习新的技能和知识，以适应行业的发展和变化。

【课后练习】

选择题

1. 下列关于信息伦理的说法，正确的是（　　　）。

A. 信息伦理是由国家强制制定和执行的，具有法律约束力

B. 信息伦理与道德是完全不同的概念，它们的内涵和目的不同

C. 信息伦理是调整人们之间以及个人和社会之间信息关系的行为规范的总和

D. 信息伦理在信息活动中没有普遍认同的道德规范

2. 在职业行为自律方面，（　　　）不是培养途径。

A. 坚守传统的工作方式，拒绝接受新的技能和知识

B. 设定个人职业目标，并追踪进度，以保持动力和专注

C. 参加职业道德和职业行为自律相关的培训与研讨会

D. 学习行业内外的先进模范人物，发挥榜样的激励作用

项目总结

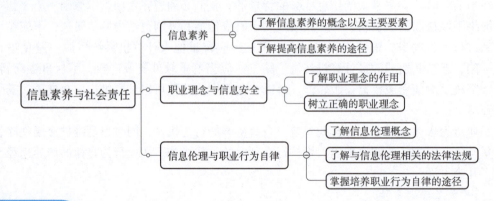

项目实战

实战一　查杀计算机病毒

使用 360 杀毒软件查杀计算机病毒。

实战二　设置防火墙

开启和设置 Windows 防火墙。

项目七

初识新一代信息技术

【素养目标】

➤ 通过学习物联网、云计算、人工智能、大数据、区块链和虚拟现实等IT新技术的基本原理和应用，使学生认识到AI技术革新对社会职业格局的影响，引导学生关注科技前沿，同时注重数据安全和隐私保护。

【知识及技能目标】

➤ 能够运用新技术解决实际问题，并能将创意转化为实用的产品或服务。

➤ 能够评估和预测新技术对行业、社会和个人生活的潜在影响。

➤ 能够有效操作和利用新技术提高工作与生活效率。

【项目导读】

人工智能、物联网、云计算、虚拟现实以及信息创新技术等前沿科技成为时代发展的新引擎，这些技术的兴起不仅是国家科技创新能力的体现，也是推动社会进步和产业变革的关键力量。本项目主要介绍当前流行的IT新技术，包括物联网、云计算、人工智能、大数据、区块链和虚拟现实等相关基础知识和其应用领域。

任务 1 了解物联网

【任务描述】

通过对本任务相关知识的学习和实践，要求学生了解物联网的概念、物联网的发展概况以及物联网的应用情况。

【任务分析】

要培养学生对物联网的兴趣，首先要了解物联网的相关基础知识；然后继续深入学习和应用具体知识。

【知识准备】

物联网仍然是相互关联的计算设备、数字机器、物体最广泛采用的用例，其传输数据不需要人与人或人与计算机的互动。它通过连接各种设备创建了一个虚拟网络，这些设备通过一个单一的监控中心无缝工作。所有的设备都收集和分享关于它们如何被使用以及它们如何运作的环境的数据。

一、物联网定义

物联网（Internet of Things）指的是将无处不在的末端设备和设施，包括具备"内在智能"的传感器、移动终端、工业系统、数控系统、家庭智能设施、视频监控系统等和"外在使能"（Enabled）的，如贴上RFID的各种资产（Assets）、携带无线终端的个人与车辆等"智能化物件或动物"或"智能尘埃"（Mote），按约定的协议，将这些物体与网络相连接，物体通过信息传播媒介进行信息交换和通信，以实现智能化识别、定位、跟踪、监管等功能。

二、物联网的关键技术

物联网技术是一项综合性的技术，涵盖了从信息获取、传输、存储、处理直至应用的全过程，其关键在于传感器和传感网络技术的发展与提升。物联网的关键技术主要有RFID技术、无线网络技术、中间件技术和智能处理技术等。

1. RFID技术

RFID（Radio Frequency Identification）即射频识别技术，俗称电子标签，通过射频信号自动识别目标对象，并对其信息进行标志、登记、存储和管理。

基本的RFID系统由三部分组成：标签（即射频卡）、阅读器、天线。系统的基本工作流程是，阅读器通过发射天线发送一定频率的射频信号，当射频卡进入发射天线工作区域时产生感应电流，射频卡获得能量被激活。射频卡将自身编码等信息通过卡内置发送天线发送出去。系统接收天线接收到从射频卡发送来的载波信号，经天线调节器传送到阅读器，阅读器对接收的信号进行解调和解码，然后送到后台主系统进行相关处理；主系统针对不同的设定做出相应的处理和控制，发出指令信号控制执行动作。

2. 无线网络技术

无线网络技术主要包括短距离无线网络技术、基于IEEE 802.11系列的无线物联网技术、移动通信技术，以及其他无线网络技术。短距离无线网络技术主要包括无线传感网、蓝牙等技术。尤其是无线传感网，由于其节点的通信距离有限、携带的电能有限，因此，长距离的通信需要多个节点通过组网技术来实现，所以，如何在有限的电能与有限的通信距离约束的条件下持久地工作，是无线传感网络的关键技术。

3. 中间件技术

在物联网中的感知控制层存在着大量的硬件接口不同、软件接口不同的感知传感器，它们要接入传输网络并与信息处理和应用系统交互，必须采用相同的软硬件接口，但目前没有统一的标准规范，因此需要一个中间件来完成。

4. 智能处理技术

在物联网架构中，感知层负责收集大量数据，然而这些原始数据必须经过处理和分析才能转化为特定领域的服务。这个过程可类比于互联网搜索引擎的机制：用户输入查询关键字后，搜索引擎会返回相关的信息列表，但这通常还需要用户自己进一步筛选和处理这些结果。鉴于信息量的庞大，人类无法对全部数据进行深入处理，因此需要借助智能处理技术来提取真正有价值的信息。此外，物联网不仅提供信息查询服务，还应当提供决策支持服务。例如，在智能交通系统中，可以根据实时交通状况为用户规划最佳路线。此类决策服务同样依赖于智能处理技术，以确保服务的高效性。综上所述，物联网发展的终极目标之一便是实现机器智能化，从而替代或辅助人类进行思考和决策。

三、物联网的应用

随着技术的进步和应用的广泛，物联网正逐渐渗透到各个领域，为人们的生活和工作带来了巨大的便利和改变。

1. 智能家居

物联网在智能家居领域的应用越来越广泛。通过将家居设备、家电等物体与互联网进行连接，人们可以通过智能手机或其他终端设备远程控制家中的灯光、电器、安防系统等。同时，智能家居还能采集各种数据，如温度、湿度、能源消耗等，实现智能化管理和节能减排的目标。

2. 物流和供应链管理

物联网在物流和供应链管理中的应用旨在提高运输和仓库管理的效率，并实现全程可追溯。物联网技术可以实时监控货物的位置、温度、湿度等状态，以及车辆的行驶情况和驾驶员的状况，这使物流公司能够更好地进行调度、管理库存，并及时应对异常情况。

3. 智慧城市

物联网在智慧城市建设中发挥着重要作用。通过将城市基础设施、公共设施和公共服务与互联网连接，实现城市资源的高效管理和优化利用。例如，智慧交通系统能够通过实时监测道路交通状况，提供交通拥堵提示和优化路径规划；智慧环境监测系统能够实时监测空气质量、垃圾桶状态等，为城市环保工作提供数据支持。

4. 工业自动化

物联网在工业领域的应用主要集中在工业自动化方面，被称为工业物联网。通过将各种生产设备、机器人、传感器等与互联网连接，实现自动化的生产过程，并能远程监测和控制工厂设备。这不仅提高了生产效率和产品质量，还降低了劳动力成本和安全风险。

5. 农业领域

在农业领域，物联网的应用被称为农业物联网。通过将农业设备、土壤监测设备、气象设备等与互联网连接，实现精准农业管理，如图 7-1 所示。农民可以远程控制灌溉系统、施肥机器人等，以及实时监测田地的水分、养分等信息，提高农作物的产量和质量。

图 7-1　物联网应用于农业领域

【课后练习】

选择题

1. 下列属于物联网的核心技术的是（　　　）。

A. 射频识别　　　　B. 集成电路　　　　C. 无线电　　　　D. 操作系统

2. 物联网的关键技术主要是（　　　）。

A. RFID 技术　　　B. 无线网络技术　　C. 中间件技术　　D. 以上均包含

任务 2　了解云计算

【任务描述】

通过对本任务相关知识的学习和实践，要求学生了解云计算的概念、云计算的发展概况以及云计算的应用情况。

【任务分析】

要培养学生对云计算的兴趣，首先要了解云计算的相关基础知识；然后继续深入学习和应用具体知识。

【知识准备】

云计算出现的目的是整合互联网中的资源，使其能更好为用户服务。换言之，让用户感到从互联网获取资源和服务就好像自来水的龙头拧开即可获得水一样，用户只需要一个终端设备（不需要安装任何服务和资源）即可从云平台获得服务和资源。这样，云平台中的服务就好像天上的云一样，用户可以很方便、灵活地随意存取使用。

一、云计算的定义

云计算（Cloud Computing）是分布式计算的一种，指的是通过网络"云"将巨大的数据计算处理程序分解成无数个小程序，然后通过多部服务器组成的系统处理和分析这些小程序，得到结果并返回给用户。

美国国家标准与技术研究院（NIST）定义：云计算是一种按使用量付费的模式，这种模式提供可用的、便捷的、按需的网络访问，进入可配置的计算资源共享池（资源包括网络、服务器、存储、应用软件、服务），这些资源能够被快速提供，只需投入很少的管理工作，或与服务供应商进行很少的交互。

从广义上说，云计算是与信息技术、软件、互联网相关的一种服务，这种计算资源共享池叫作"云"，云计算把许多计算资源集合起来，通过软件实现自动化管理，只需要很少的人参与，就能让资源被快速提供。也就是说，计算能力作为一种商品，可以在互联网上流通，就像水、电、煤气一样，可以方便地取用，并且价格较为低廉。

二、云计算的发展

云计算的历史最远可追溯到 1965 年，Christopher Strachey 发表了一篇论文，论文中正式提出了"虚拟化"的概念。而虚拟化正是云计算基础架构的核心，是云计算发展的基础。

在20世纪90年代，计算机出现了爆炸式的增长，以思科为代表的一系列公司也应势蓬勃发展。

2006年8月9日，在搜索引擎战略大会（SESSanJose2006）上，Google的首席执行官埃里克·施密特首次公开提出了"云计算"这一概念。同年，亚马逊推出了其基础设施即服务（IaaS）平台AWS，这是云计算服务商业化的重要里程碑。

2007—2009年，Salesforce发布Force.com，即PaaS服务；Google推出Google App Engine；而后云服务的全部形式出现。

2009—2016年，云计算功能日趋完善，种类日趋多样。传统企业开始通过自身能力扩展、收购等模式，纷纷投入云计算服务中。

2016年至今，通过深度竞争，主流平台产品和标准产品功能比较健全，市场格局相对稳定，云计算进入成熟阶段。

三、云计算的特点

云计算以其弹性伸缩、高可用性、可靠性、按需收费和无边界性等特点，为用户提供了高效、灵活、可靠的计算资源和服务。这些特点共同构成了云计算的核心价值，使其成为现代信息技术领域的重要组成部分。

1. 弹性伸缩

云计算可以根据用户的需求进行弹性扩展或收缩。用户可以根据业务量的变化，灵活调整计算资源的规模，避免了过度投入或资源浪费的问题。

2. 高可用性

云计算平台通常由大规模的数据中心组成，这些数据中心分布在全球各地。通过复制数据和应用程序到不同的地理位置，可以实现高可用性，以防止单点故障和数据丢失。

3. 可靠性

云计算平台通常采用分布式架构，将计算任务分散到多个服务器上。当一个服务器发生故障时，系统可以自动将任务转移到其他可用的服务器上，以确保计算任务不会中断。

4. 按需付费

云计算通常采用按需付费的模式，用户只需根据实际使用的计算资源来付费。这种按需付费的模式使用户可以根据实际需求灵活使用计算资源，避免了购买和维护大量的硬件设备的成本。

5. 无边界性

云计算的服务可以通过互联网随时随地访问，用户只需有网络连接和登录授权，即可使用云计算平台提供的各种服务。这种无边界性的特点使用户可以方便地远程访问和管理自己的计算资源和数据。

四、云计算的应用

云计算的应用领域非常广泛，并且在不断扩大和深化。云存储、云服务、云物联和云安全是云计算的几个重要应用，它们在提高效率、降低成本、提升用户体验等方面发挥着重要作用。

1. 云存储

云存储（Cloud Storage）技术是近年来新兴的一种基于网络的存储技术，旨在通过互联网为用户提供更强的存储服务。它是指通过集群应用、网格技术或分布式文件系统等功能，将网络中大量各种不同类型的存储设备通过应用软件集合起来协同工作，共同对外提供数据存储和业务访问功能的一个系统。当云计算系统运算和处理的核心是大量数据的存储和管理时，云计算系统中就需要配置大量的存储设备，那么云计算系统就转变成为一个云存储系统，所以云存储是一个以数据存储和管理为核心的云计算系统。

目前国内外发展比较成熟的云存储有很多。比如，百度网盘是百度推出的一项云存储服务，首次注册即有机会获得 2 TB 的空间，已覆盖主流 PC 和手机操作系统，包含 Web 版、Windows 版、Mac 版、Android 版、iPhone 版和 Windows Phone 版。用户可以轻松地将自己的文件上传到网盘上，并可以跨终端随时随地查看和分享。

2. 云服务

云服务是基于互联网的一种服务扩展、利用及交互模式，它通常涉及经由网络提供可灵活扩展的、往往虚拟化的资源。当前，众多企业均推出了自身的云服务产品，例如 Google、Microsoft、Amazon 等知名企业。云服务的典型案例包括微软的 Hotmail、谷歌的 Gmail 以及苹果的 iCloud 等，这些服务以电子邮箱账户为核心，实现用户登录后内容的在线同步功能。此外，即便在没有 U 盘的情况下，用户也常将文件发送至自己的邮箱中，以此实现在不同地点访问文件的便捷性，这也体现了云服务的原始应用之一，即支持在线操作和随时接收文件的能力。

当前，移动设备普遍内置了账户云服务功能。以苹果的 iCloud 为例，一旦用户将数据保存至 iCloud，便能在不同设备如电脑、平板和手机等上轻松访问自己的音乐、图片和其他数据。iCloud 是一个能够将所有 iOS 设备串联起来的云服务网络，通过它，用户可以在不同设备上查看个人应用，无须进行烦琐的文件复制或传输。此外，其应用范围并不局限于此，它还能让用户在所有绑定的设备上随时随地查看和编辑文件，确保同步后的文档内容与最后一次修改保持一致，实现即时取用。

3. 云物联

云物联技术是基于云计算框架构建的，它实现了设备与设备之间的智能连接。这项技术通过部署传感器等设备，使传统物体能够感知环境信息和响应远程指令，进而将这些物体接入互联网。借助云计算技术，云物联能够进行高效的数据存储与处理，从而构筑起一个全面的物联网系统。

云物联依赖云计算和云存储技术，为物联网的技术应用提供了坚实的基础设施。它具备实时监控各个设备状态的能力，能够对采集到的数据进行集中处理、分析及筛选，以便提取有价值的信息，并对设备的未来发展和操作做出智能化决策。

以 ZigBee 通信协议的智能开关为例，这类云物联产品已经实现了人与设备间的高效互动。它们可以被广泛应用于住宅、办公室、医疗机构和酒店等多种环境中。无论用户身处何地，都可以通过 Web 浏览器、手机或平板电脑等终端设备，实现对家居照明系统的远程控制，确保了对家居环境的即时管理和调度。

4. 云安全

云安全代表了随着云计算技术演进而出现的信息安全新阶段，并且是云计算技术的关键应用领域。该技术综合了并行处理和对未知病毒行为的预测分析等前沿科技，通过一个由众多客户端构成的网络，监测互联网中的软件异常行为，实时捕获木马和恶意程序的最新动态。这些信息被传送至服务器端进行自动化分析与处理，进而将解决方案分发至所有客户端。云安全旨在把整个互联网转变为一款巨型的杀毒软件，这是其宏伟的计划目标。

例如，360使用的云安全技术（图7-2），在360云安全计算中心建立了一个庞大的数据库，其中包含了数亿个已被标识为恶意软件的黑名单样本，以及经验证为安全的文件白名单。360系列产品利用互联网查询技术，将文件扫描检测的任务从本地计算机迁移到远程的云服务器上执行，显著提升了对恶意软件检测和防护的及时性和有效性。此外，由于超过90%的安全检测计算任务由云服务器完成，这大幅减轻了本地计算资源的压力，从而使计算机运行更加迅速。

图7-2　360云安全

5. 云办公

云办公是指将办公软件和数据存储在云服务器上，用户可以通过网络随时随地访问和编辑文件。相比传统的办公方式，云办公具有更高的协作性和易用性。多人可以同时编辑同一份文件，实时查看对方的修改。云办公还可以实现文件的自动同步和备份，提高了办公效率和数据安全性。

例如，Office 365（图7-3）相比传统版本的Office，实现了云端存储的同步。这对于用户来说是非常方便的事情，无须考虑携带U盘，只要联网就能轻松享受云计算机带来的方便、快捷，用户可以随时随地使用Office进入办公状态。不管用户是在办公室还是在外出差中，只要能够上网，Office应用程序始终为最新版本。用户可以在PCMa或iOS、Android移动设备进行创建、编辑并与任何人实施分享。

图 7-3　Office 365

【课后练习】

　　选择题

以下不属于云计算的特点的是（　　　）。

A. 弹性伸缩　　　　　B. 可靠性　　　　　C. 免费　　　　　D. 无边界性

任务 3　认识人工智能

【任务描述】

　　通过对本任务相关知识的学习和实践，要求学生了解人工智能的概念、人工智能的发展概况以及人工智能的应用情况。

【任务分析】

　　要培养学生对人工智能的兴趣，首先要了解人工智能的相关基础知识；然后继续深入学习和应用具体知识。

【知识准备】

　　随着数字化时代的到来，人工智能被广泛应用，特别是在家居、制造、金融、医疗、安防、交通、零售、教育和物流等多领域，在过去十年中引起了很大的轰动，但它仍然是新技术的趋势之一，它对我们的生活、工作和娱乐方式的重大影响仅处于早期阶段。

一、人工智能的定义

人工智能（Artificial Intelligence，AI）是研究、开发用于模拟、延伸和扩展人的智能的理论、方法、技术及应用系统的一门新的技术科学。

人工智能是计算机科学的一个分支，它试图了解智能的实质，并生产出一种新的能以人类智能相似的方式做出反应的智能机器，该领域的研究包括机器人、语言识别、图像识别、自然语言处理和专家系统等。人工智能从诞生以来，理论和技术日益成熟，应用领域也不断扩大，可以设想，未来人工智能带来的科技产品，将会是人类智慧的"容器"。人工智能可以对人的意识、思维的信息过程进行模拟。人工智能不是人的智能，但能像人那样思考，也可能超过人的智能。

人工智能（AI）具有自主性、自适应性、智能交互、大数据处理能力、学习能力、实时响应、高度集成、模式识别、错误容忍性、并行处理能力等几个主要特点，随着技术的不断创新和发展，AI 系统的特点和能力将会进一步拓展和完善。

二、人工智能的发展

从始至此，人工智能（AI）便在充满未知的道路探索，曲折起伏，可将这段发展历程大致划分为以下 5 个阶段。

第一阶段：起步发展期（1943 年—20 世纪 60 年代）

人工智能的概念提出后，发展出了符号主义、联结主义（神经网络），相继取得了一批令人瞩目的研究成果，如机器定理证明、跳棋程序、人机对话等，掀起人工智能发展的第一个高潮。

第二阶段：反思发展期（20 世纪 70 年代）

人工智能发展初期的突破性进展大大提升了人们对人工智能的期望，人们开始尝试更具挑战性的任务，然而，计算力及理论等的匮乏使不切实际的目标落空，人工智能的发展走入低谷。

第三阶段：应用发展期（20 世纪 80 年代）

专家系统模拟人类专家的知识和经验解决特定领域的问题，实现了人工智能从理论研究走向实际应用、从一般推理策略探讨转向运用专门知识的重大突破。而机器学习（特别是神经网络）探索不同的学习策略和各种学习方法，在大量的实际应用中也开始慢慢复苏。

第四阶段：平稳发展期（20 世纪 90 年代—2010 年）

随着互联网技术的快速进步，人工智能的创新研究得到加速，推动着该技术向实用化迈进，人工智能相关领域均实现了显著进展。在 21 世纪初，由于构建专家系统需要编写大量显式规则，导致效率降低和成本增加，因此，人工智能研究的焦点从基于知识的系统转向了机器学习领域。

第五阶段：蓬勃发展期（2011 年至今）

随着大数据、云计算、互联网、物联网等信息技术的不断演进，并在感知数据与图形处理器等计算平台的推动下，以深度神经网络为核心的人工智能技术经历了迅猛发展，极大地缩小了科学理论与实际应用之间的差距。在图像分类、语音识别、知识问答、人机对弈、无人驾驶等领域，人工智能均实现了显著的技术突破，并迎来了爆炸性增长的新高潮。

三、人工智能的应用

随着科技的飞速发展，人工智能（AI）已经逐渐渗透到我们生活的方方面面，从智能家居、无人驾驶，到医疗诊断、金融风控，再到教育等领域，人工智能的应用已经深入各个行业，极大地改变了我们的生产和生活方式。

1. 智能家居

在现代社会，智能家居已经成为人们追求高品质生活的必需品之一。人工智能技术的应用可以让家居产品变得更加人性化和高效。例如，当你进入房间时，灯光、温度、音乐等可以立即根据你的需求自动调节，这让我们的生活变得更加便捷和舒适，也提高了生活质量。

2. 医疗

随着医疗技术的不断进步，人工智能在医疗领域的应用正发挥着重要的作用。首先，人工智能可以用于医学影像诊断。通过深度学习算法，医生可以更准确地诊断肿瘤、心脏病等疾病。其次，人工智能还可以用于疾病预测和风险评估。通过分析大量的病例数据，人工智能可以帮助医生发现患者可能存在的风险，并采取相应的预防措施。此外，人工智能在药物研发、手术机器人和远程医疗等方面也都有着广泛的应用。

3. 金融

人工智能在金融领域有着广泛的应用，包括风险控制、交易分析和客户服务等方面。首先，人工智能可以通过分析大量的金融数据，帮助金融机构识别和评估风险。其次，人工智能在股票交易和外汇交易等方面也可以提供精准的分析和预测，帮助投资者做出更明智的决策。此外，人工智能还可以应用于金融客户服务领域，通过自然语言处理和智能机器人等技术，实现智能客服和自助银行等服务。

4. 教育

人工智能在教育领域中也有着广泛的应用。例如，人工智能可以通过分析学生的学习行为和知识点掌握情况，制订个性化的学习计划。这种计划可以基于学生的知识储备和学习进度，帮助学生更快地掌握知识点，提高学习效率。同时，人工智能还可以协助教师开展定制化的教学课程设计。例如，人工智能可以帮助教师分析学生的学习素质和需求，从而设计更为贴近学生需求的教学课程。此外，人工智能还可以辅助教师进行教学评估和学生成绩预测，为教师提供更为全面的教学支持。

5. 无人驾驶

自动驾驶技术一直是人工智能技术的重要领域。在现代交通中，无人驾驶车辆已经成为未来交通的主要方式。无人驾驶车辆能够通过感知环境、识别交通信号、解决复杂的交通情况等，从而可以更加高效地完成驾驶，如图 7-4 所示。未来，这种技术不仅可以节约旅行的时间和金钱，还可以大大减少交通事故的数量。

图 7-4　无人驾驶

【课后练习】

选择题

1. 人工智能的目的是让机器能够（　　），以实现某些脑力劳动的机械化。
A. 具有完全的智能　　　　　　　B. 和人脑一样考虑问题
C. 完全代替人　　　　　　　　　D. 模拟、延伸和扩展人的智能

2. 利用计算机模仿人的高级思维活动，如智能机器人、专家系统等，被称为（　　）。
A. 科学计算　　　　B. 数据处理　　　　C. 人工智能　　　　D. 自动控制

3. （　　）是人工智能的主要目的。
A. 完全模仿人脑　　　　　　　　B. 替代所有脑力劳动
C. 实现脑力劳动的机械化　　　　D. 创造新的智能生命

任务 4　探索大数据

【任务描述】

通过对本任务相关知识的学习和实践，要求学生了解大数据的概念、大数据的发展概况以及大数据的应用情况。

【任务分析】

要培养学生对大数据的兴趣，首先要了解大数据的相关基础知识；然后继续深入学习和应用具体知识。

【知识准备】

大数据将我们及我们所在世界的人和物的习性及经验进行数字化整合，从而指导我们更加便捷地生活、生产。

一、大数据的定义

大数据（Big Data）是指数据大到无法在常规时间内使用普通软件工具进行处理的数据集合；需要采用新的处理方法才能具有更强的决策能力，从而从海量数据中获取有用的信息。

大数据不仅仅是指数据信息的庞大，更重要的是，要从含有意义的数据中提取出有用的信息。换言之，大数据应被视为一种资源，而在大数据时代，关键在于我们如何对这些资源进行有效加工，并利用这种加工过程使数据为我们所用。例如，通过对大数据的分析，得出企业发展的决策，从而决定企业的发展方向。

二、大数据的发展

大数据技术目前在国内外已有大量应用。在国外，洛杉矶警察局和加利福尼亚大学合作利用大数据预测犯罪的发生；统计学家内特·西尔弗曾利用大数据预测 2012 美国选举结果；麻省理工学院利用手机定位数据和交通数据建立城市规划。在国内，各省的大数据平台逐渐建成，并进入各行各业为人们服务。

大数据本身的发展也可以分为三个阶段。

第一个阶段：萌芽期

在此阶段，随着数据挖掘理论和数据库技术的日趋成熟，一系列商业智能工具和知识管理技术开始得到广泛应用，包括数据仓库、专家系统、知识管理系统等。本质上，这些技术旨在通过对企业和机构内部数据的统计、分析和利用，从而发挥其价值。

第二个阶段：成熟期

在此阶段，非结构化数据的产生量急剧增加，传统的数据处理方法面临挑战，这促进了大数据技术的快速发展和突破。大数据解决方案逐步走向成熟，形成了以并行计算与分布式系统为核心的技术体系。谷歌的 GFS 和 MapReduce 等大数据处理技术受到高度关注，而 Hadoop 平台也随着大数据技术的兴起而广泛流行。

第三阶段：大规模应用期

在此阶段，大数据应用渗透各行各业，企业依赖数据进行决策，信息社会智能化程度大幅提高，同时，出现跨行业、跨领域的数据整合，甚至是全社会的数据整合，从各种各样的数据中找到对于社会治理、产业发展更有价值的应用。

三、大数据的意义

大数据不仅是一种技术，更是一种资源，对各行各业都具有重要的意义。

1. 经济意义

大数据对经济的影响是巨大的。首先，大数据可以帮助企业进行市场调研和消费者行为分析，从而更好地了解市场需求和消费者喜好，为企业的产品设计、营销和销售提供有力支持。其次，大数据可以帮助企业进行精细化管理和智能化决策，提高生产效率和降低成本。此外，大数据还可以为企业提供商业洞察和预测，帮助企业把握市场机遇和风险，提前做出调整和应对措施。

2. 科学研究意义

大数据在科学研究领域的应用也非常广泛。科学家可以通过分析大数据来发现新的规律和模式，推动科学研究的进展。例如，在天文学领域，科学家可以通过分析大量的天文观测数据来研究宇宙的起源和演化；在生物医学领域，科学家可以通过分析大量的基因组数据来研究疾病的发生机制和治疗方法。大数据的应用使科学研究更加高效和精确，为人类的科技进步提供了重要支撑。

3. 社会管理意义

大数据在社会管理方面也具有重要的意义。政府可以通过分析大数据来了解社会民生情况，制定更加精准的政策和措施。例如，在城市管理方面，政府可以通过分析大数据来优化交通路线、改善环境质量、提高城市安全等；在社会治安管理方面，政府可以通过分析大数据来预测犯罪趋势、加强安全防范。大数据的应用使社会管理更加科学和高效，提升了政府的治理能力和效果。

4. 个人意义

大数据对个体而言也具备深远意义。首先，它助力于个人健康管理的优化。通过对个人健康相关数据包括运动量、睡眠质量以及饮食习惯等的分析，使个人得以深入了解自身健康状况，并据此调整生活方式，预防潜在疾病。其次，大数据在职业发展规划方面同样发挥重要作用。个人可通过对行业就业趋势与自身能力的综合分析，洞察行业发展动态及个人优劣势，以作出更合理的职业选择与规划。综上所述，大数据的应用极大地促进了个人生活的智慧化与个性化。

【课后练习】

选择题

1. 关于大数据，以下说法正确的是（　　）。

A. 大数据仅指数据信息的庞大，无须关注其意义

B. 大数据技术在国内外的应用都集中在政府领域

C. 大数据的发展经历了萌芽期、成熟期和大规模应用期三个阶段

D. 大数据对个体而言，主要用于优化城市管理

2. 以下关于大数据的说法，正确的是（　　）。

A. 大数据技术主要用于处理结构化数据，对非结构化数据处理效果有限

B. 大数据仅对企业发展有决策作用，对个体决策无直接影响

C. 在大数据的成熟期，以并行计算与分布式系统为核心的技术体系开始形成

D. 大数据仅具有经济意义，对科学研究、社会管理无显著贡献

任务 5　了解认识区块链

【任务描述】

通过对本任务相关知识的学习和实践，要求学生了解区块链的概念、区块链的发展概况以及区块链的应用情况。

【任务分析】

要培养学生对区块链的兴趣，首先要了解区块链的相关基础知识；然后继续深入学习和应用具体知识。

【知识准备】

区块链是一个信息技术领域的术语，该技术融合了涉及数学、密码学、互联网和计算机编程等众多领域的专业技术。

一、区块链概述

区块链（Blockchain）是一种将数据区块有序连接，并以密码学方式保证其不可篡改、不可伪造的分布式账本（数据库）技术。

狭义区块链是按照时间顺序，将数据区块以顺序相连的方式组合成的链式数据结构，并以密码学方式保证的不可篡改和不可伪造的分布式账本。

广义区块链技术是利用块链式数据结构验证与存储数据，利用分布式节点共识算法生成和更新数据，利用密码学的方式保证数据传输和访问的安全，利用由自动化脚本代码组成的智能合约，编程和操作数据的全新的分布式基础架构与计算范式。

区块链结构本质上是由连续生成的数据块串联而成的链式结构。每个数据块内含有一定量的信息，并且这些数据块根据其创建的时间顺序相互连接形成链条。该链条在网络的所有节点服务器上都有保存，只要网络中存在至少一个功能性服务器，整个区块链网络便保持安全性。这些分散的服务器，在区块链语境中被称作"节点"，它们为系统提供必要的存储资源和计算能力。对于区块链信息的修改，需要获得超过半数节点的共识，并对所有节点上的信息进行一致的更新。由于这些节点通常由不同的实体控制，因此，想篡改区块链信息是极为困难的。

二、区块链的分类及特点

区块链以其独特的去中心化、独立性和开放性特点而备受关注。它不仅催生了加密货币的概念，更拓展至各个行业领域，引领着一场信任与效率的革命。

1. 区块链的分类

为了适应不同的应用场景和需求，区块链根据准入机制，可以分为公有区块链（Public Blockchain）、联盟（行业）区块链（Consortium Blockchain）和私有区块链（Private Blockchain）三种基本类型。

1）公有区块链

公有区块链没有访问限制。任何个体或者团体都可以发送交易，且交易能够获得该区块链的有效确认，任何人都可以参与其共识过程。

2）联盟（行业）区块链

联盟（行业）区块链通常被视为介于中心化与去中心化之间的一种网络架构。在这种结构中，特定的节点群体由某一组织或联盟内部预先选定，负责验证和记录交易信息。每个数据块的生成依赖这些预选节点的共同决策过程，即共识机制。虽然非预选节点可以参与交易执行，但它们不直接参与记账活动。尽管记账方式采取了分布式的方法，但这仍然是一种托管式记账模式，其中，预选节点数量及其选举方式成为系统的主要风险所在。此外，其他未授权用户可通过区块链提供的开放 API 进行有限的查询操作。

3）私有区块链

私有区块链是一种需经许可才能加入的封闭网络，非经网络管理员授权无法成为其一部分。在该网络中，参与者及验证者的权限是受限的，只有特定的成员或实体有权访问。私有区块链主要利用区块链技术的账本功能来记录交易，它可能属于某个企业或个人，且拥有独占的写入权限。从技术层面看，该类型的区块链在本质上与其他分布式存储解决方案并无显著差异。

2. 区块链的特点

1）去中心化

区块链技术不依赖额外的第三方管理机构或硬件设施，没有中心管制，除了自成一体的区块链本身，通过分布式核算和存储，各个节点实现了信息自我验证、传递和管理。去中心化是区块链最突出、最本质的特征。

2）开放性

区块链技术基础是开源的，除了交易各方的私有信息被加密外，区块链的数据对所有人开放，任何人都可以通过公开的接口查询区块链数据和开发相关应用，因此，整个系统信息高度透明。

3）独立性

基于协商一致的规范和协议（类似于比特币采用的哈希算法等各种数学算法），整个区块链系统不依赖其他第三方，所有节点能够在系统内自动、安全地验证、交换数据，不需要任何人为的干预。

4）安全性

只要不能掌控全部数据节点的51%，就无法肆意操控修改网络数据，这使区块链本身变得相对安全，避免了主观人为的数据变更。

5）匿名性

除非有法律规范要求，仅从技术上来讲，各区块节点的身份信息不需要公开或验证，信息传递可以匿名进行。

三、区块链的核心技术

区块链技术不是一个单项的技术，而是一个集成了多方面研究成果的综合性技术系统。下面介绍区块链的四大核心技术。

1. 分布式记账

分布式记账，就是交易记账由分布在不同地方的多个节点共同完成，而且每一个节点都记录了完整的账目，因此，它们都可以监督交易的合法性，同时也可以共同为其作证，分布式记账网络如图7-5所示。不同于传统的中心化记账方案，分布式记账没有任何一个节点可以单独记录账目，从而避免了单一记账人被控制或者被贿赂而记假账的可能性。另外，由于记账节点足够多，从理论上来讲，除非所有的节点被破坏，否则，账目就不会丢失，从而保证了账目数据的安全性。

2. 非对称加密

非对称加密（公钥加密）是指在加密和解密两个过程中使用不同的密钥。在这种加密技术中，每位用户都拥有一对钥匙：公钥和私钥。在加密过程中使用公钥，在解密过程中使用私钥。公钥是可以向全网公开的，而私钥需要用户自己保存。这样就解决了对称加密中密

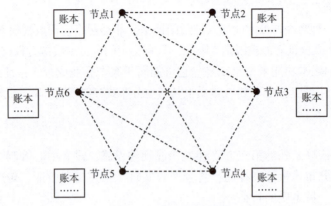

图7-5 分布式记账网络

钥需要分享所带来的安全隐患。非对称加密与对称加密相比，其安全性更好：对称加密的通信双方使用相同的密钥，如果一方的密钥遭泄露，那么整个通信就会被破解；而非对称加密使用一对密钥，一个用来加密，另一个用来解密，而且公钥是公开的，密钥是自己保存的，不需要像对称加密那样在通信之前要先同步密钥。

3. 共识机制

共识机制，就是所有记账节点之间怎么达成共识去认定一个记录的有效性的一种机制，这种机制既是认定的手段，也是防止篡改的手段。区块链提出了多种不同的共识机制，适用于不同的应用场景，在效率和安全性之间取得平衡。区块链的共识机制主要有工作量证明机制、权益证明机制、授权股权证明机制。

4. 智能合约

智能合约是基于这些可信的不可篡改的数据，可以自动化地执行一些预先定义好的规则和条款。以保险为例，如果说每个人的信息（包括医疗信息和风险发生的信息）都是真实可信的，那么就很容易地在一些标准化的保险产品中进行自动化的理赔。在保险公司的日常业务中，虽然交易不像银行和证券行业那样频繁，但是对可信数据的依赖有增无减。因此，如果利用区块链技术，从数据管理的角度切入，能够有效地帮助保险公司提高风险管理能力。

四、区块链的应用

通俗地说，区块链作为一种底层协议或技术方案，可以有效地解决信任问题，实现价值的自由传递，在数字货币、金融资产的交易结算、数字政务、存证防伪数据服务等领域具有广阔前景。

1. 数字货币

在经历了实物、贵金属、纸钞等形态之后，数字货币已经成为数字经济时代的发展方向。相比实体货币，数字货币具有易携带存储、低流通成本、使用便利、易于防伪和管理、打破地域限制、能更好地整合等特点。

我国早在2014年就开始了央行数字货币的研制。我国的数字货币DC/EP采取双层运营体系：央行不直接向社会公众发放数字货币，而是由央行把数字货币兑付给各个商业银行或其他合法运营机构，再由这些机构兑换给社会公众供其使用。2019年8月初，央行召开下半年工作电视会议，会议要求加快推进国家法定数字货币研发步伐。

2. 金融资产交易结算

区块链技术固有的金融特性正在引发金融行业的革命性变革。在支付与结算领域，基于区块链的分布式账簿体系允许市场参与者共同维护一份实时同步的"总账"，从而在几分钟内完成传统上需要 2~3 天才能实现的支付、清算和结算任务，极大地降低了跨境交易的复杂性和成本。同时，区块链的基础加密技术确保了账簿的不可篡改性，保障了交易记录的透明性和安全性，使监管部门能够轻松追踪链上交易，并迅速识别高风险资金流动。

在证券发行和交易方面，传统的股票发行流程不仅时间长、成本高，而且环节烦琐。区块链技术的应用能够减少承销机构的作用，帮助各方建立一个快速且准确的信息交换和共享渠道。发行人可以利用智能合约自主处理发行事宜，而监管部门可以进行统一的审查和核对，投资者也能够绕过中介直接进行操作。

在数字票据和供应链金融方面，区块链技术为解决中小企业融资难题提供了有效手段。由于中小企业通常不与核心企业有直接的贸易往来，金融机构很难评估它们的信用状况，这使它们难以从现有的供应链金融体系中受益。区块链技术通过提供一个透明、不可篡改的记录系统，增强了金融机构对中小企业信用资质的信任，从而有助于改善这些企业的融资环境。

3. 数字政务

区块链技术优化了数据管理，显著简化了工作流程。通过其分布式账本特性，政府机构能够集中至统一的区块链平台，将各项业务流程交由智能合约自动执行。一旦办事人员在一个部门完成身份验证和电子签章，智能合约便能够自动执行后续的审批和签章流程。

在国内，区块链技术的早期应用之一是区块链发票。税务部门推出了名为"税链"的区块链电子发票平台，允许税务机关、开票方和受票方通过独特的数字身份加入该网络。这一系统实现了交易与开票、开票与报销的无缝对接，使开票和报销入账的速度分别达到秒级和分钟级，极大地降低了税收征管的成本，并有效解决了数据篡改、重复报销和逃税漏税等问题。

此外，区块链技术在扶贫领域的应用也得到了实践。它利用区块链的公开透明、可追溯和不可篡改的特点，确保了扶贫资金的透明使用、精准投放和高效管理，从而提升了扶贫工作的公信力和效率。

4. 存证防伪

区块链技术利用哈希函数与时间戳机制，能够证实特定文件或数字内容在某一确定时间的存在。其固有的公开性、防篡改性以及可追溯性等特点，为法律证据保全、身份验证、知识产权保护和商品防伪追踪等领域提供了理想的解决方案。

在知识产权保护方面，区块链技术的数字签名和链上数据存证功能可用于对文本、图像、音频和视频等内容进行权属确认。智能合约的应用进一步促进了交易的自动化执行，使创作者能够掌握作品定价权，同时实时地保存数据，以构建完整的证据链，覆盖确权、交易及权益保护等关键环节。

在商品防伪和溯源领域，区块链技术通过供应链跟踪系统被广泛应用于食品、药品、农产品、酒类和奢侈品等多个行业。这项技术确保了产品从原产地到消费者手中的每一步都可被记录和验证，增强了消费者对产品真实性和质量的信心。

5. 数据服务

区块链技术预示着对现有大数据应用的显著优化，并在数据流通及共享方面扮演关键角色。随着未来互联网、人工智能和物联网的不断发展，将产生前所未有的大量数据，现有的中心化数据存储和计算模式势必面临挑战。在此背景下，基于区块链的边缘存储和计算方案极可能成为应对这些挑战的未来趋势。

此外，区块链所提供的不可篡改性和可追溯性为保障数据的真实性与高质量提供了有力保障，这为大数据、深度学习和人工智能等领域的数据应用奠定了坚实的基础。同时，区块链技术在确保数据隐私的同时，可以实现跨多方的数据安全计算，有望解决"数据垄断"和"数据孤岛"问题，并促进数据的价值流通。

鉴于当前区块链的发展态势，为了满足一般商业用户对区块链开发和应用的需求，许多传统的云服务提供商开始推出自己的区块链即服务（BaaS）解决方案。区块链与云计算的结合将有效降低企业在区块链部署上的成本，并加速推动区块链应用场景的实际落地。展望未来，区块链技术在慈善公益、保险、能源、物流、物联网等诸多领域都将产生更加广泛而深远的影响。

【课后练习】

选择题

1. 在区块链中，公钥加密私钥解密的这个技术叫（　　　）。

A. 公有区块链　　　B. 联盟区块链　　　C. 私有区块链　　　D. 企业区块链

2. 以下不属于区块链的特点的是（　　　）。

A. 中心化　　　　　B. 开放性　　　　　C. 独立性　　　　　D. 匿名性

3. 在区块链技术中，关于公钥和私钥的描述，正确的是（　　　）。

A. 公钥用于解密，私钥用于加密

B. 公钥和私钥都可以公开

C. 公钥和私钥用于同一操作

D. 公钥加密的数据只能由相应的私钥解密

任务 6　初识虚拟现实

【任务描述】

通过对本任务相关知识的学习和实践，要求学生了解虚拟现实的概念、虚拟现实的发展概况以及虚拟现实的应用情况。

【任务分析】

要培养学生对虚拟现实的兴趣，首先要了解虚拟现实的相关基础知识；然后继续深入学习和应用具体知识。

【知识准备】

借助头盔、眼镜、耳机等虚拟现实设备，人们可以"穿越"到硝烟弥漫的古战场，融入浩瀚无边的太空旅行，将科幻小说、电影里的场景移至眼前……虚拟现实早已进入我们的生活。不仅如此，虚拟现实也已逐渐应用到更广泛的领域，如虚拟直播、医疗、教育、军事、建筑等。在工业领域，虚拟现实与增强现实和其他三维可视化技术的融合，为产品研发、生产制造带来了前所未有的变革。

一、虚拟现实技术

虚拟现实技术（Virtual Reality，VR），是以计算机技术为基础，综合了计算机、传感器、图形图像、通信、测控多媒体、人工智能等多种技术，通过给用户同时提供视觉、触觉、听觉等感官信息，使用户如同身临其境一般。借助计算机系统，用户可以生成一个自定义的三维空间。用户置身于该环境中，借助轻便的跟踪器、传感器、显示器等多维输入输出设备，去感知和研究客观世界。在虚拟环境中，用户可以自由运动，随意观察周围事物并随时添加所需信息。借助虚拟现实，用户可以突破时空域的限制，优化自身的感官感受，极大地提高了对客观世界的认识水平。

虚拟现实有交互性（Interaction）、沉浸性（Immersion）和想象性（Imagination）和行为性（Action）四大特点，也被称为 4I 特点。借助 4I 特点，通常可以将虚拟现实技术和可视化技术、仿真技术、多媒体技术、计算机图形图像等技术相区别。

交互性是指用户与模拟仿真出来的虚拟现实系统之间可以进行沟通和交流。由于虚拟场景是对真实场景的完整模拟，因此可以得到与真实场景相同的响应。用户在真实世界中的任何操作，均可以在虚拟环境中完整体现。例如，用户可以抓取场景中的虚拟物体，这时不仅手有触摸感，还能感觉到物体的重量、温度等信息。

沉浸性是指用户在虚拟环境与真实环境中感受的真实程度。从用户角度讲，虚拟现实技术的发展过程就是提高沉浸性的过程。

想象性是指虚拟现实技术应具有广阔的可想象空间，可拓宽人类认知范围，不仅可再现真实存在的环境，也可以随意构想客观不存在的甚至是不可能发生的环境。

行为性是交互的表达方式，大多行为通过硬件来完成，比如头戴式设备，主要限于视觉体验。现在，越来越多的传感器，诸如手柄、激光定位器、追踪器、运动传感器，以及 VR 座椅、VR 跑步机等硬件的出现，呈现出更多样化的行为体验。

理想的虚拟现实技术，应该使用户真假难辨，甚至超越真实，获得比真实环境中更逼真的视觉、嗅觉、听觉等感官体验。想象性则是身处虚拟场景中的用户，利用场景提供的多维信息，发挥主观能动性，依靠自己的学习能力在更大范围内获取知识。

二、虚拟现实技术的应用

随着相关技术的发展，虚拟现实技术也日趋成熟，这种更接近于自然的人机交互方式，大大降低了认知门槛，提高了工作效率，在日常生活和各个行业中都有广泛的应用。

1. 教育领域

虚拟现实技术可以模拟真实场景，让学生们更好地理解抽象的知识点，如图 7-6 所示。例如，在化学课堂上，学生可以通过虚拟现实技术模拟实验过程，观察反应物的变化，更好地理解化学反应的本质。在生物课堂上，学生可以使用虚拟现实技术模拟人体器官，了解器官的结构和功能。此外，在历史课堂上，学生可以通过虚拟现实技术穿越时空，亲身体验历史事件，更加深入地理解历史知识。

图 7-6　虚拟现实技术在教育领域的应用

2. 医疗领域

虚拟现实技术在医疗领域的应用也非常广泛。在手术过程中，医生可以使用虚拟现实技术模拟手术过程，提前进行规划和训练，降低手术失误率。此外，虚拟现实技术还可以用于康复治疗。比如，一个患有运动损伤的患者可以通过虚拟现实技术进行运动康复训练，在更安全的环境中进行恢复训练，不会给患者带来额外的伤害。

3. 娱乐领域

虚拟现实技术在娱乐领域的应用也是非常广泛的。比如，通过虚拟现实技术模拟真实场景，使游戏更具有沉浸感和真实感。此外，在电影电视行业，虚拟现实技术也可以用于制作更加逼真的场景和特效。

4. 建筑领域

虚拟现实技术在建筑设计领域的应用也非常广泛。通过虚拟现实技术，建筑师可以模拟真实场景，更好地定位建筑位置，确定建筑风格和外观，如图 7-7 所示。此外，虚拟现实技术还可以用于演示房屋内部设计和装饰效果，为用户提供沉浸式体验，提升用户满意度。

5. 军工领域

传统的军事训练，一方面，在和平年代很难有实战条件；另一方面，军事训练成本颇高，会消耗大量的军事物资。而运用虚拟现实技术，搭建虚拟的战场，使用不同的战斗装备，可以让士兵们身临其境地进行训练，并且还能很轻易地实现在不同的兵种之间的联合作战。

图 7-7　虚拟现实技术在建筑领域的应用

【课后练习】

选择题

以下不属于虚拟现实的特点的是（　　　　）。

A. 交互性　　　　　B. 沉浸性　　　　　C. 想象性　　　　　D. 行动性

项目总结

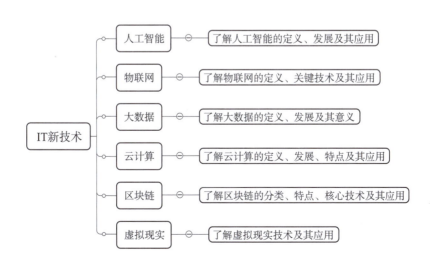

项目实战

实战一　IT 新技术在生活中的应用

了解 IT 新技术在我们生活中应用的具体实例，了解其具体应用方式。

实战二　IT 新技术对未来世界的塑造

根据你对 IT 新技术的学习，设想一下 IT 新技术将会对我们未来的世界有怎样的塑造和改变。